설비보전
산업기사 실기

설비보전시험연구회 엮음

머리말

설비보전산업기사

전 세계 생산 현장은 점점 더 고품질·다기능화를 추구하며, 대량 생산과 다품종 생산을 넘어 AI 기반의 생산 체계로 빠르게 전환하고 있습니다. 이러한 변화 속에서 안전과 생산성을 동시에 충족하기 위해 설비보전의 중요성이 갈수록 부각되고 있습니다.

이에 따라 한국산업인력공단은 국가기술자격 검정 체계를 개편하여, 기존의 기계정비산업기사를 폐지하고 **설비보전산업기사**를 새롭게 신설하였습니다. 특히, 자동차 제조사와 같은 대규모 대량 생산 설비 업체, 발전소, 제철소 등에서 설비가 대형화·전문화됨에 따라 설비보전산업기사 자격증은 신입 사원 채용 시 가산점을, 경력 사원의 승진 기회로 이어지는 중요한 자격으로 자리 잡고 있습니다. 이로 인해 기업들은 직원들의 자주 보전 능력 향상을 강력히 요구하고 있습니다.

이 책은 이러한 사회적 요구에 부응하여 설비보전산업기사 자격시험을 준비하는 수험생들에게 가장 신뢰할 수 있는 학습 지침서가 되고자 다음과 같은 특징에 중점을 두어 구성하였습니다.

1. 최신 출제기준 반영
2025년 한국산업인력공단에서 제시한 새로운 출제기준을 바탕으로 작업형 실기와 관련된 지식을 체계적으로 요약·정리했습니다.

2. 실물 자료와 회로도 수록
2025년 새롭게 공개된 각 과제의 정답 회로도와 실물 사진을 수록하여, 출제 경향을 파악하고 이해도를 높였습니다.

3. 작업 방법과 주의점 안내
한국산업인력공단에서 공개한 각 과제의 작업 방법 및 주의사항을 명확히 제시하여 실전에서 실격 방지와 무감점 처리 등에 대비할 수 있도록 구성하였습니다.

이 책을 통해 설비보전산업기사 자격을 취득하고, 산업 사회를 이끌어가는 유능한 기술인으로 성장하시길 바랍니다. 또한, 이 책의 출판을 위해 아낌없이 지원해 주신 도서출판 **일진사** 관계자 여러분께 진심으로 감사의 인사를 드립니다.

저자 씀

설비보전산업기사 출제기준 (실기)

직무분야	기계	중직무분야	기계장비설비·설치	자격종목	설비보전산업기사	적용기간	2025.1.1.~2028.12.31.

○ 직무 내용 : 생산 시스템이나 설비(장치)의 설비보전에 관한 복합적인 지식을 가지고, 설비의 장치 및 기계를 효율적으로 관리하기 위해 예측, 예방 및 사후 정비 등을 통하여 정비 작업 등을 수행하는 직무이다.

○ 수행 준거 :
1. 공기압 장치를 설치 및 조립하여 작동시킬 수 있다.
2. 유압 장치를 설치 및 조립하여 작동시킬 수 있다.
3. 기계 장치 제어를 위한 전기 전자 장치의 요소별 특성을 이해하고, 조립에 필요한 요소를 선정할 수 있다.
4. 강판을 절단하기 위해 절단기를 조작할 수 있다.
5. 용접 절차 사양서에 따라 용접 조건을 설정하고, 작업에 필요한 용접부 온도 관리를 하며 필릿 용접을 할 수 있다.
6. 본 용접 작업 후 용접부의 결함과 보수 기준을 확인하여, 용접 결함에 대한 보수 작업을 수행할 수 있다.
7. 제품의 형상, 특성에 따른 기준면을 선정하고 탭, 드릴, 보링 작업을 수행할 수 있다.
8. 기계 장치의 정확한 동작과 규격 조건을 만족시키기 위하여 작업 공정 순서에 따라 정확히 조립할 수 있다.
9. 작업을 안전하게 수행하기 위하여 안전기준을 확인하고 안전수칙을 준수하며 안전 예방 활동을 할 수 있다.

실기검정방법	작업형	시험시간	3시간 정도

실기 과목명	주요항목	세부항목	세세항목
설비보전 응용 실무	1. 공기압 장치 조립	1. 공기압 회로도면 파악하기	1. 공기압 회로도를 파악하기 위하여 도면을 해독할 수 있다. 2. 공기압 회로도에 따라 부품의 규격을 파악할 수 있다. 3. 공기압 회로도에 따라 고장 원인과 비정상 작동 원인을 파악할 수 있다.
		2. 공기압 장치 조립하기	1. 공기압 장치 부품의 지정된 위치를 파악하고 정확히 조립할 수 있다. 2. 공기압 장치를 조립하기 위하여 규격에 적합한 조립 공구와 장비를 사용할 수 있다. 3. 공기압 장치 조립 작업의 안전을 위하여 공기압 장치 조립 시 안전사항을 준수할 수 있다.

실기 과목명	주요항목	세부항목	세세항목
		3. 공기압 장치 기능 확인하기	1. 공기압 장치의 기능을 확인하기 위하여 조립된 공기압 장치를 검사하고 조립도와 비교할 수 있다. 2. 조립된 공기압 장치를 구동하기 위하여 동작 상태를 확인하고 이상 발생 시 수정하여 조립할 수 있다. 3. 공기압 장치의 기능을 확인하기 위하여 측정한 데이터를 기록하고 관리할 수 있다.
	2. 유압 장치 조립	1. 유압 회로도면 파악하기	1. 유압 회로도를 파악하기 위하여 도면을 해독할 수 있다. 2. 유압 회로도에 따라 부품의 규격을 파악할 수 있다. 3. 유압 회로도에 따라 고장 원인과 비정상 작동 원인 등을 파악할 수 있다.
		2. 유압 장치 조립하기	1. 유압 장치 부품의 지정된 위치를 파악하고 정확히 조립할 수 있다. 2. 유압 장치를 조립하기 위하여 규격에 적합한 조립 공구와 장비를 사용할 수 있다. 3. 유압 장치 조립 작업의 안전을 위하여 유압 장치 조립 시 안전사항을 준수할 수 있다.
		3. 유압 장치 기능 확인하기	1. 유압 장치의 기능을 확인하기 위하여 조립된 유압 장치를 검사하고 조립도와 비교할 수 있다. 2. 조립된 유압 장치를 구동하기 위하여 동작 상태를 확인하고 이상 발생 시 수정하여 조립할 수 있다. 3. 유압 장치의 기능을 확인하기 위하여 측정한 데이터를 기록하고 관리할 수 있다.
	3. 전기 전자 장치 조립	1. 전기 전자 장치 조립하기	1. 전기 전자 장치 부품의 지정된 위치를 파악할 수 있다. 2. 전기 전자 장치를 조립하기 위하여 규격에 적합한 조립 공구와 장비를 사용할 수 있다. 3. 전기 전자 장치 도면에 따라 지정된 위치에 부품을 조립할 수 있다.
		2. 전기 전자 장치 기능 검사하기	1. 전기 전자 장치의 기능을 확인하기 위하여 조립된 전기 전자 장치를 측정하고 조립도와 비교할 수 있다. 2. 조립된 전기 전자 장치를 구동하기 위하여 간섭과 동작 상태를 확인하고, 이상 발생 시 수정하여 조립할 수 있다. 3. 전기 전자 장치의 기능을 확인하기 위하여 측정한 데이터를 기록하고 관리할 수 있다.

실기 과목명	주요항목	세부항목	세세항목
		3. 전기 전자 장치 안전성 검사하기	1. 전기 전자 장치의 안전성 검사항목을 선정할 수 있다. 2. 작성된 안전성 기준서를 토대로 전기 전자 장치의 안전성 검사를 실시할 수 있다. 3. 전기 전자 장치의 안전을 확인하기 위하여 측정한 데이터를 기록하고 관리할 수 있다.
	4. 수동·반자동 가스 절단	1. 수동·반자동 절단기 조작 준비하기	1. 매뉴얼에 따라 절단기 이상 유무를 확인할 수 있다. 2. 제작사 작업 안전 절차에 따라 가스 및 전기 등 유틸리티 상태를 점검하고, 이상 유무를 확인할 수 있다. 3. 도면 확인 후, 절단 형상을 확인하고, 용접 가능성 및 방법에 있어 작업자가 어려움이 없는지 확인할 수 있다.
		2. 수동·반자동 절단기 조작하기	1. 사용 매뉴얼을 숙지하여 절단기를 조작할 수 있다. 2. 작업 안전 절차에 따라 절단 작업을 수행할 수 있다. 3. 절단기 이상 발견 시, 제작사 절차에 따라 작업 수리를 의뢰할 수 있다. 4. 강판 두께에 따라 불꽃 세기를 조정하고, 육안으로 확인할 수 있다. 5. 강판 두께에 따라 예열 시간, 절단 속도를 확인·조정할 수 있다.
		3. 수동·반자동 가스 절단 측정·검사하기	1. 절단기 부속품을 검사·측정하여 불량 시, 제작사 절차에 따라 교체·수리할 수 있다. 2. 결과물 절단 부위에 대한 작업표준 준수 여부를 검사할 수 있다. 3. 제작사 절차에 따른 절단 부위 검사항목을 측정하여 기록할 수 있다.
		4. 수동·반자동 절단기 유지·관리하기	1. 제작사 관리 기준에 의하여 일일 점검, 정기 점검 등을 수행할 수 있다. 2. 소모품 및 사용 기한이 만료된 부속품을 교체할 수 있다. 3. 조작 및 동작 상태 점검으로 이상 유무를 판단하여 적절한 조치를 취할 수 있다. 4. 사용 매뉴얼을 숙지하여 분해, 조립 및 고장에 대하여 처리할 수 있다.

실기 과목명	주요항목	세부항목	세세항목
	5. 피복 아크 용접 필릿 용접	1. T형 필릿 용접 하기	1. 용접 절차 사양서에 따라 용접기의 종류를 선정하고 용접 조건을 설정할 수 있다. 2. 용접 절차 사양서에 따라 T형 필릿 용접 작업을 수행할 수 있다. 3. 용접 절차 사양서에 따라 용접 전후 처리를 할 수 있다.
	6. 피복 아크 용접 결함부 보수 용접 작업	1. 용접부 결함 확인하기	1. 치수상 결함 여부를 확인할 수 있다. 2. 용접 형상, 오버랩, 언더컷, 용접 균열 등의 여부를 확인할 수 있다. 3. 용접부의 기계적 성질을 확인할 수 있다.
		2. 보수 기준 확인하기	1. 규격(KS, ASME, AWS 등)에 의한 결함 판정 기준을 파악할 수 있다. 2. 기공, 슬래그 혼입, 언더컷 등에 대한 보수 용접 기준을 파악할 수 있다. 3. 확인한 용접 결함에 대해 보수 기준을 적용하여 보수 작업 진행 여부를 결정할 수 있다.
		3. 용접 결함 보수하기	1. 확인된 용접 결함부의 제거를 실시한 후 보수 용접 작업을 수행할 수 있다. 2. 보수 용접 작업을 수행한 용접부에 후처리를 실시할 수 있다. 3. 후처리까지 마친 용접부에 비파괴 검사를 실시하여 결함 보수 완료 여부를 확인할 수 있다.
	7. 탭·드릴· 보링 가공	1. 작업 준비하기	1. 제품의 형상에 적합한 공구를 선택할 수 있다. 2. 공작물의 설치 방법에 따라 공작물을 설치할 수 있다. 3. 작업 순서를 고려하여 절삭 공구를 설치할 수 있다. 4. 도면에 의해서 제품의 형상, 특성에 따른 기준면을 설정할 수 있다.
		2. 본 가공 수행하기	1. 작업 요구 사항에 따라 장비를 설정하고, 가공 작업을 수행할 수 있다. 2. 수동 작업 시 절삭 조건을 충족할 수 있도록 이송속도, 이송 범위, 절삭 깊이를 조절할 수 있다. 3. 이상 발생 시 조치를 취하고, 보고할 수 있다. 4. 절삭 조건이 부적합한 경우 수정할 수 있다. 5. 절삭칩으로 인한 안전사고, 공구의 파손, 제품의 불량을 방지할 수 있다.

실기 과목명	주요항목	세부항목	세세항목
			6. 보링 작업 시 열, 진동에 의한 치수 변화를 최소화 할 수 있다. 7. 도면에 따른 가공을 하기 위해 각 좌표축의 기준점을 설정할 수 있다.
		3. 검사·수정하기	1. 측정 대상별 측정 방법과 측정기의 종류를 파악하여 측정 오차가 생기지 않도록 측정할 수 있다. 2. 공구 수명 단축 원인과 가공 치수 불량의 원인을 파악하고 적절한 대처 방안을 강구할 수 있다. 3. 측정 후 불량 부위 발생 시 수정 여부를 결정할 수 있다.
	8. 기계 부품 조립	1. 기계 부품 조립 준비하기	1. 기계 조립 계획을 수립할 수 있다. 2. 수립된 기계 조립 계획에 따라 기계 장치 조립에 필요한 공구와 기계 장치, 소요 부품의 수량을 확인하고 준비할 수 있다. 3. 조립 공간을 확보하고 주변 정리 정돈을 할 수 있다.
		2. 기계 부품 조립하기	1. 기계 조립 계획에 따라 기계 장치 조립을 할 수 있다. 2. 기계 조립 시 올바른 조립을 위하여 규격에 맞는 공구와 부품을 사용할 수 있다. 3. 기계 조립 작업의 안전을 위하여 작업 안전 규정에 따라 기계조립을 할 수 있다.
		3. 기계 부품 조립 기능 확인하기	1. 정확히 조립이 되었는지 확인하기 위하여 기계 조립 도면과 비교할 수 있다. 2. 조립된 기계 장치의 이상 발생 시 수정을 위하여 기계 장치의 동작 상태를 확인하고 수정하여 보완할 수 있다. 3. 기계 조립 장치의 정확한 구동을 위하여 측정하고, 검사한 데이터를 기록하고 관리할 수 있다.
	9. 조립 안전 관리	1. 안전 기준 확인하기	1. 작업장에서 안전사고를 예방하기 위해 안전 기준을 확인할 수 있다. 2. 정기 또는 수시로 안전기준을 확인하여 보완할 수 있다.
		2. 안전 수칙 준수하기	1. 안전 기준에 따라 안전 보호 장구를 착용할 수 있다. 2. 안전 기준에 따라 작업을 수행할 수 있다. 3. 안전 기준에 따라 준수 사항을 적용할 수 있다. 4. 안전사고를 방지하기 위한 예방 활동을 할 수 있다.

차례

PART 1 전기 공유압 / 가스 절단 및 용접 개론

1장 공유압 기기 ······ 12
  1-1 공압 장치 ······ 12
  1-2 유압 장치 ······ 17

2장 공유압 회로 ······ 27
  2-1 밸브 연결구 기호 표시 ······ 27
  2-2 부품 설치 방법 ······ 27
  2-3 호스 삽입 ······ 29
  2-4 공압 회로 ······ 32
  2-5 유압 회로 ······ 34

3장 전기 기초 ······ 51
  3-1 전기 기기 ······ 51

4장 전기 시퀀스 회로 설계 ······ 58
  4-1 전기 시퀀스도 작성 방법 ······ 58
  4-2 전기 제어 기기의 기호 ······ 60
  4-3 제어 회로의 구성 방법 ······ 60
  4-4 직관적 방법에 의한 회로 구성 ······ 61
  4-5 캐스케이드 회로 설계 ······ 65
  4-6 타이머를 사용한 여자 지연 동작 ······ 76
  4-7 전기 보수 유지 계획 회로 설계 ······ 79

5장 가스 절단 및 용접 ······ 84
  5-1 기계 가공 ······ 84
  5-2 가스 절단 및 용접 ······ 95

PART 2
제1과제 공기압 시스템 설계 및 구성

국가기술자격 실기시험문제 ① ………………………………… 112
국가기술자격 실기시험문제 ② ………………………………… 119
국가기술자격 실기시험문제 ③ ………………………………… 124
국가기술자격 실기시험문제 ④ ………………………………… 130
국가기술자격 실기시험문제 ⑤ ………………………………… 136
국가기술자격 실기시험문제 ⑥ ………………………………… 142
국가기술자격 실기시험문제 ⑦ ………………………………… 149
국가기술자격 실기시험문제 ⑧ ………………………………… 155

PART 3
제2과제 유압 시스템 설계 및 구성

국가기술자격 실기시험문제 ① ………………………………… 164
국가기술자격 실기시험문제 ② ………………………………… 172
국가기술자격 실기시험문제 ③ ………………………………… 179
국가기술자격 실기시험문제 ④ ………………………………… 187
국가기술자격 실기시험문제 ⑤ ………………………………… 194
국가기술자격 실기시험문제 ⑥ ………………………………… 202
국가기술자격 실기시험문제 ⑦ ………………………………… 210
국가기술자격 실기시험문제 ⑧ ………………………………… 218

PART 4
제3과제 가스 절단 및 용접

국가기술자격 실기시험문제 ① ………………………………… 231
국가기술자격 실기시험문제 ② ………………………………… 234
국가기술자격 실기시험문제 ③ ………………………………… 237
국가기술자격 실기시험문제 ④ ………………………………… 240
국가기술자격 실기시험문제 ⑤ ………………………………… 243
국가기술자격 실기시험문제 ⑥ ………………………………… 246
국가기술자격 실기시험문제 ⑦ ………………………………… 249
국가기술자격 실기시험문제 ⑧ ………………………………… 252

- 시험장 시설 목록 ……………………………………………………… 256

설비보전산업기사
PART 1

전기 공유압 / 가스 절단 및 용접 개론

1장 공유압 기기
2장 공유압 회로
3장 전기 기초
4장 전기 시퀀스 회로 설계
5장 가스 절단 및 용접

PART 1 전기 공유압 / 가스 절단 및 용접 개론

1장 공유압 기기

설비보전산업기사

1-1 공압 장치

1 공압 장치의 구성

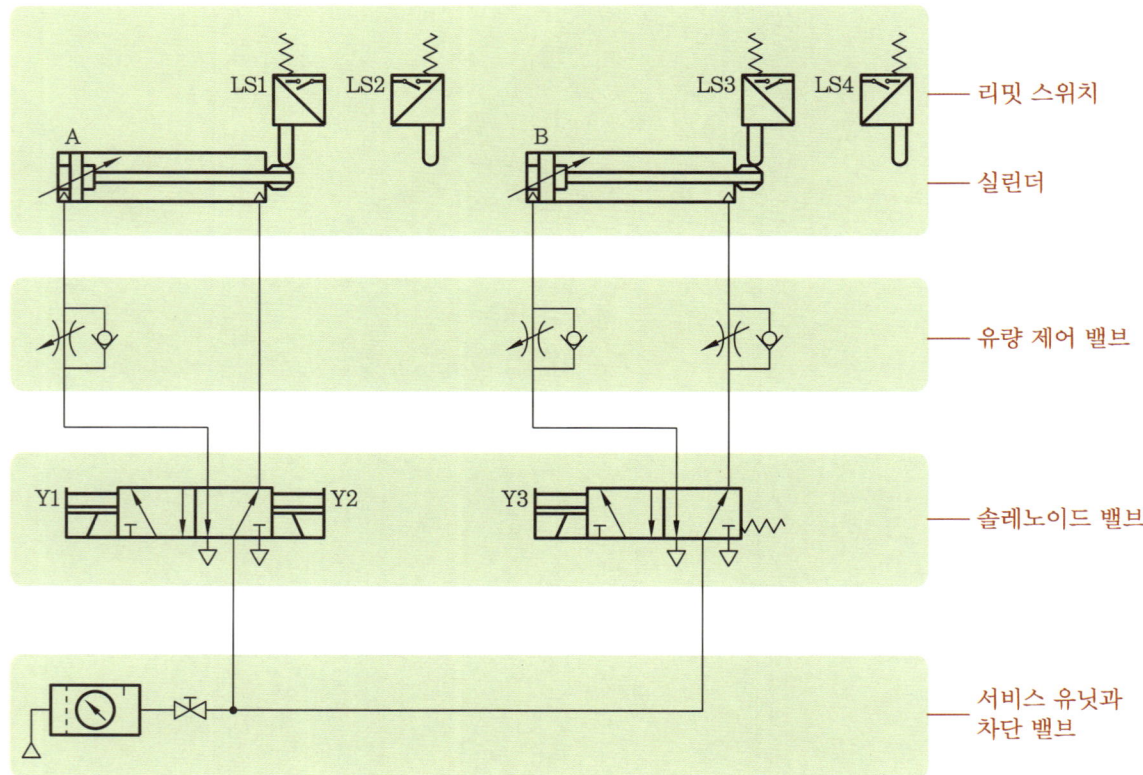

공압 장치 구성 회로도

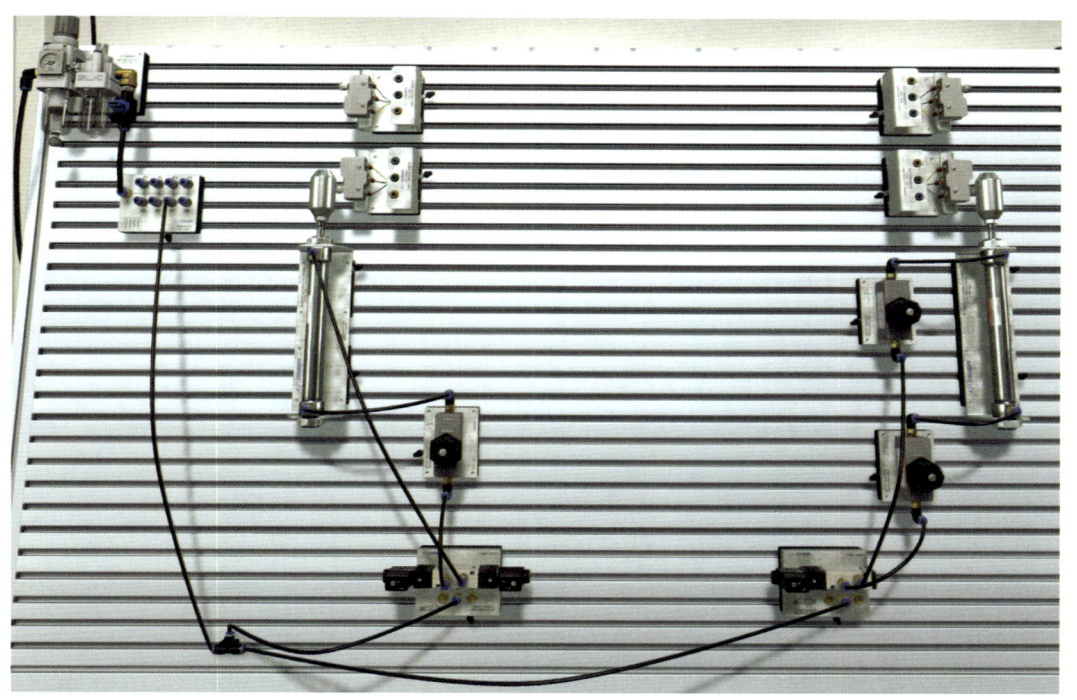

공압 장치 수직 배치 및 구성 예

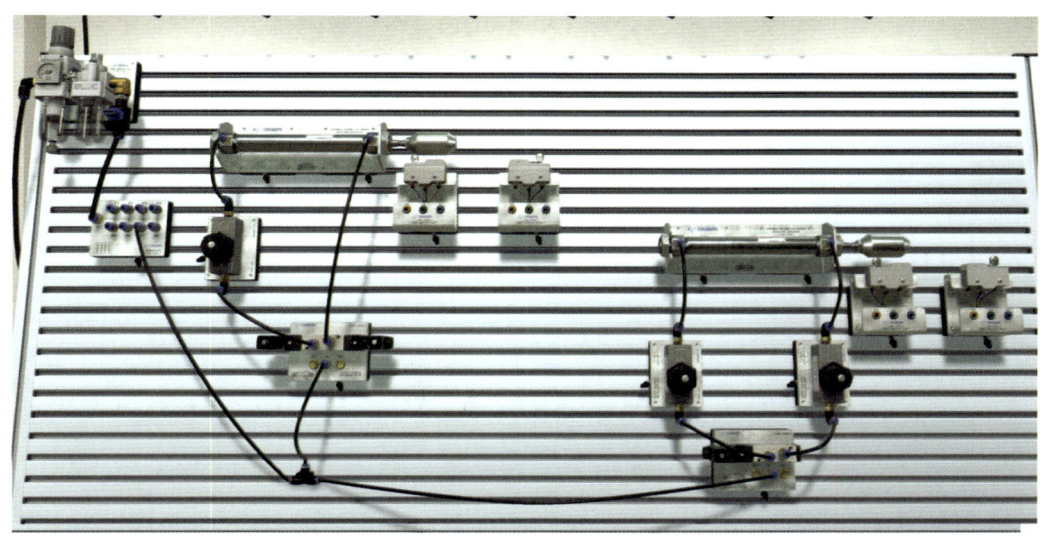

공압 장치 수평 배치 및 구성 예

2 서비스 유닛

(1) 압력 조정

① 압력 조정은 압력 조정기 위에 있는 손잡이를 위로 올리면 딸깍하는 소리가 난다.
② 공기압 공급 압력이 0.5MPa(5kgf/cm^2)보다 높으면 손잡이를 시계 반대 방향으로, 낮으면 시계 방향으로 돌린다.
③ 압력 조정이 끝나면 손잡이를 아래로 밀어 고정시켜야 한다.

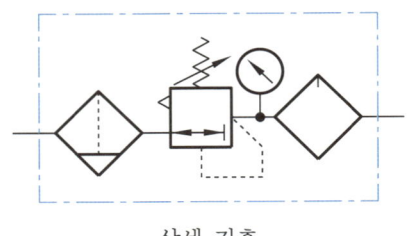

상세 기호

간략 기호

서비스 유닛의 외형과 기호

3 유량 제어 밸브

(1) 유량 제어 밸브 설치

① 공압 제어에서 복동 실린더의 속도 제어는 미터 아웃, 즉 배기 교축 방식으로만 제어한다.
② 유량 제어 밸브를 설치할 때에는 반드시 체크 밸브의 방향을 다음 그림의 기호와 같이 하여 유량 제어 밸브를 수직으로 설치해야 한다.

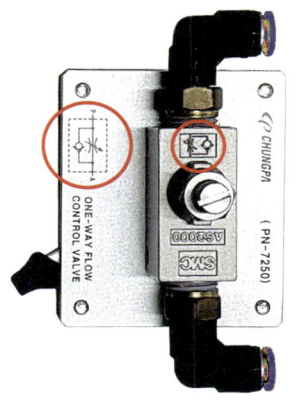
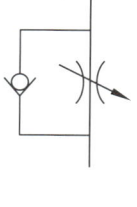

유량 제어 밸브의 외형과 기호

4 방향 제어 밸브

① 공압 제어에서 솔레노이드 밸브는 5/2 WAY 밸브와 3/2 WAY 밸브를 사용하며, 단동 솔레노이드와 복동 솔레노이드 밸브가 있다.
② 단동 솔레노이드 밸브와 복동 솔레노이드 밸브의 설치와 공압 배관 방법은 동일하다.

(가) 5/2 WAY 단동 솔레노이드 밸브 : 솔레노이드에 전류를 통전시키면 여자 상태가 되면서 전자력에 의해 스풀이 동작을 하여 P 포트의 공압이 A 포트로 통과하고, B 포트의 공기는 S 포트로 배기된다. 솔레노이드가 작동하지 않으면(소자 상태) 스프링의 힘이 스풀을 밀어내면서 P 포트에 들어가는 공압은 B 포트로 통과하고, A 포트의 공압은 R 포트로 배기된다.

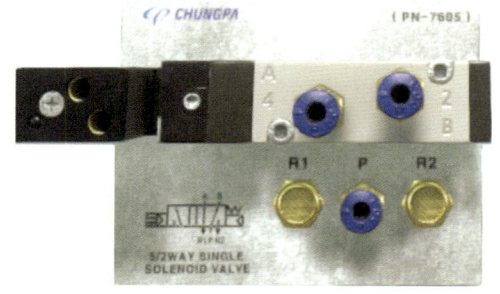
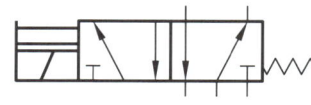

5/2 WAY 단동 솔레노이드 방향 제어 밸브의 외형과 기호

(나) 5/2 WAY 복동 솔레노이드 밸브 : 오른쪽에 솔레노이드가 작동하면(여자 상태) 전자력의 힘으로 스풀을 이동시킴으로써 P 포트에서 B 포트로 공압이 통과하고, A 포트의 공압은 S 포트로 배기된다. 오른쪽 솔레노이드가 소자되고 왼쪽 솔레노이드가 여자되면 왼쪽 솔레노이드에 전자력이 발생되어 스풀을 이동시켜 P 포트의 공압이 A 포트로 통과하고, B 포트의 공기는 R 포트로 배기된다.

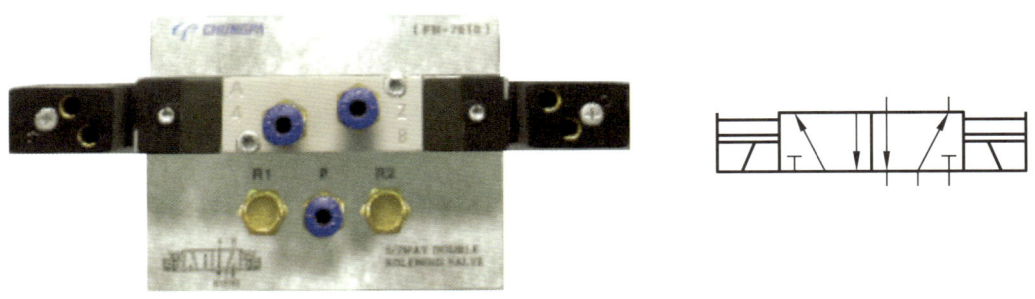

5/2 WAY 복동 솔레노이드 방향 제어 밸브의 외형과 기호

5 공압 실린더

① 공압 실린더는 복동 실린더만 사용된다.
② 공압 복동 실린더는 일반형과 쿠션붙이가 있으며, 혼용해서 사용된다.

일반형 복동 실린더의 외형과 기호

쿠션형 복동 실린더의 외형과 기호

1-2 유압 장치

1 유압 장치의 구성

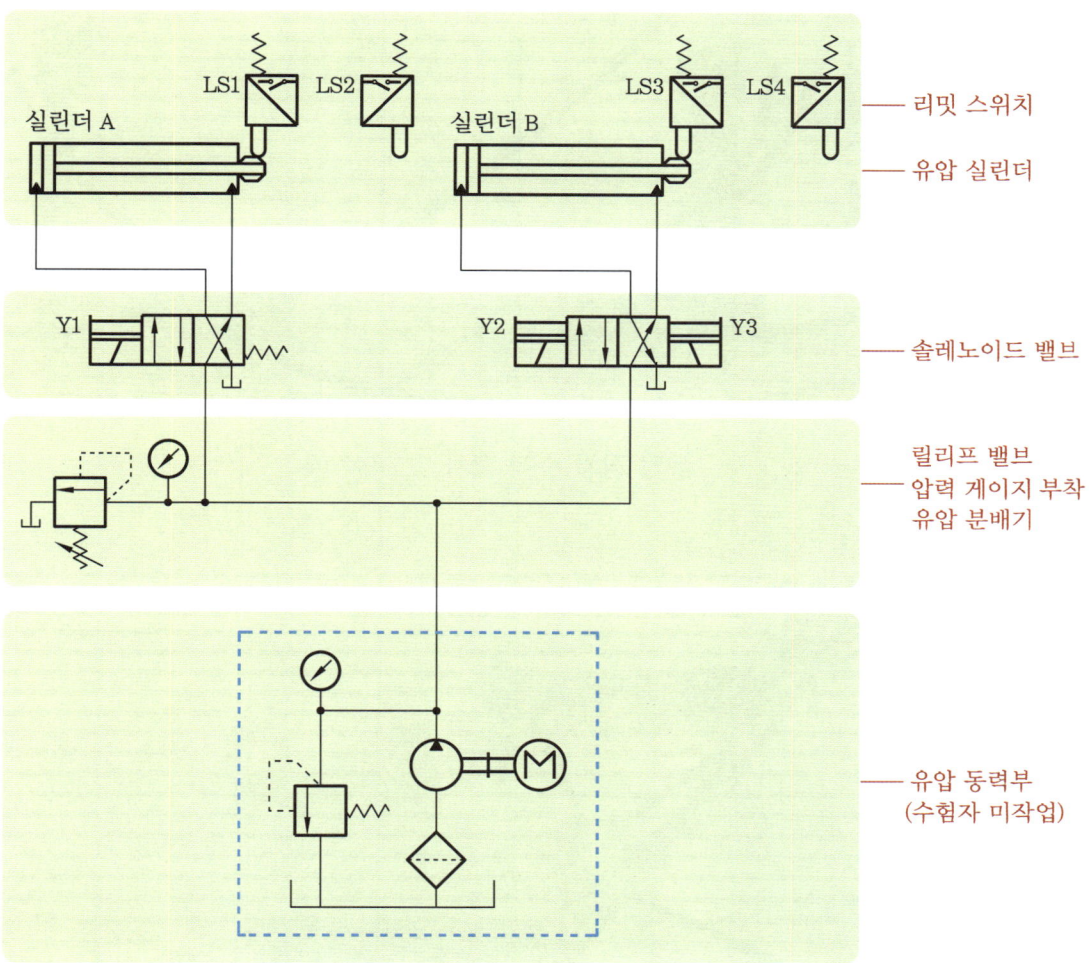

유압 장치 구성 회로도

유압 장치 수직 배치 및 구성 예

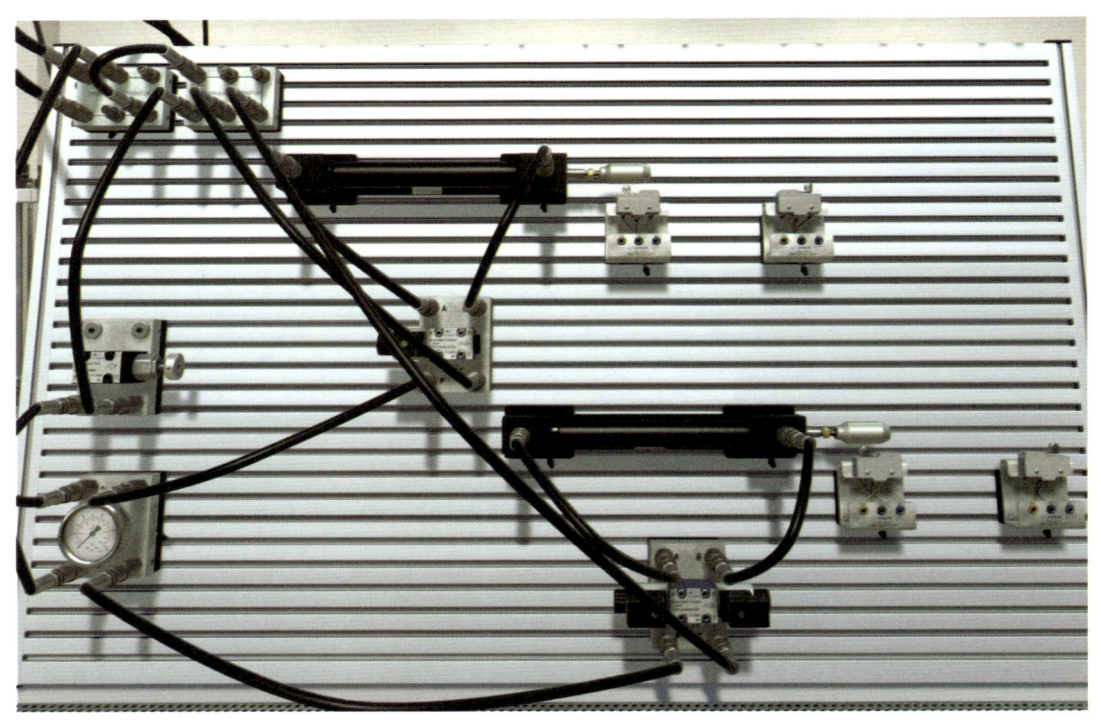

유압 장치 수평 배치 및 구성 예

2 유압 제어 밸브

(1) 압력 제어 밸브

① **릴리프 밸브** : 유압 시스템의 최고 압력을 설정하는 밸브

릴리프 밸브의 외형과 기호

② **감압 밸브** : 유압 시스템 중 일부 압력을 릴리프 밸브의 설정압보다 감압하여 주는 밸브

감압 밸브의 외형과 기호

③ **카운터 밸런스 밸브** : 자중에 의한 자유 낙하 방지용으로 실린더 로드측에 배압을 주는 밸브

카운터 밸런스 밸브의 외형과 기호

④ **압력 스위치** : 밸브가 아닌 스위치이나 유압력으로 조작되는 것이므로 압력 제어 밸브로 분류한다.

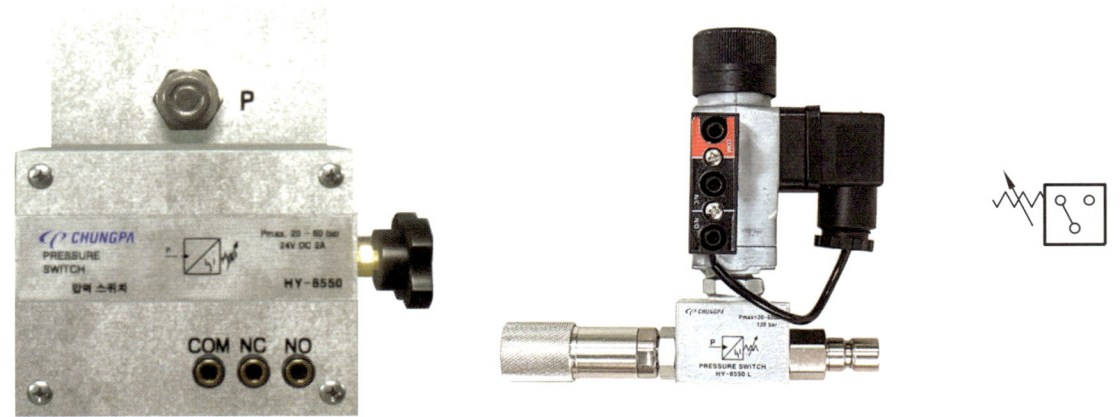

압력 스위치의 외형과 기호

(2) 유량 제어 밸브

① **양방향 유량 제어 밸브**

   (가) 방향성이 없다.

   (나) 밸브 압력 공급측, 즉 P 포트에 삽입한다.

   (다) 블리드 오프 속도 제어에도 이용된다.

양방향 유량 제어 밸브의 외형과 기호

② **한 방향 유량 제어 밸브**

   (가) 방향성이 있다.

   (나) 미터 인, 미터 아웃 두 회로를 다 적용한다.

   (다) 미터 인은 실린더에, 미터 아웃은 밸브에 설치한다.

한 방향 유량 제어 밸브의 외형과 기호

(3) 방향 제어 밸브

① 4/2 WAY 단동 솔레노이드 밸브 : 3/2 WAY 단동 솔레노이드 밸브와 외형이 같으므로 밸브의 기호를 잘 보고 선택해야 한다.

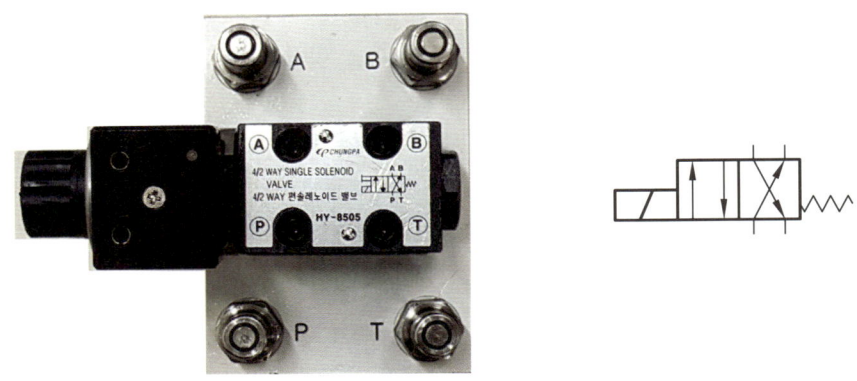

4/2 WAY 단동 솔레노이드 밸브의 외형과 기호

② 4/2 WAY 복동 솔레노이드 밸브 : 4/3 WAY 복동 솔레노이드 밸브와 외형이 같으므로 밸브의 기호를 잘 보고 선택해야 한다.

4/2 WAY 복동 솔레노이드 밸브의 외형과 기호

③ 4/3 WAY 올포트 블록(센터 크로즈)형 복동 솔레노이드 밸브 : 4/2 WAY 복동 솔레노이드 밸브와 여러 가지 4/3 WAY 밸브의 외형이 같으므로 밸브의 기호를 잘 보고 선택해야 한다.

4/3 WAY 올포트 블록 복동 솔레노이드 밸브의 외형과 기호

④ 4/3 WAY ABT 접속형 복동 솔레노이드 밸브 : 4/2 WAY 복동 솔레노이드 밸브와 여러 가지 4/3 WAY 밸브의 외형이 같으므로 밸브의 기호를 잘 보고 선택해야 한다.

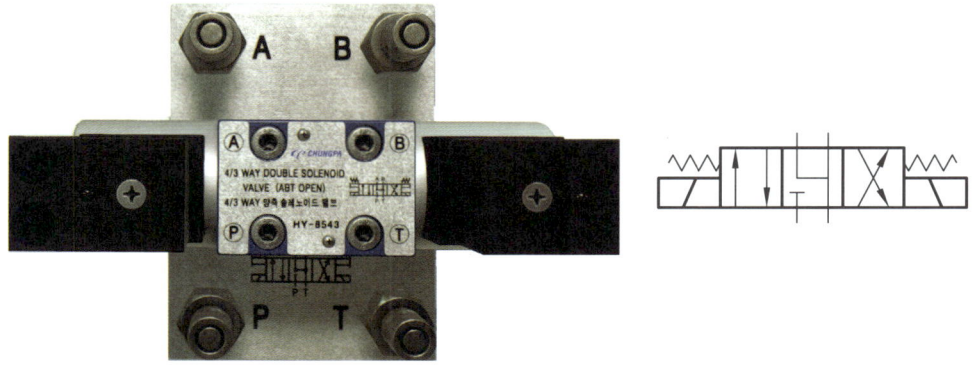

4/3 WAY ABT 접속 복동 솔레노이드 밸브의 외형과 기호

⑤ 4/3 WAY 탠덤 센터형 복동 솔레노이드 밸브 : 4/2 WAY 복동 솔레노이드 밸브와 여러 가지 4/3 WAY 밸브의 외형이 같으므로 밸브의 기호를 잘 보고 선택해야 한다.

4/3 WAY 탠덤 센터형 복동 솔레노이드 밸브의 외형과 기호

3 유압 액추에이터

(1) 유압 실린더

유압 실린더는 복동 실린더만 사용된다.

 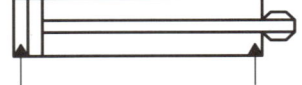

복동 실린더의 외형과 기호

4 그 외의 부품

(1) 체크 밸브

체크 밸브는 방향에 유의하여 부착해야 한다.

체크 밸브의 외형과 기호

(2) 파일럿 조작 체크 밸브

간접 작동 체크 밸브라고도 하며, 액추에이터 중간 정지에 사용된다.

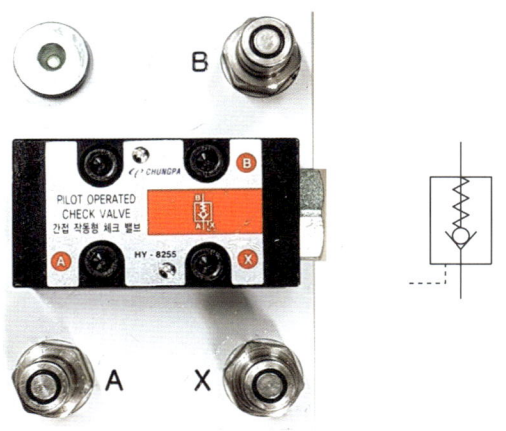

파일럿 조작 체크 밸브의 외형과 기호

(3) 압력 게이지 부착 유압 분배기

압력 게이지가 부착된 유압 분배기로 유압 공급원으로서의 역할을 한다.

압력 게이지 부착 유압 분배기의 외형

(4) T 커넥터

분기관 역할을 한다.

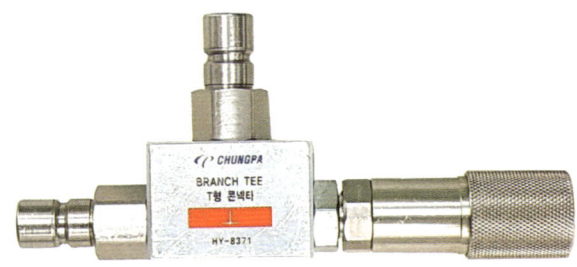

T 커넥터의 외형

(5) 잔압 뽑기

압력 제거기라고도 하며, 실린더나 밸브에 잔압이 발생되었을 때 사용한다.

잔압 뽑기의 외형

(6) 유압 분배기

주로 작동유를 유압 탱크로 드레인시킬 포트 수가 부족할 때 사용하며, 일반적으로 사용할 필요가 없으나 제조사에 따라 사용해야 할 경우가 있다.

유압 분배기의 외형

2장 공유압 회로

2-1 밸브 연결구 기호 표시

ISO 1219와 ISO 5599의 표시법

구분	ISO 1219 규정	ISO 5599 규정	표시 방법
에너지 공급구	P	1	A(4) B(2) Z(12) — Y(14) R(3) S(5) P(1)
작업 라인	A, B, C …	2, 4, 6	
배출구	R, S, T	3, 5, 7	
누출 라인	L	9	
제어 라인	Z, Y, X	10, 12, 14	

2-2 부품 설치 방법

① 실린더는 수직 설치와 수평 설치 방법이 있으며, 수직으로 설치하는 방법이 작업하는 데 더 유리하다.
② 작업자의 판단 하에 실린더를 수평으로 설치할 경우 위는 실린더 A, 아래는 실린더 B로 설치하고, 수직으로 세웠을 경우 보드 왼쪽에 실린더 A, 오른쪽에 실린더 B로 알루미늄(Al) 보드에 설치한다.
③ 리밋 스위치의 좌우 방향을 확인하고 실린더 도그에 접촉이 되도록 알루미늄 보드에 설치한다.
④ 실린더 아래에 방향 제어 밸브를 알루미늄 보드에 설치한다.

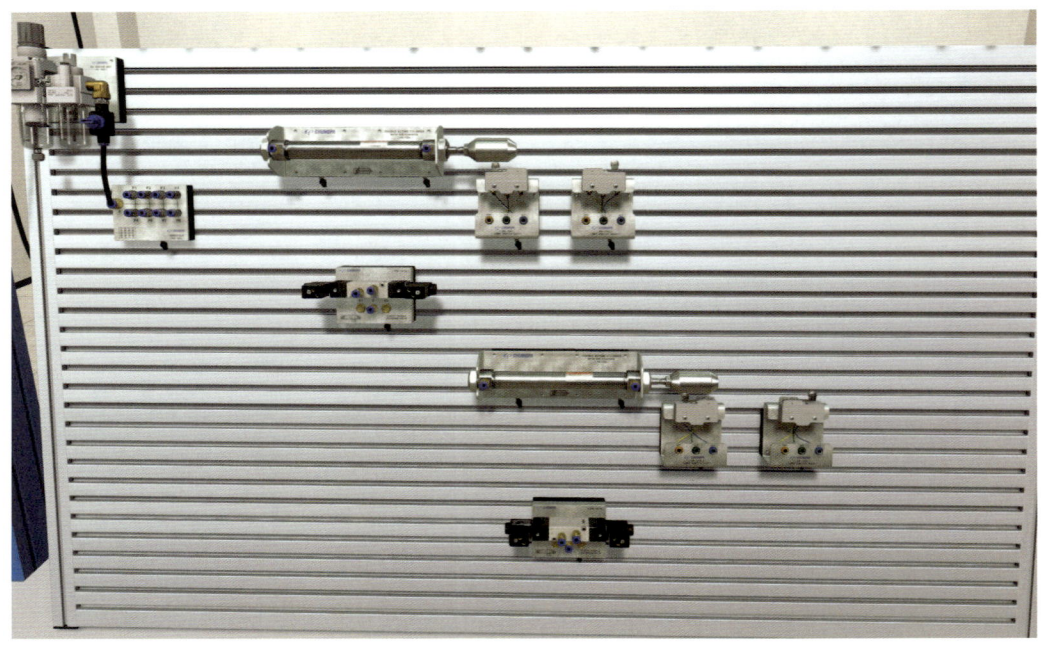

공압 기기 수평 설치 예

공압 기기 수직 설치 예

2-3 호스 삽입

1 공압

① 호스를 배관할 때에는 반드시 공압을 차단한 후 작업을 하여야 한다.
② 공압 호스를 피팅에 삽입할 때에 두 번 힘주어 삽입한다.
③ 특히 공압 분배기에 삽입할 때 유의하여야 한다. 삽입이 불확실하면 공기 새는 소리가 없어도 공압 호스에 공기가 공급되지 않는다.
④ 피팅에서 호스를 제거시킬 때는 피팅에 부착되어 있는 와셔를 왼손으로 밀고있는 상태에서 공압 호스를 피팅으로부터 분리시켜야 한다.
⑤ 공압 호스를 밸브에 삽입할 때는 포트 표시법에 해당되는 기호의 피팅에 삽입하여야 한다.
⑥ 분배기 피팅에 호스를 삽입한 후 호스 반대쪽을 밸브 P의 포트에 삽입한다.
⑦ 실린더 초기 상태가 후진되어 있는 것이라면 공압 양쪽 작동 방향 제어 밸브의 A 포트와 실린더 피스톤 헤드측 포트에 공압 호스를 연결하고, 밸브의 B 포트와 실린더 로드측 포트에 공압 호스를 각각 연결한다.

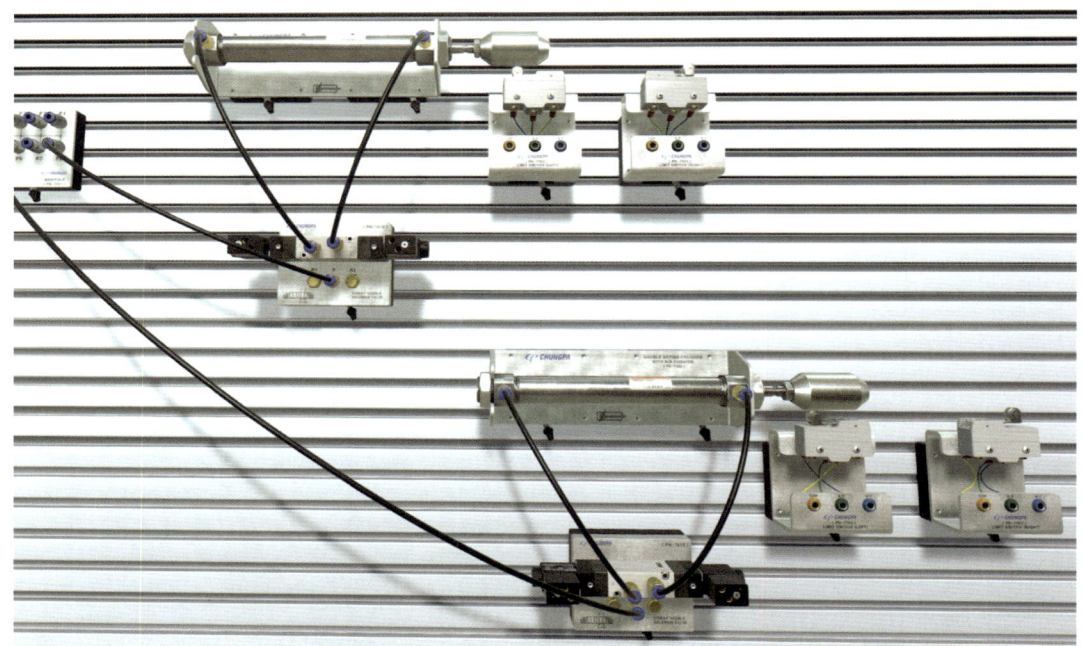

공압 기기 수평 설치 후 공압 호스 배관

공압 기기 수직 설치 후 공압 호스 배관

⑧ 실린더 초기 상태가 전진되어 있는 경우에는 방향 제어 밸브의 B 포트와 실린더 피스톤 헤드측 포트에 공압 호스를 연결하고, 방향 제어 밸브의 A 포트와 실린더 로드측 포트에 공압 호스를 연결한다.

공압 기기 수평 설치 전진 상태

공압 기기 수직 설치 전진 상태

⑨ 연결이 완료되면 서비스 유닛에 설치되어 있는 차단 밸브를 열고, 실린더의 초기 상태를 점검한다.
⑩ 실린더가 후진 상태이어야 하는데 전진 상태라면 방향 제어 밸브 후진측의 수동 누름 버튼을 눌러 변환시킨다.

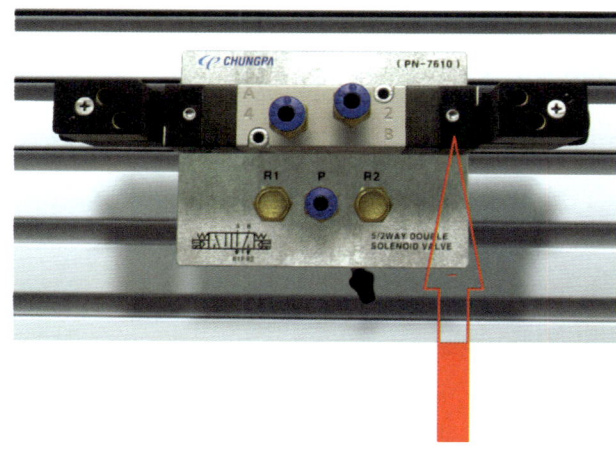

수동 조작 버튼

⑪ 실린더가 전진 상태이어야 하는데 후진 상태라면 전진측 솔레노이드 밸브의 수동 누름 버튼을 눌러 변환시킨다.

2 유압

① 호스를 배관할 때에는 반드시 유압을 차단한 후 작업을 하여야 한다.
② 유압 호스를 피팅이나 포트에 삽입할 때에는 호스 구멍의 중심과 포트 중심과 일치된 상태에 삽입한다.
③ 호스를 제거시킬 때는 한쪽 손으로 호스를 잡고 호스 끝부분 널링 가공 부분을 손가락으로 살짝 당겨 호스를 분리시킨다.
④ 유압 호스를 밸브에 삽입할 때는 포트 표시법에 해당되는 기호의 피팅에 삽입하여야 한다.
⑤ 압력 게이지 부착 유압 분배기 포트에 호스를 삽입한 후 호스 반대쪽을 릴리프 밸브 P의 포트에 삽입하고, 릴리프 밸브 T 포트와 유압 탱크로 향하는 분배기나 유량컵에 호스를 사용하여 연결한다.
⑥ 펌프를 가동시킨 후 압력 게이지의 압력이 4MPa이 되도록 조정한다.

2-4 공압 회로

1 속도 제어 회로

(1) 미터 아웃(meter out) 회로

① 속도 제어 회로에는 미터 인, 미터 아웃 속도 제어 회로 등이 있으나, 공압 복동 실린더에서는 미터 인을 채택하지 않고 미터 아웃 속도 제어 회로만 사용한다.
② 미터 아웃 회로에는 미터 아웃 전진 제어와 미터 아웃 후진 제어가 있다.
③ 밸브를 선택한 후 호스를 사용하여 배관할 때 밸브의 기호에 따른 방향에 주의해야 한다.
④ 공기압 미터 아웃 회로는 실린더에서 나오는 공기를 교축시키는 회로로 실린더의 속도를 자연스럽게 조정하여, 외력이나 압력 변동에 의한 속도의 불균일을 가능한 한 적게 하는 데 적합하다.

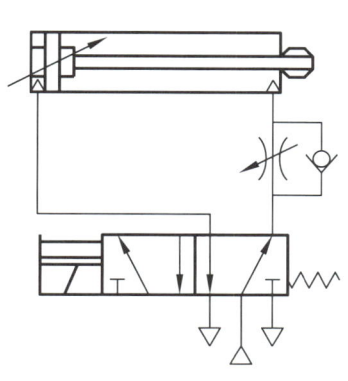
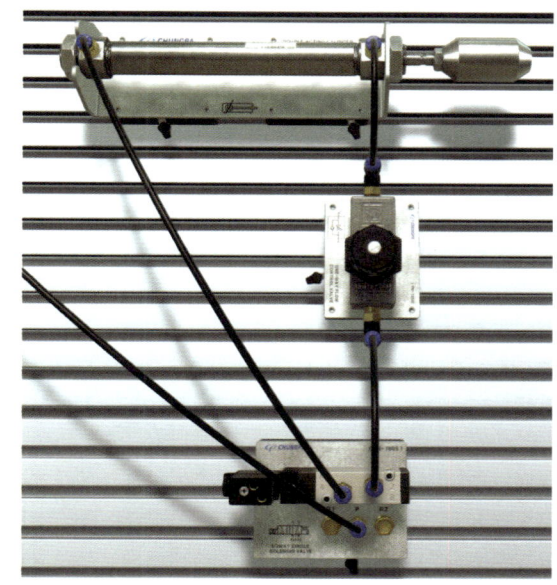

미터 아웃 전진 제어

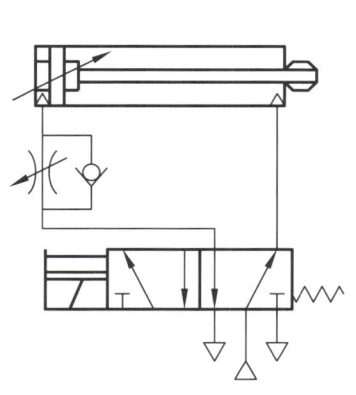
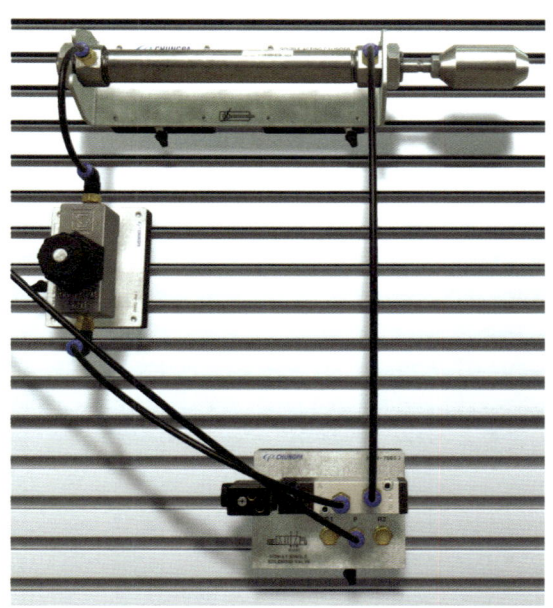

미터 아웃 후진 제어

2-5 유압 회로

1 최대 압력 제한 회로

① 모든 유압 회로의 기본으로 회로 내의 압력을 설정 압력으로 조정하는 회로로 압력이 설정 압력 이상 시는 릴리프 밸브가 열려 탱크에 작동유를 귀환시키는 회로이므로 안전측면에서도 필수적인 것이라고 말할 수 있다.
② 모든 유압 회로의 기본으로 압력 게이지 부착 유압 분배기와 릴리프 밸브를 사용하여 회로 내의 최대 압력을 4MPa(40kgf/cm^2)로 설정하도록 한다.
③ 펌프에서 공급하는 호스를 릴리프 밸브의 P 포트에 배관하고, 밸브의 T 포트에 호스를 탱크에 배관한다.

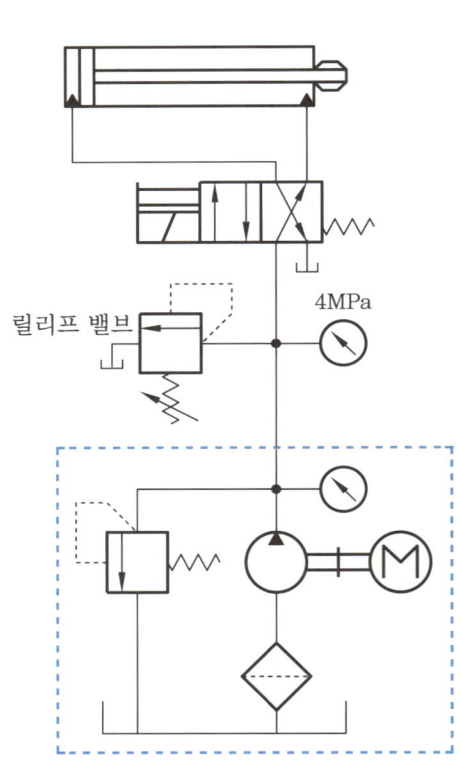

최대 압력 제한 회로

릴리프 밸브 설치 및 배관의 예

2 속도 제어 회로

(1) 미터 아웃(meter out) 회로

① 미터 아웃 회로는 작동 행정에서 유량 제어 밸브를 실린더의 오일이 유출되는 출구측에 설치한 회로로, 실린더에서 유출되는 유량을 제어하여 피스톤 속도를 제어하는 회로이다.

② 이 경우 펌프의 송출 압력은 유량 제어 밸브에 의한 배압과 부하 저항에 따라 정해진다.

③ 미터 인 회로와 마찬가지로 동력 손실이 크나, 미터 인 회로와는 반대로 실린더에 배압이 걸리므로 끌어당기는 하중이 작용하더라도 자주(自走)할 염려는 없다. 또한 미세한 속도 조정이 가능하여, 공작 기계에서 가공물에 절삭날이 파먹어 들어가는 경향을 방지할 수 있어 밀링 머신, 보링 머신, 드릴링 머신, 셰이퍼 등에 널리 이용되고 있다.

④ 미터 아웃 속도 제어 회로는 라인형 한 방향 제어 밸브를 밸브 작업 포트, 즉 A 또는 B 포트에 삽입한다.

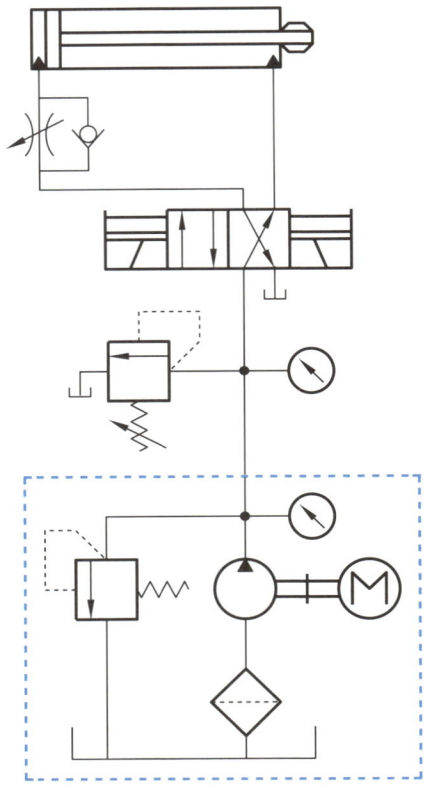

미터 아웃 후진 속도 제어 회로

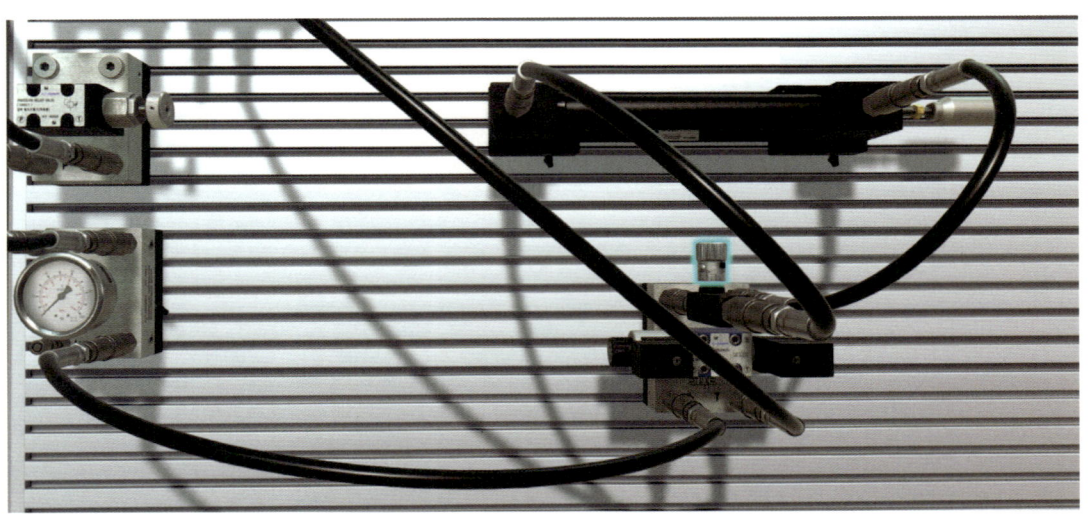

미터 아웃 후진 속도 제어 구성

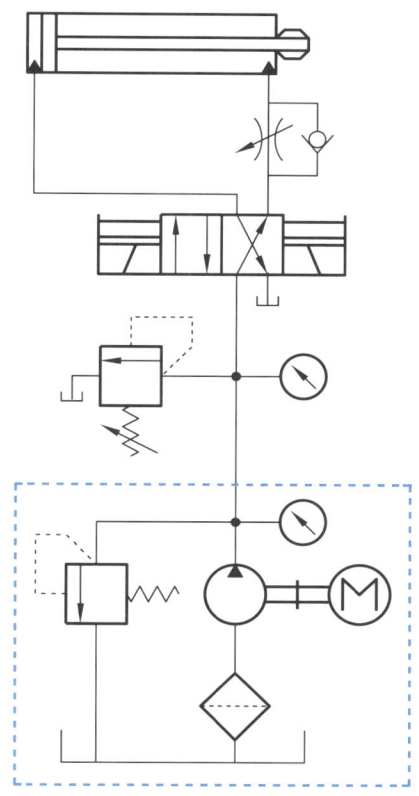

미터 아웃 전진 속도 제어 회로

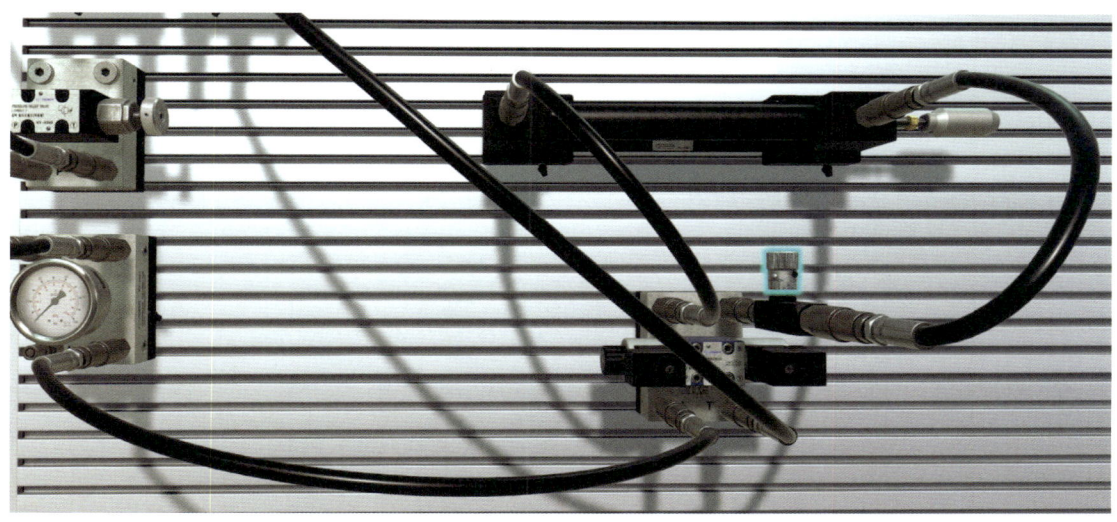

미터 아웃 전진 속도 제어 구성

(2) 미터 인(meter in) 회로

① 미터 인 회로는 유량 제어 밸브를 실린더의 작동 행정에서 실린더의 오일이 유입되는 입구측에 설치한 회로로, 이 밸브가 압력 보상형이면 실린더 속도는 하중에 관계없이(펌프 송출량에 관계없이) 일정한 속도로 실린더를 움직이게 된다.
② 이 경우 펌프 송출압은 릴리프 밸브의 설정압으로 정해지고, 펌프에서 송출되는 여분의 유량은 릴리프 밸브를 통하여 탱크에 방유되므로 동력 손실이 크다.
③ 미터 인 속도 제어 회로는 라인형 한 방향 제어 밸브를 실린더 포트에 삽입한다.

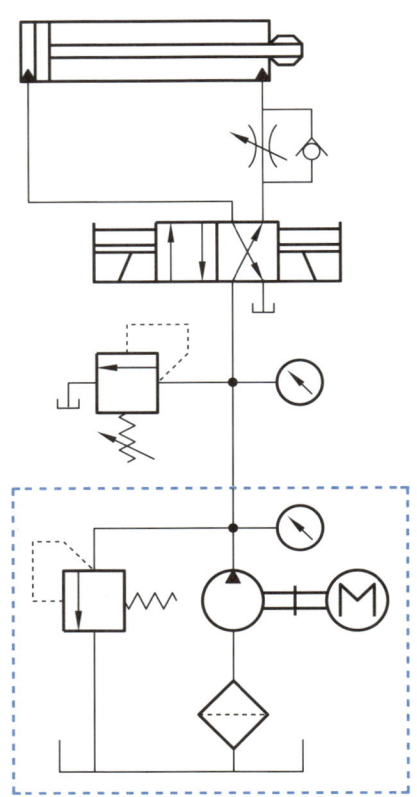

미터 인 후진 속도 제어 회로

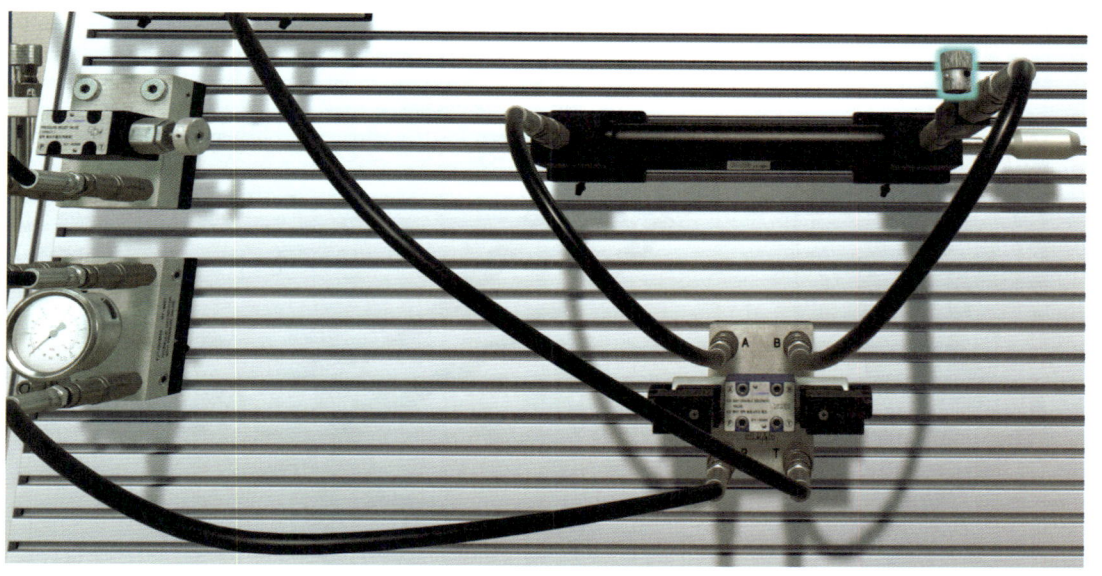

미터 인 후진 속도 제어 구성

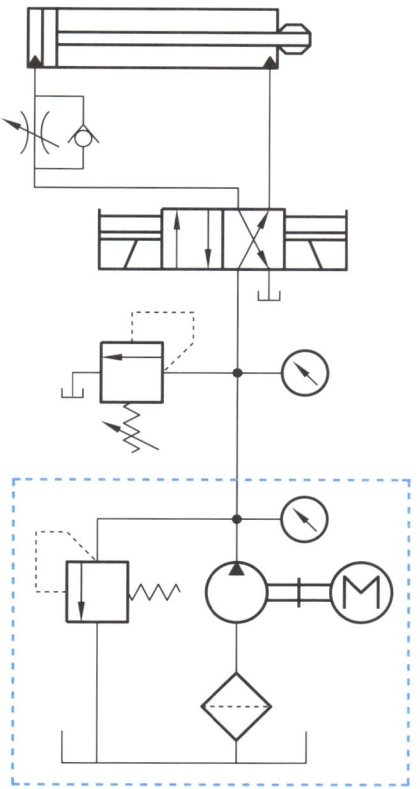

미터 인 전진 속도 제어 회로

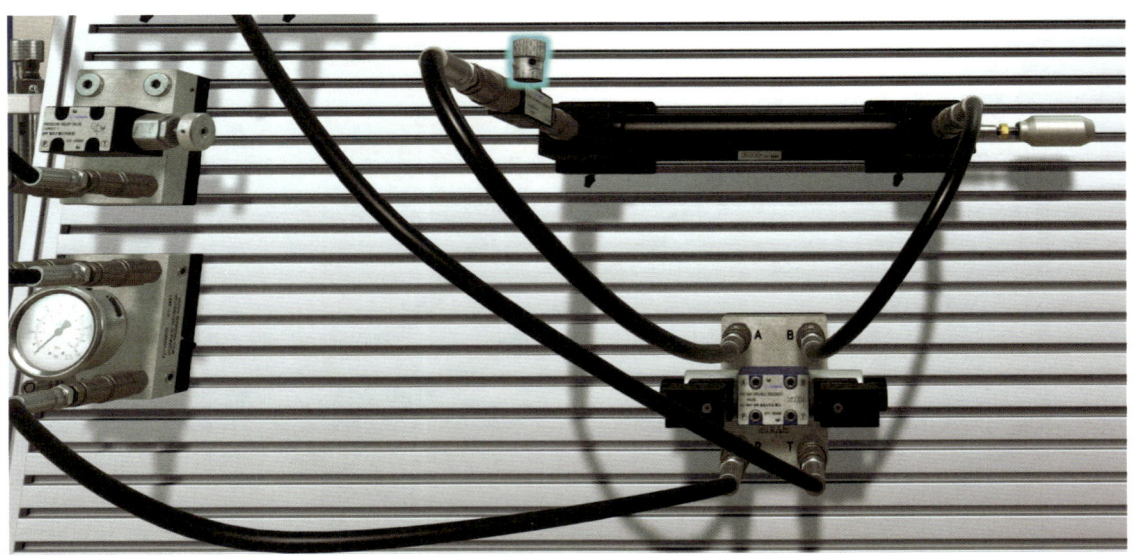

미터 인 전진 속도 제어 구성

(3) 블리드 오프 회로

① 블리드 오프 회로는 작동 행정에서의 실린더 입구의 압력쪽 분기 회로에 유량 제어 밸브를 설치하여 실린더 입구측의 불필요한 압유를 배출시켜 일정량의 오일을 블리드 오프하고 있어 작동 효율을 증진시킨 회로이다.
② 실린더에 유입하는 유량이 부하에 따라 변하므로 미터 인 회로나 미터 아웃 회로처럼 피스톤 이송을 정확하게 조절하기란 어려우나 하중에 따라 펌프 압력이 변화하게 되어 있어 유리하다고 할 수 있다.
③ 양방향 유량 제어 밸브를 병렬로 사용하는 것이 특징이다.
④ 이 유량 조절 밸브는 탱크 포트나 T 커넥터 두 곳 중 어디에 설치해도 가능하다.

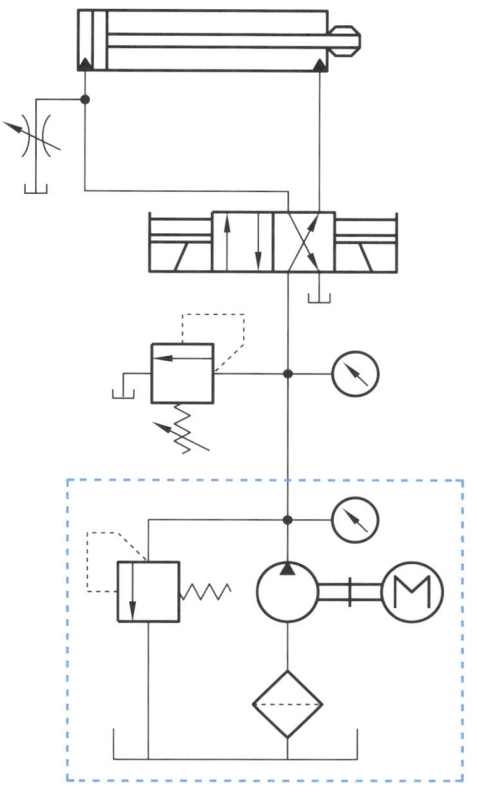

블리드 오프 속도 제어 회로

블리드 오프 속도 제어 구성

(4) 양방향 속도 제어 회로

① 양방향 유량 제어 밸브를 직렬로 사용한다.
② 양방향 유량 제어 밸브는 압력 게이지 부착 분배기나 밸브 P 포트 두 곳 중 어디에 설치해도 가능하다.

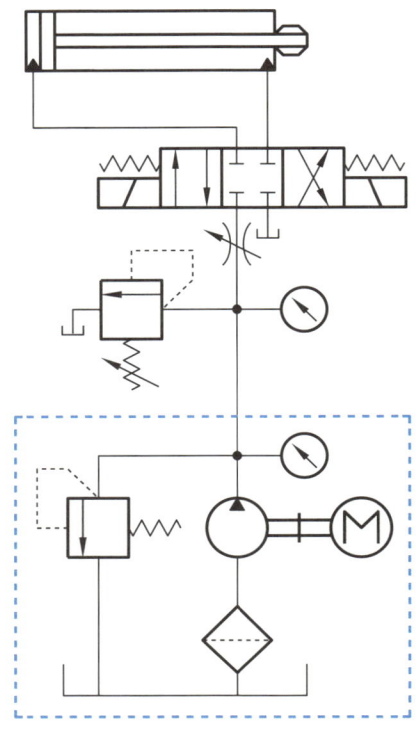

양방향 속도 제어 회로

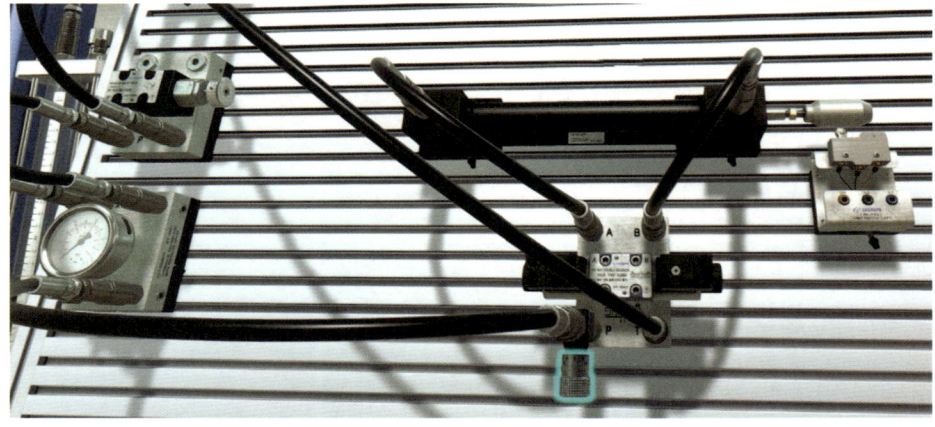

양방향 속도 제어 회로 구성

3 감압 회로

① 2개 이상의 액추에이터가 있는 유압 시스템에서 1개의 액추에이터가 유압 회로의 최대 압력보다 낮은 압력이 필요할 경우에 채택된다.

② 릴리프 밸브는 펌프 토출측 ➜ 압력 게이지 ➜ 릴리프 밸브 순으로 설치한 후 압력을 조정하지만, 감압 밸브는 릴리프 밸브로 최대 압력을 설정한 후 공급 압력측 ➜ 감압 밸브 ➜ 압력 게이지 순으로 설치한 후 압력을 조정한다.

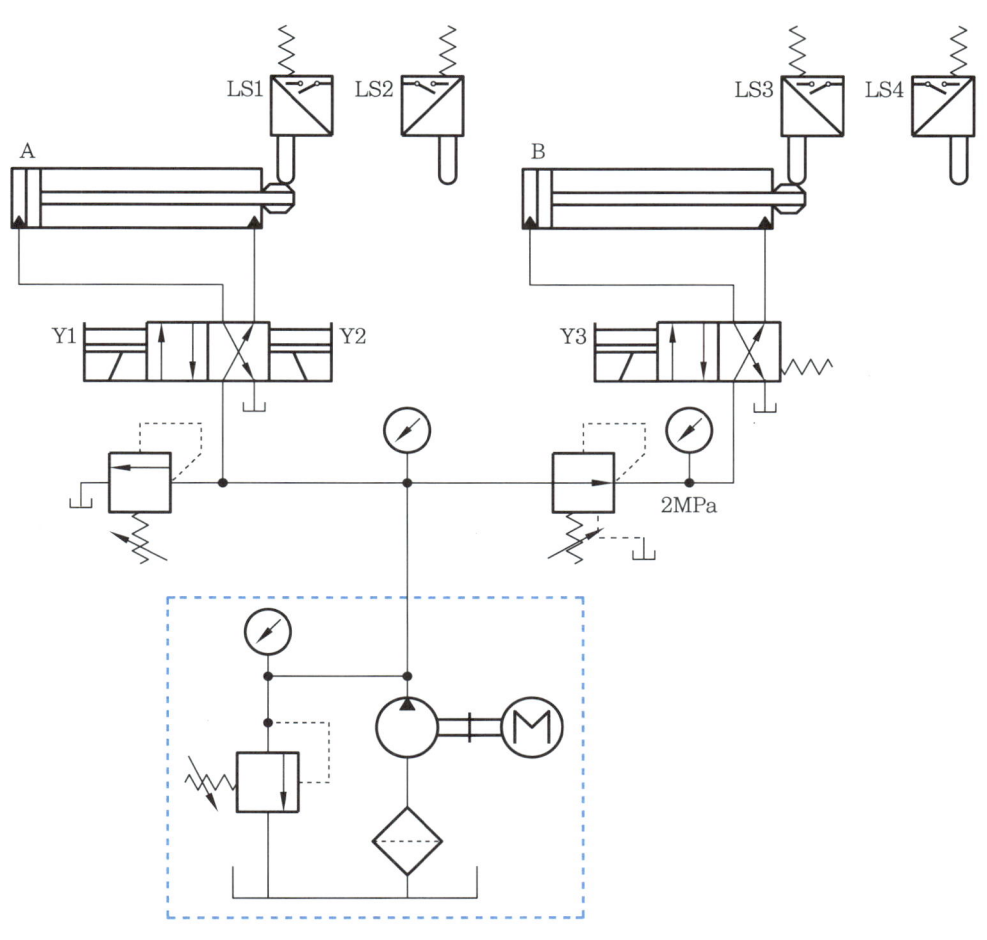

감압 회로

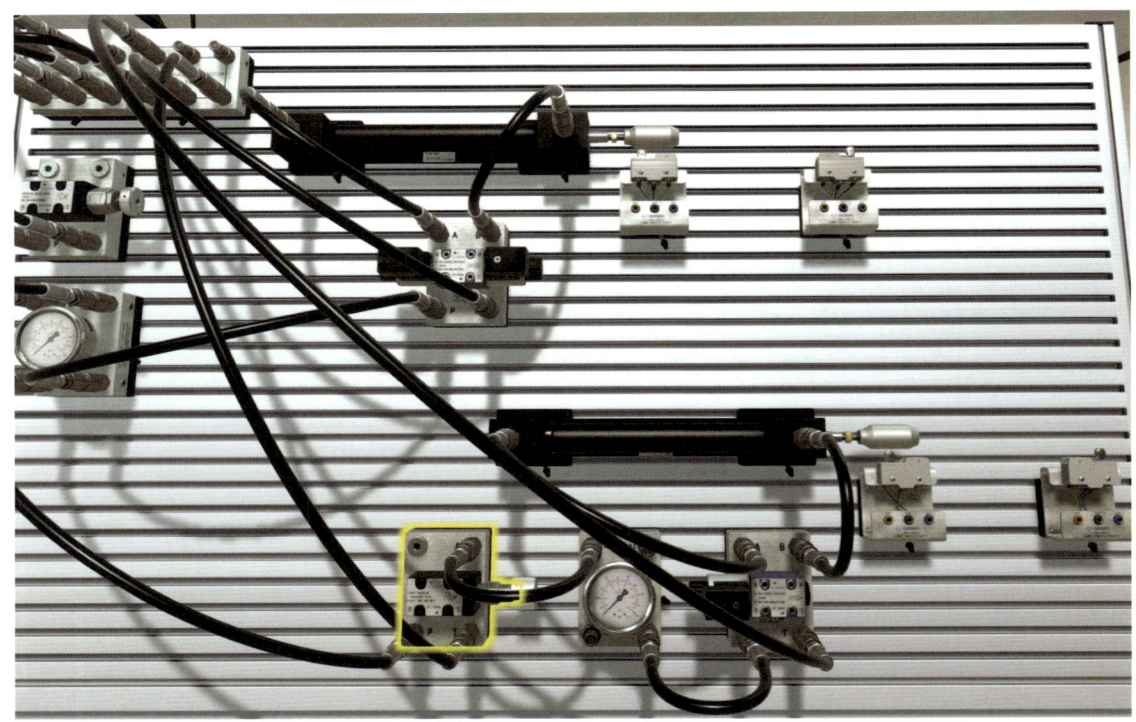

감압 회로 구성

4 카운터 밸런스 회로

① 실린더가 자중에 의한 낙하를 방지하기 위해 배압을 주는 회로이다.
② 기본 동작 작업 후 릴리프 밸브의 P 포트에 연결된 호스를 제거한다.
③ 카운터 밸런스 밸브를 설치하여 카운터 밸런스 밸브의 A 포트와 유압 탱크를 유압 호스로 배관, 연결하여 드레인시킨다.

카운터 밸런스 밸브 압력 설정

④ 카운터 밸런스 밸브의 P 포트와 압력 게이지 부착 유압 분배기를 유압 호스로 배관, 연결한다.
  ㈎ 카운터 밸런스 밸브의 압력을 조정한 후 호스를 해체하고, 회로도의 위치로 이동하여 배관한다.
  ㈏ 카운터 밸런스 밸브 설치가 완료된 후 릴리프 밸브의 P 포트에 해체된 호스를 연결하여 최고 압력 설정압 4MPa로 재조정한다.

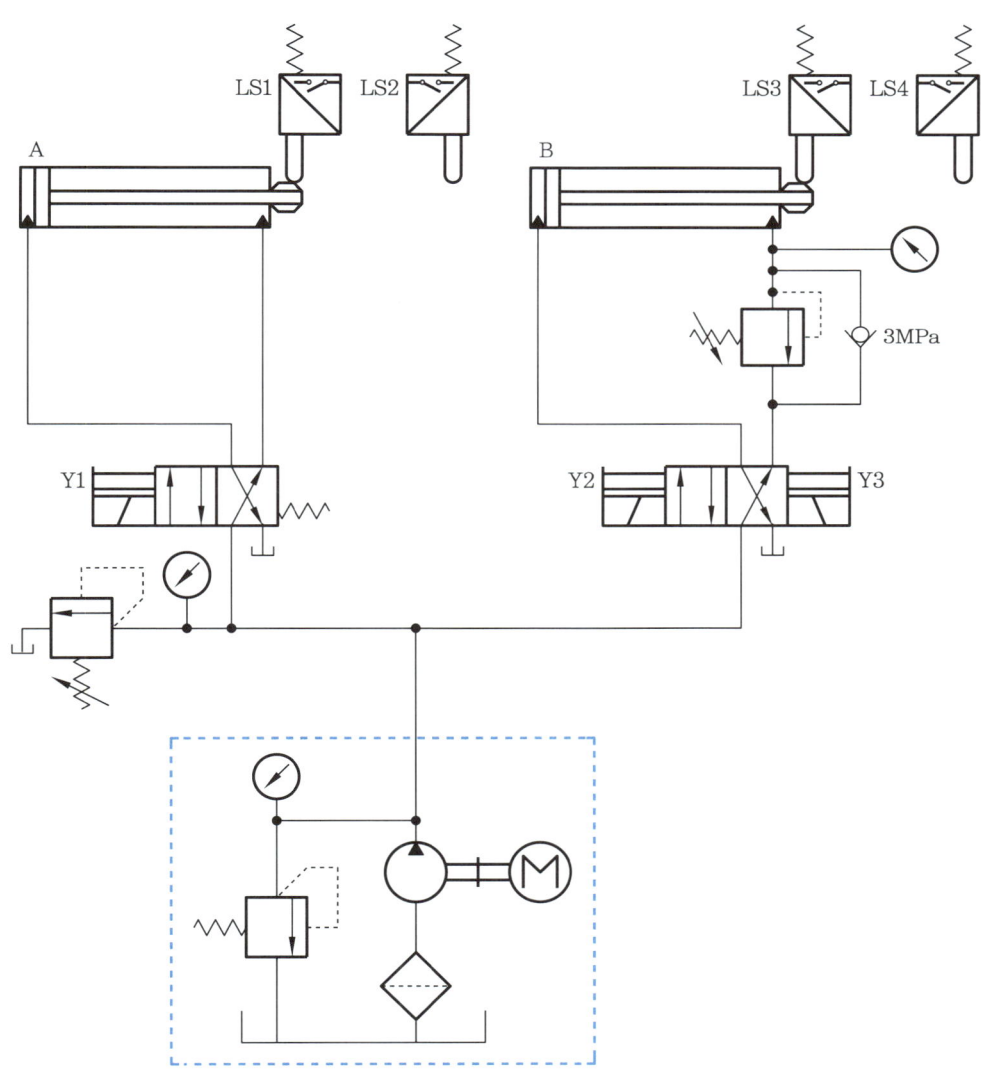

카운터 밸런스 회로

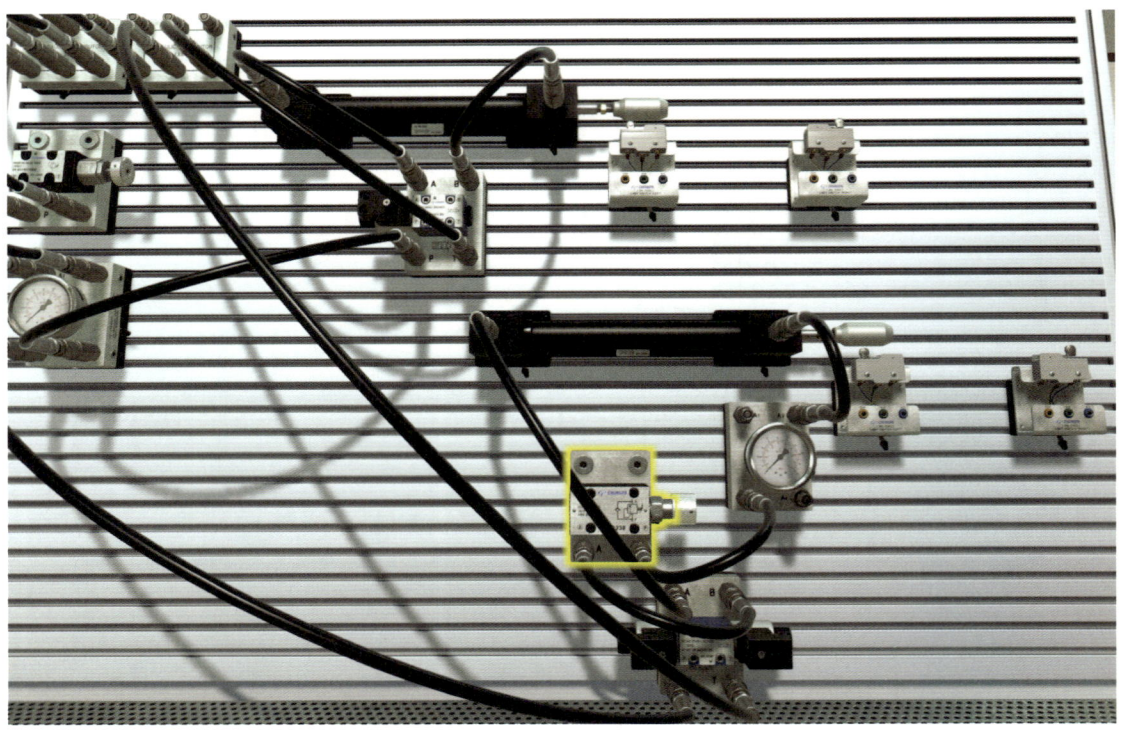

카운터 밸런스 밸브에 의한 회로 구성

5 압력 스위치에 의한 실린더 전후진 회로

① 실린더가 전진 완료 후, 전진측 압력이 설정압(3MPa) 이상이 되어야 실린더가 후진되는 회로이다.
② 기본 동작 작업 후 릴리프 밸브를 3MPa로 수정하고, 압력 게이지에 압력 스위치를 다음 그림과 같이 설치한다.
③ 유압 펌프를 가동하고, 전원 공급기에 전원을 공급한 후 압력 스위치의 손잡이를 회전시킨다.
④ 램프에 점등이 되지 않으면 시계 반대 방향으로 회전시켜 점등이 되도록 하고, 점등이 되면 시계 방향으로 회전시켜 소등이 되도록 한다.
⑤ 점등된 곳과 소등된 곳의 위치에서의 중간 위치로 손잡이를 회전시킨다.
⑥ 응용 회로도와 같이 압력 스위치와 압력 게이지 부착 분배기를 설치, 배관한다.
⑦ 릴리프 밸브를 40MPa로 재설정한다.

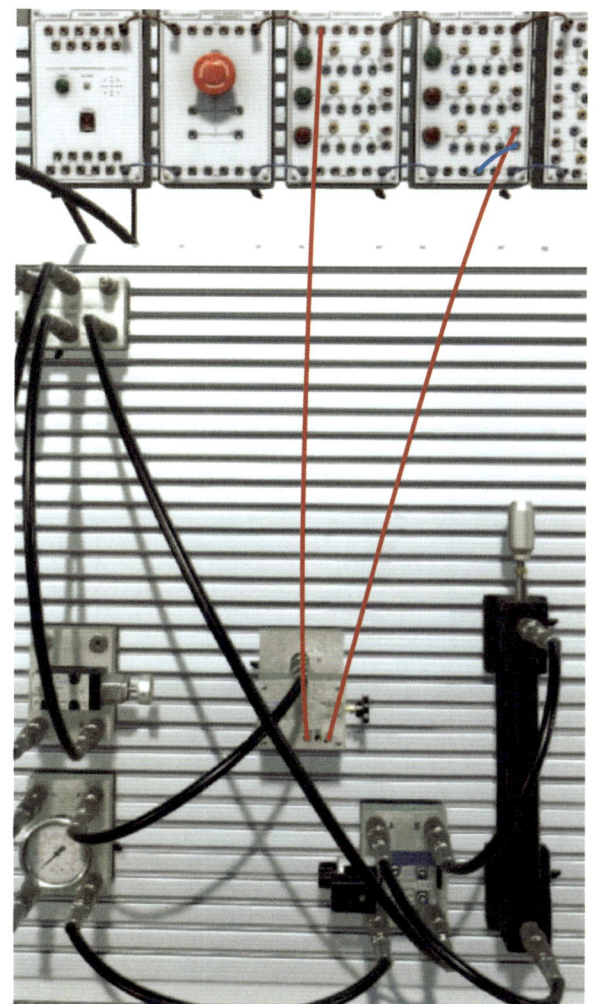

압력 스위치 압력 세팅

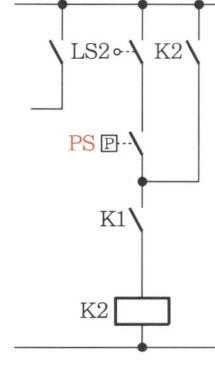

압력 스위치 접점

⑧ 전기 배선은 전기 회로도의 PS를 압력 스위치에 배선하면 된다.

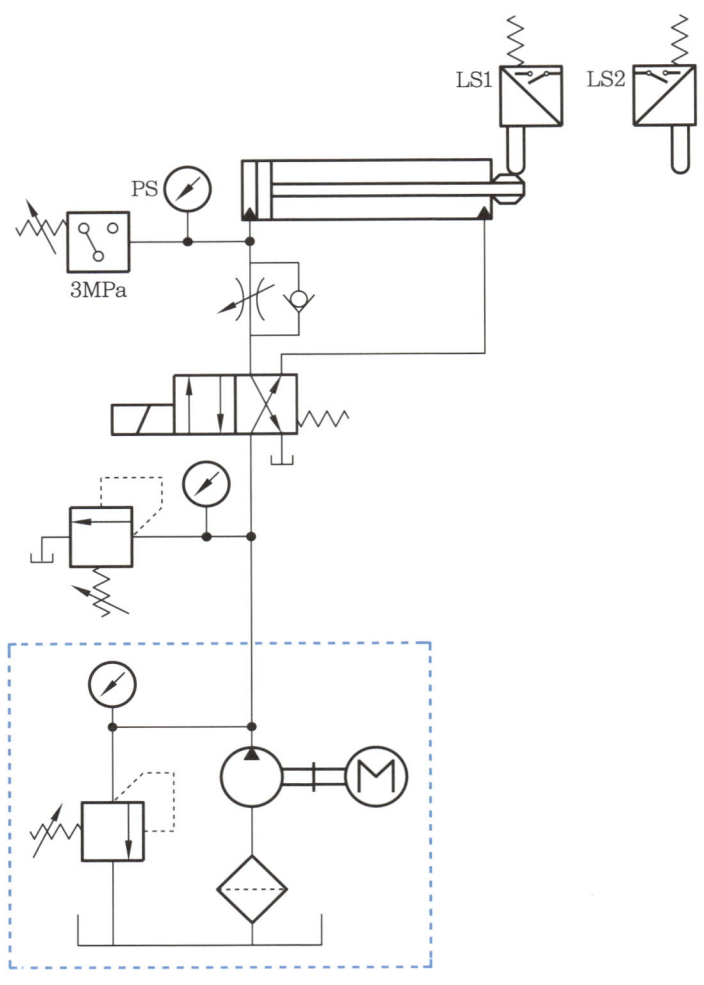

압력 스위치 회로

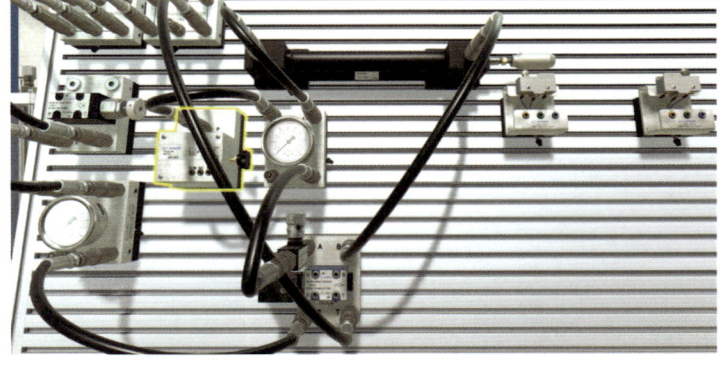

압력 스위치 회로 구성

6 파일럿 조작 체크 밸브에 의한 중간 정지 회로

솔레노이드 밸브 A 포트에 T 커넥터를 설치한 후 실린더의 피스톤 헤드측과 파일럿 조작 체크 밸브의 X 포트(일부 포트 기호가 Z로 표시된 경우도 있음)를 호스로 배관한다.

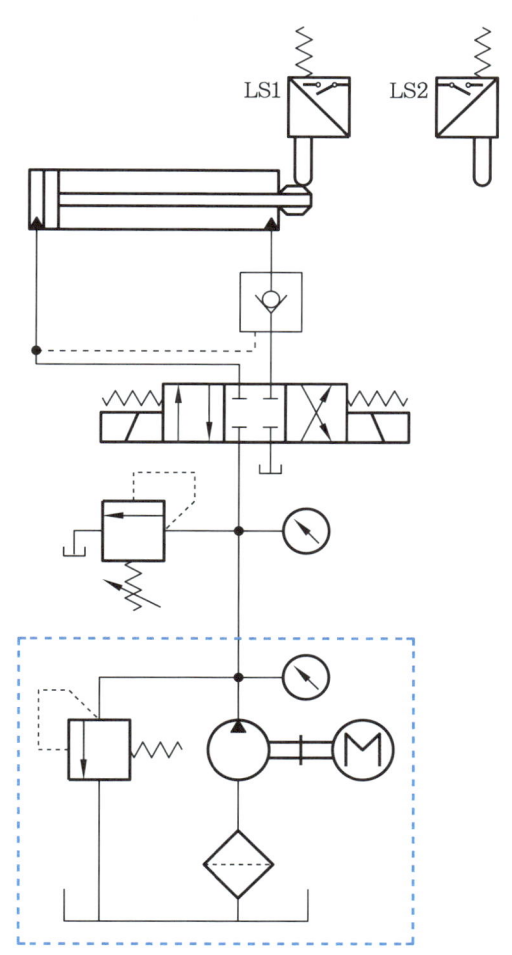

파일럿 조작 체크 밸브에 의한 중간 정지 회로

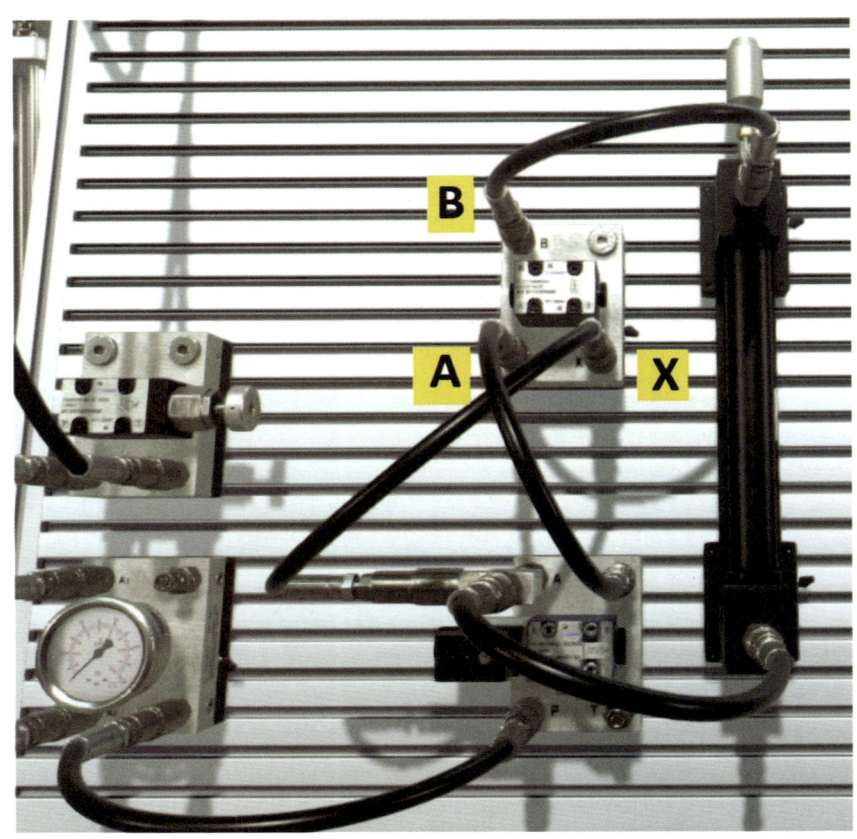

파일럿 조작 체크 밸브 배관

3장 전기 기초

3-1 전기 기기

1 접점

(1) a 접점

외력이 작용하지 않으면 접점이 항상 열려 있는 것으로 상시 열림형, 정상 상태 열림형(normally open, N/O형), 메이크 접점(make contact)이라고도 한다.

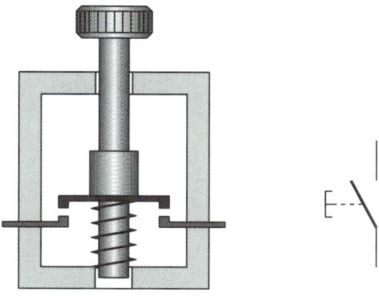

누름 버튼 a 접점 스위치와 기호

(2) b 접점

접점이 항상 닫혀 있어 통전되고 있다가 외력이 작용하면 열리는 것, 즉 통전이 차단되는 것을 상시 닫힘형, 정상 상태 닫힘형(normally closed, N/C형), 브레이크 접점 (break contact)이라고도 한다.

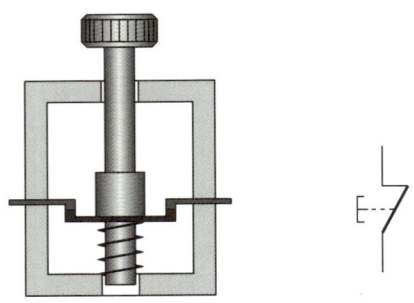

누름 버튼 b 접점 스위치와 기호

(3) c 접점

하나의 스위치에 a, b 접점을 동시에 가지고 있는 것으로 전환 접점(change over contact) 또는 절환 접점이라고도 한다. 이 접점은 전기적으로 독립되어 있지 않으므로 a 접점이나 b 접점을 동시에 사용하지 않고 두 접점 중 하나의 기능을 선택하여 사용한다.

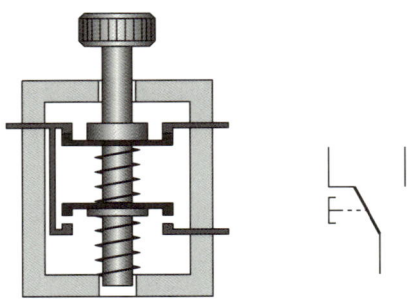

누름 버튼 c 접점 스위치와 기호

2 전기 제어 기기

(1) 누름 버튼 스위치(push button switch)

가장 일반적으로 사용하고 있는 스위치로서 버튼을 누르면 전환 요소는 스프링의 힘에 대항하여 동작한다. a 접점, b 접점, c 접점이 있다.

① 버튼을 누르는 것에 의하여 개폐되는 스위치를 말한다.
② 직접 손가락에 의하여 조작되는 누름 버튼 기구와 이것으로부터 받은 힘에 의하여 전기 회로를 개폐하는 접점 기구로 구성되어 있다.
③ 누름 버튼 스위치 박스는 자동 복귀형 스위치 2개, 자기 유지형 스위치 1개로 구성되어 있다.

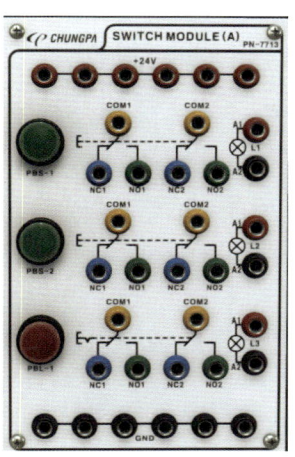

누름 버튼 스위치

자동 복귀형 기호

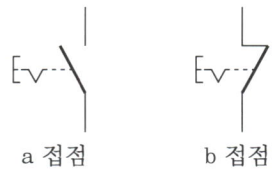

자기 유지형 기호

(2) 리밋 스위치(limit switch)

수동으로 조작하는 누름 버튼 스위치를 대신하여 기기의 운동 행정 중 정해진 위치에서 동작하는 제어용 검출 스위치로서 스냅 액션형의 ON, OFF 접점을 갖추고 있다.

리밋 스위치 　　　리밋 스위치 기호 　　　a 접점 　　　b 접점

(3) 비접촉 스위치(비접촉 센서)

피검출체에 전혀 접촉하지 않고 검출하는 스위치이다.

① **유도형 근접 센서**(inductive proximity sensor) : 금속만 감지하며, 일반적으로 센서의 검출 거리는 센서의 검출 면의 크기에 따른다.

② **용량형 근접 센서**(capacitive proximity sensor) : 금속, 비금속 물체와 액체의 레벨 검출이 가능하며, 범용의 레벨 스위치에 비해 일반적으로 검출 감도가 높고, 미세한 정전 용량의 변화에 대해서도 반응을 한다.

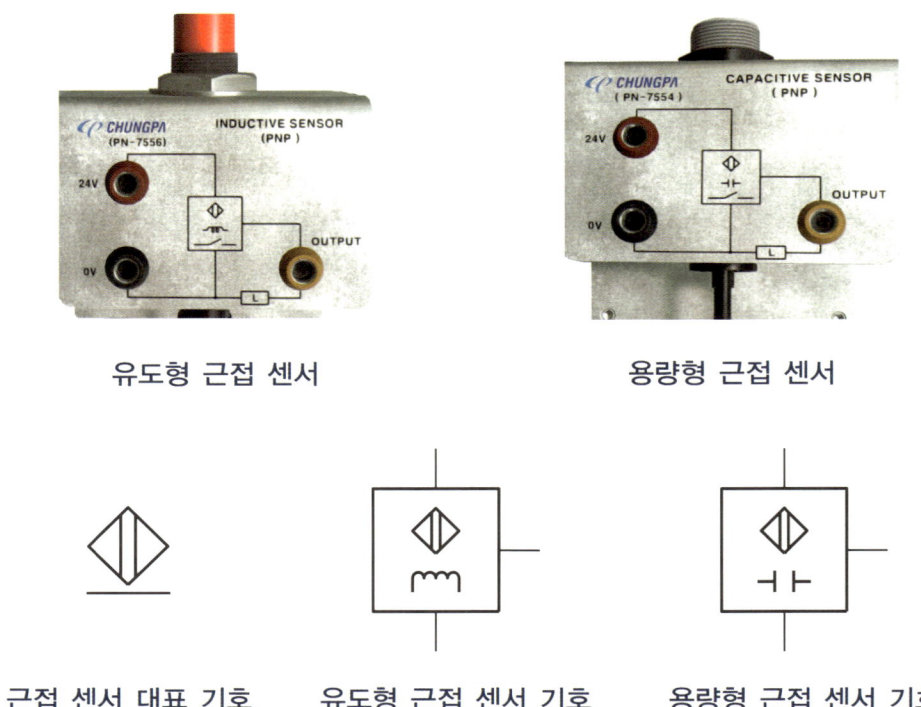

유도형 근접 센서 　　　　　　　용량형 근접 센서

근접 센서 대표 기호 　　　유도형 근접 센서 기호 　　　용량형 근접 센서 기호

(4) 전자 릴레이(전자 계전기)

전자 릴레이는 제어 전류를 개폐하는 스위치의 조작을 전자석의 힘으로 하는 것으로, 전압이 코일에 공급되면 전류는 코일이 감겨 있는 데로 흘러 자장이 형성되고 전기자가 코일의 중심으로 당겨진다. 접점은 2a-2b 접점, 3a-1b 접점 등이 있으나 최근에는 4c 접점으로 구성되어 있다.

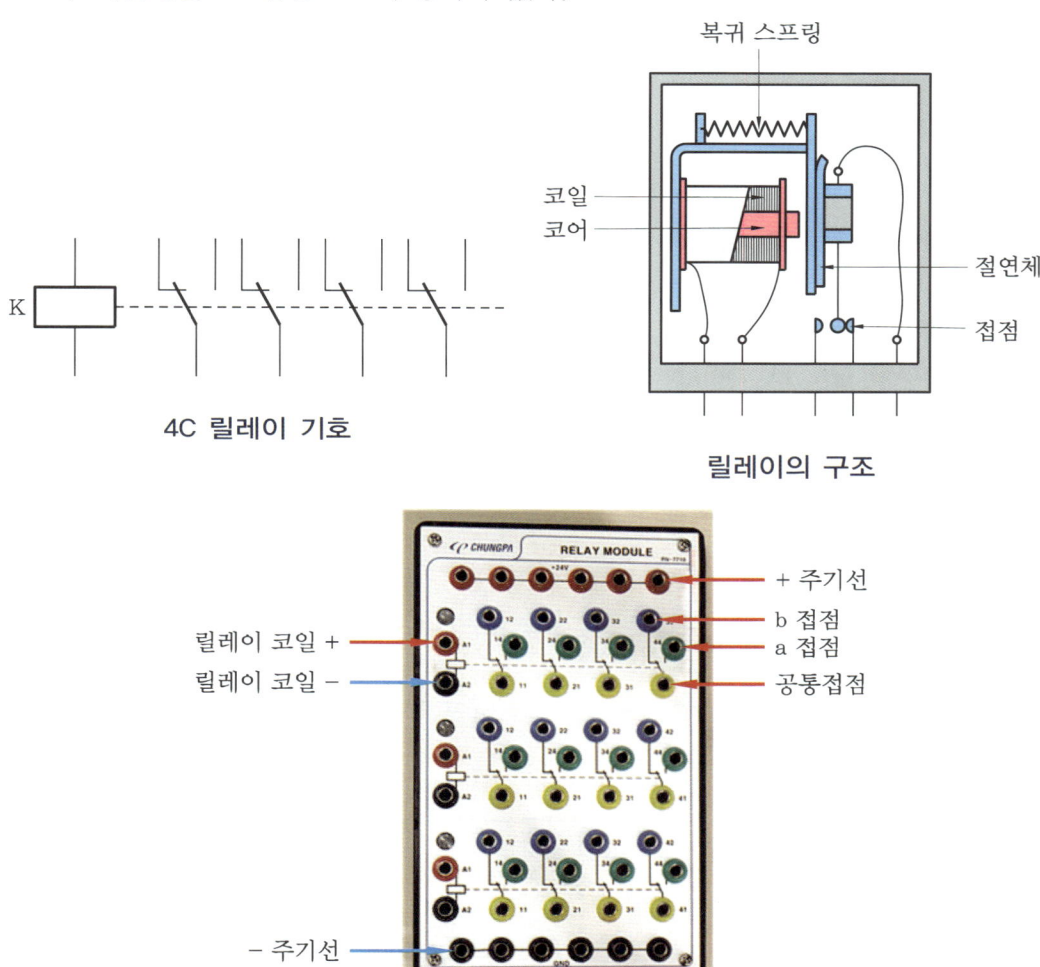

4C 릴레이 기호

릴레이의 구조

릴레이 모듈의 외형과 명칭

(5) 타이머

릴레이의 일종으로 입력 신호를 받고 설정 시간이 경과된 후에 회로를 개폐하는 기기이다. 기호는 TR(Time-lage Relay)로 표시한다.

종류에는 전기 신호를 주게 되면 일정 시간 후에 출력 신호(접점)를 내는 여자 지연(delay ON type)과 전기 신호를 차단한 후 출력 신호(접점)를 내는 소자 지연 (delay OFF type)이 있다.

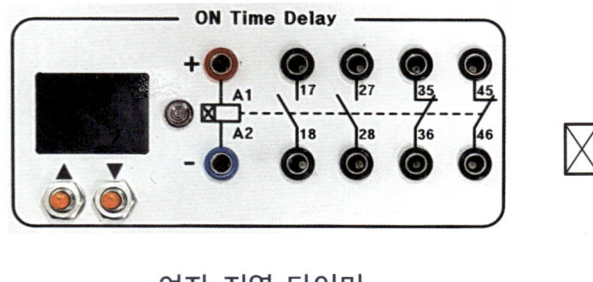 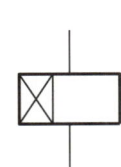

여자 지연 타이머

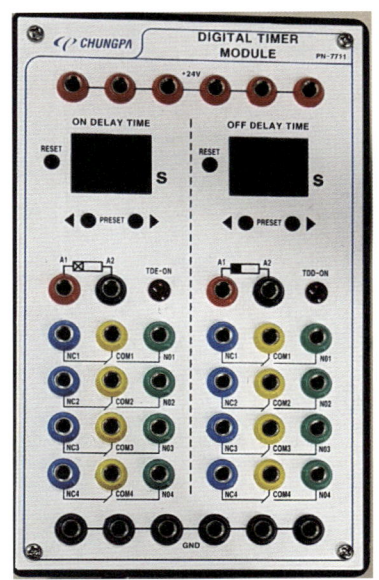

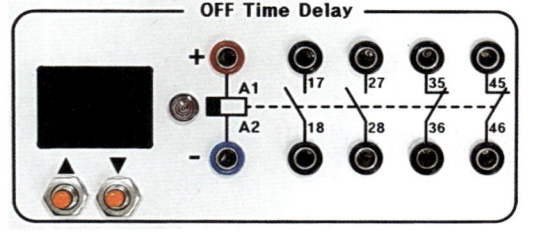

타이머 모듈   소자 지연 타이머

(6) 카운터(counter)

물체의 위치나 상태를 감지하여 코일에 전류를 통과하면 전자석에 의해 휠을 1개씩 회전시켜 계수를 표시하는 기기이다.

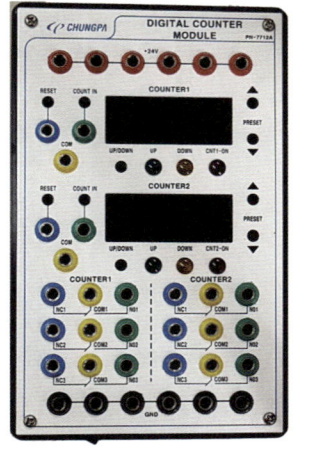 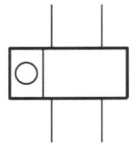

카운터 모듈과 기호

(7) 램프(lamp)

공유압 시스템의 운전 상태를 표시하기 위해 사용하는 것으로 다음 두 가지 방법이 있다.

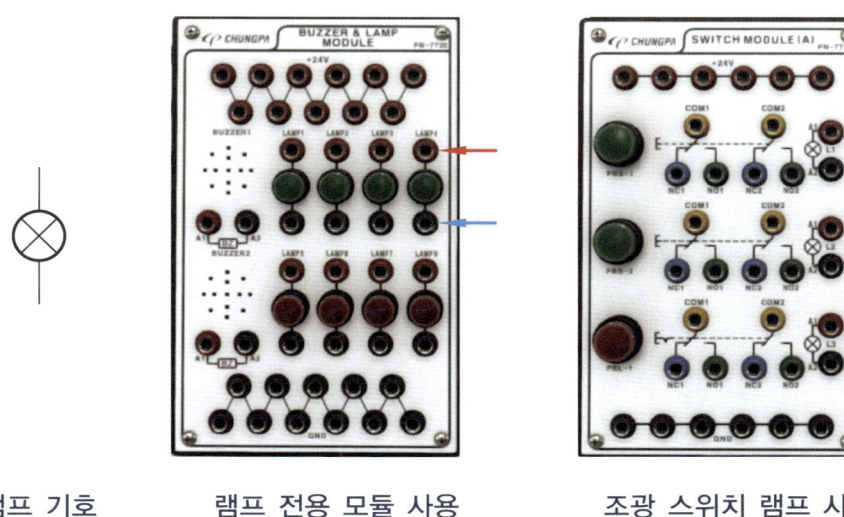

램프 기호   램프 전용 모듈 사용   조광 스위치 램프 사용

(8) 비상 스위치(emergency switch)

비상 스위치

4장 전기 시퀀스 회로 설계

4-1 전기 시퀀스도 작성 방법

전기 시퀀스도란 시퀀스 제어에 사용되는 전기 장치 및 관련 기기 또는 기구 등의 작동 기능을 중심으로 전개하여 표시한 것으로 전개 접속도라고도 한다.

① 일일이 모선을 표시하지 않고 전원 도선으로 다음과 같이 표시한다.

㈎ 횡서 방식 : 전원 수평 방식으로 제어 모선(제어 전원)을 수평으로 상하로 나누어 그리고, 그 사이에 접점, 코일, 램프 등의 전기 기기의 심벌을 왼쪽에서 오른쪽으로 쓰는 방식이다.

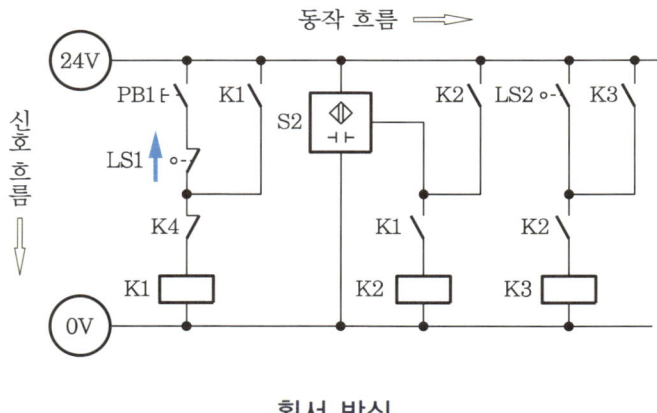

횡서 방식

㈏ 종서 방식 : 전원 수직 방식으로 제어 모선을 수직으로 좌우로 나누어 그리고, 그 사이에 전기 기기의 심벌을 위에서 아래로 사다리 모양으로 그리는 방식이다.

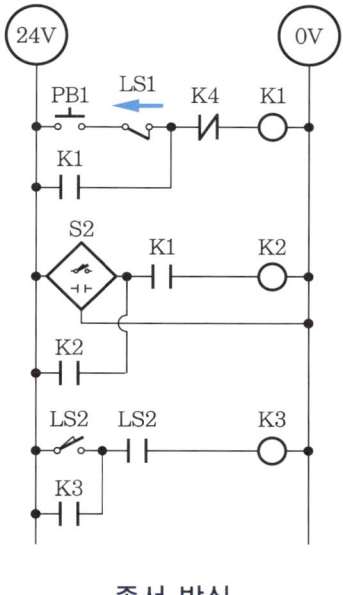

종서 방식

② 제어 기기를 잇는 접속선은 상·하 모선일 경우에는 종선으로, 좌·우 모선일 경우에는 횡선으로 표시한다.
③ 접속선은 동작 순서별로 좌에서 우로 또는 위에서 아래로 순서적으로 표시한다.
④ 개폐 접점을 가진 제어 기기는 그 기구 부분이나 지지 보호 부분 등의 기구적 관련은 생략하고 접점 코일 등으로 표시하며, 각 접속선은 분리한다.
⑤ 제어 기기를 나타내는 문자 등을 병기한다(접점에도 제어 기기의 문자를 기입한다).
⑥ 제어 회로는 기계의 조작이나 동작 순서에 따라 차례로 표시한다.
⑦ 개폐 접점을 가지는 기기를 나타낼 경우 수동 조작일 때는 접점부가 닿지 않은 상태, 즉 힘이 가해지지 않은 상태로 하고, 전기 등의 에너지로 작동시키는 것일 때는 구동부의 전원이 모두 차단된 상태로 한다.
⑧ 회로도를 쉽게 보고 보수 점검을 용이하게 하기 위해, 선 번호 및 릴레이 접점 번호 등을 표시할 수 있다.
⑨ 검출기는 용량이 적으므로 일반적으로 증폭하여 사용한다.

4-2 전기 제어 기기의 기호

회로도 작성에 가장 많이 사용되고 있는 ISO 방식과 경우에 따라서 Ladder 방식을 병행하기도 한다.

ISO 방식과 Ladder 방식의 기호

제어 기기		ISO		Ladder	
		a 접점	b 접점	a 접점	b 접점
누름 버튼 스위치		PB1	PB2	PB1	PB2
리밋 스위치	정상 상태	S3	S4	LS3(a)	LS4(b)
	작동 상태	S3 ↑	S4 ↑	LS3(a)	LS4(b)
릴레이		K1 (3a-1b)		CR1 (3a-1b)	
솔레노이드		Y1		Sol 1	

4-3 제어 회로의 구성 방법

제어 회로의 구성 방법에는 기본적으로 직관적 방법과 조직적 설계 방법이 있다.
① **직관적 방법** : 경험을 바탕으로 설계하는 방법
② **조직적 설계 방법** : 미리 정해진 규칙에 의하여 설계하는 방법

4-4 직관적 방법에 의한 회로 구성

1 약식 기호 표현 방법(전진 +, 후진 −)

A+, B+, A−, B−

2 변위 단계 선도

① 변위 단계 선도는 작업 요소의 순차적 작동 상태를 나타낸다.
② 변위는 각 단계의 기능을 나타내고, 단계는 해당 작업 요소의 상태 변화를 의미한다.
③ 실린더의 상태는 후진−전진 또는 0−1로 나타내며, 작업 요소의 명칭은 선도 왼쪽에 실린더 A, 실린더 B 등으로 기록한다.

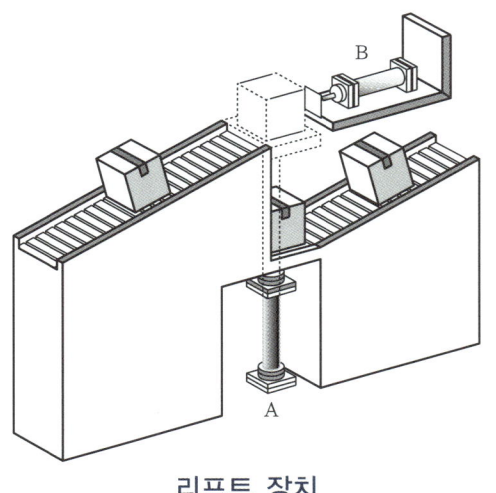

리프트 장치

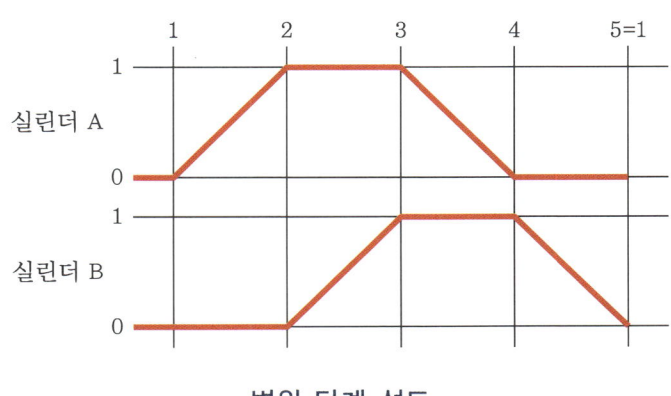

변위 단계 선도

3 직관적 방법에 의한 전기 회로 설계

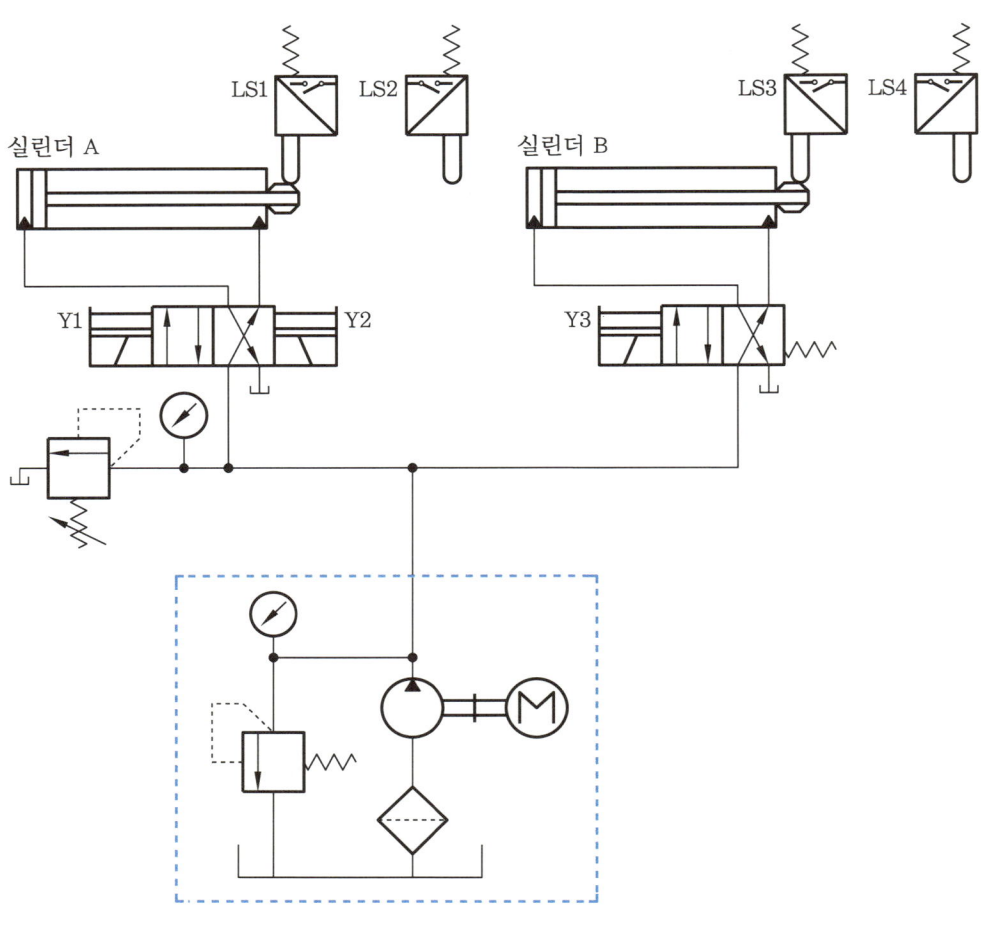

유압 회로도

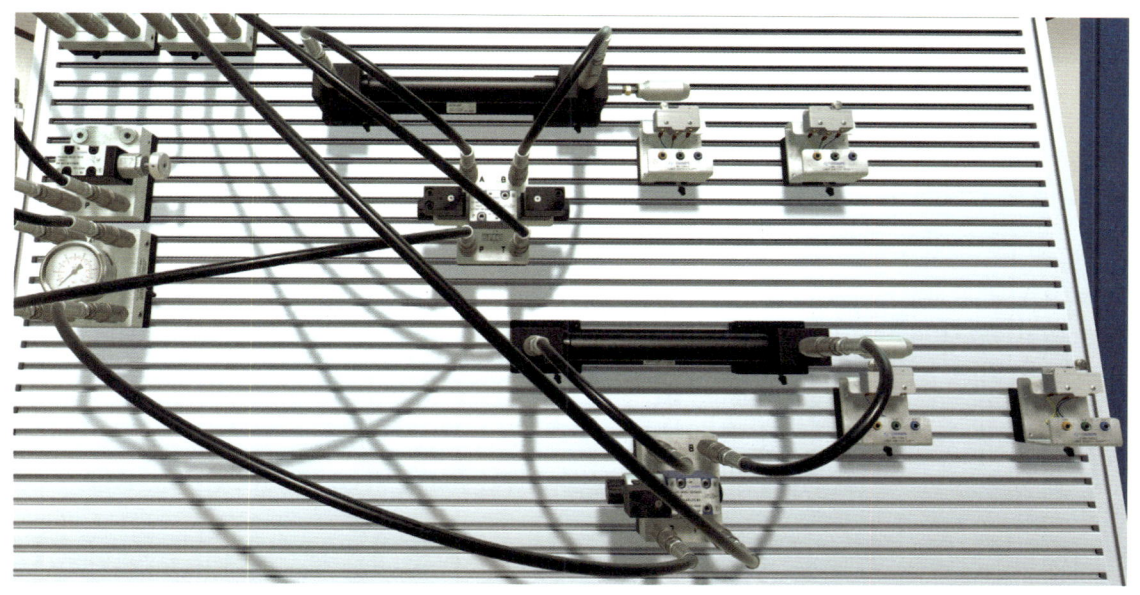

완성 유압 수평 구성

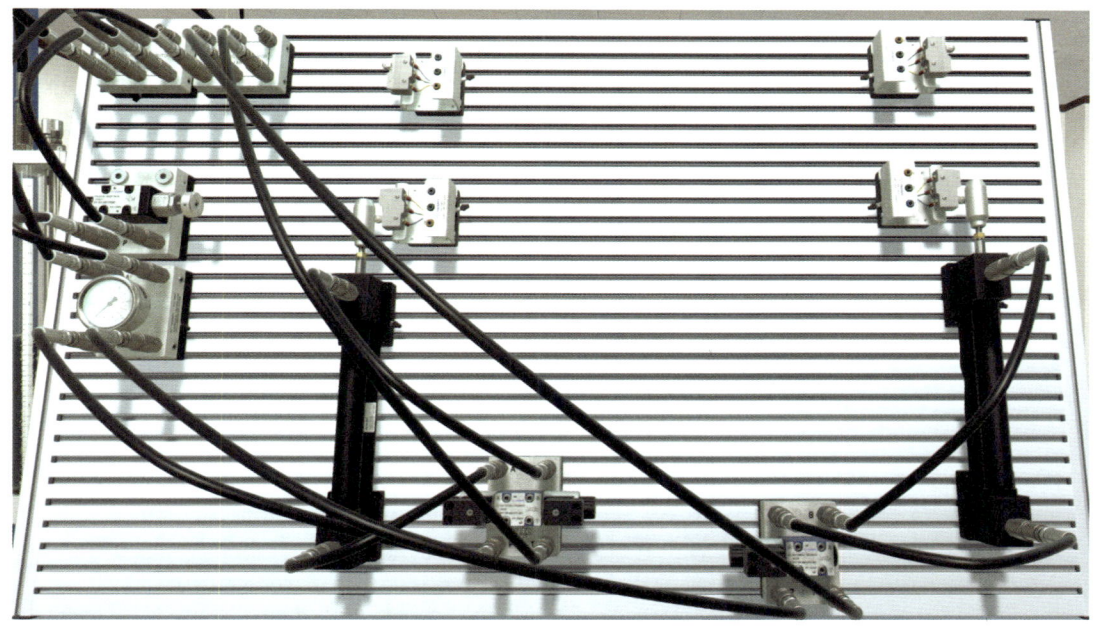

완성 유압 수직 구성

① **1단계** : 변위 단계 선도에서 시작 스위치 PB1과 LS3은 AND 조건이며, 제어 회로에서 릴레이 코일 K1은 PB1에 의해 여자되고, 릴레이 K1 a 접점에 의해 솔레노이드 밸브 Y1이 여자, 변환되어 복동 실린더 A는 전진 운동을 하게 된다.

② **2단계** : 복동 실린더 A가 전진하여 리밋 스위치 LS2가 작동되면 릴레이 코일 K2가 여자된다. 따라서 릴레이 K2 a 접점에 의하여 솔레노이드 밸브의 Y3가 여자되어 복동 실린더 B는 전진 운동을 하게 된다.

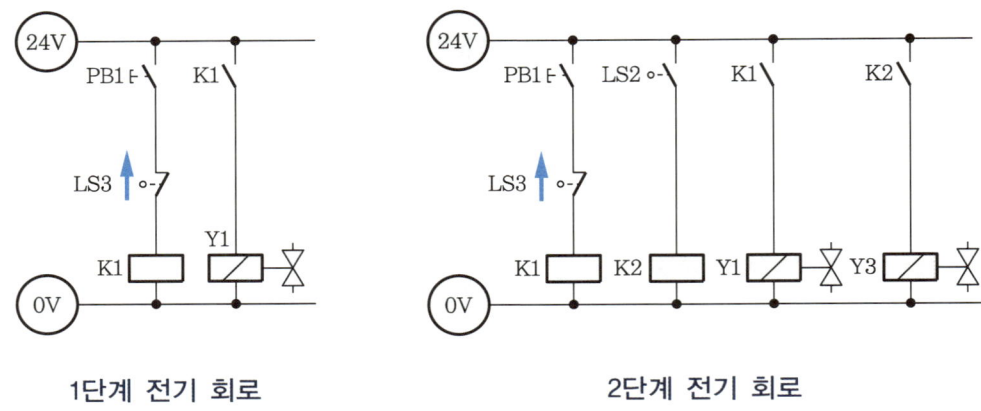

1단계 전기 회로   2단계 전기 회로

③ **3단계** : 복동 실린더 B가 전진하여 리밋 스위치 LS4를 작동시키면 릴레이 코일 K3가 여자되고, 릴레이 K3 a 접점에 의하여 솔레노이드 밸브의 Y2가 여자되어 복동 실린더 A는 후진하게 된다. 이때 릴레이 코일 K2가 소자되면서 솔레노이드 밸브의 Y3가 소자되어 복동 실린더 B가 후진하게 되므로 릴레이 코일 K2는 자기 유지가 필요하게 된다.

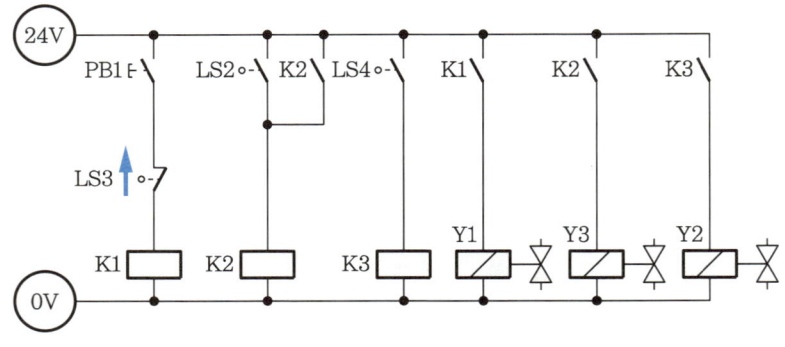

3단계 전기 회로

④ 4단계 : 복동 실린더 A가 후진하여 리밋 스위치 LS1을 작동시키면 자기 유지가 되어 있는 릴레이 코일 K3를 소자시킴에 따라 솔레노이드 밸브 Y3가 소자되어 복동 실린더 B는 후진한다. 누름 버튼 스위치 PB1을 다시 ON-OFF하면 새로운 사이클이 시작된다.

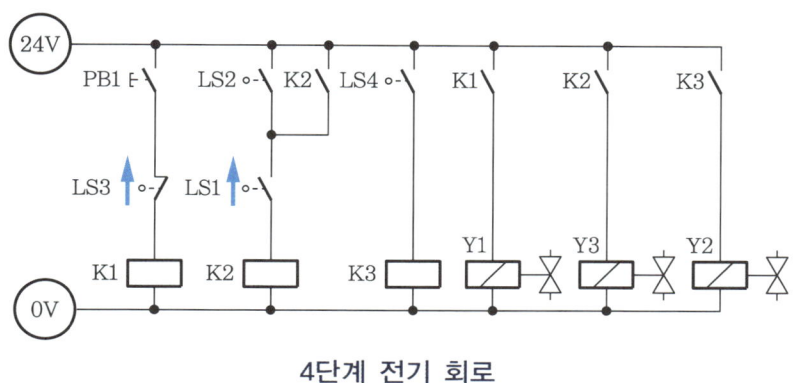

4단계 전기 회로

4-5 캐스케이드 회로 설계

캐스케이드(cascade) 방식에 의한 회로 설계의 특징은 다음과 같다.
① 그룹의 수가 릴레이 수이다. 단, 그룹의 수가 2개일 경우 릴레이는 1개이다.
② 앞 그룹의 신호를 확인한 후 다음 그룹이 작동한다.
③ 다음 그룹의 릴레이가 여자되는 바로 앞 그룹의 릴레이는 소자된다. 즉, 그룹 간의 상대 동작 금지는 되나, 같은 그룹 내에 여러 개의 솔레노이드가 있으면 오동작의 가능성이 존재한다.

1 A+, B+, B-, A- 캐스케이드 회로 설계

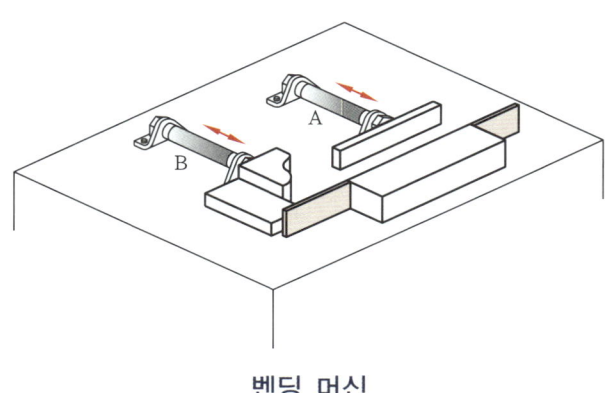

벤딩 머신

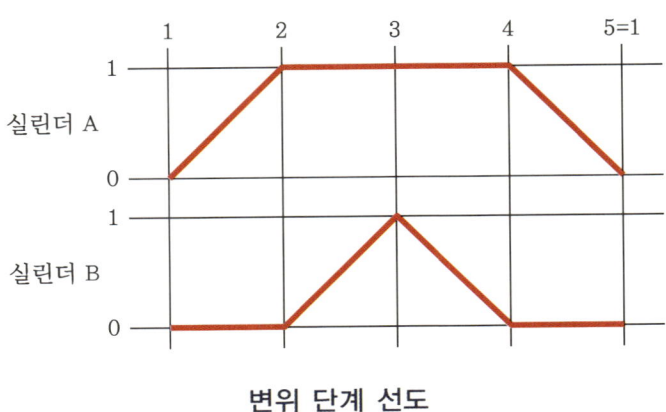

변위 단계 선도

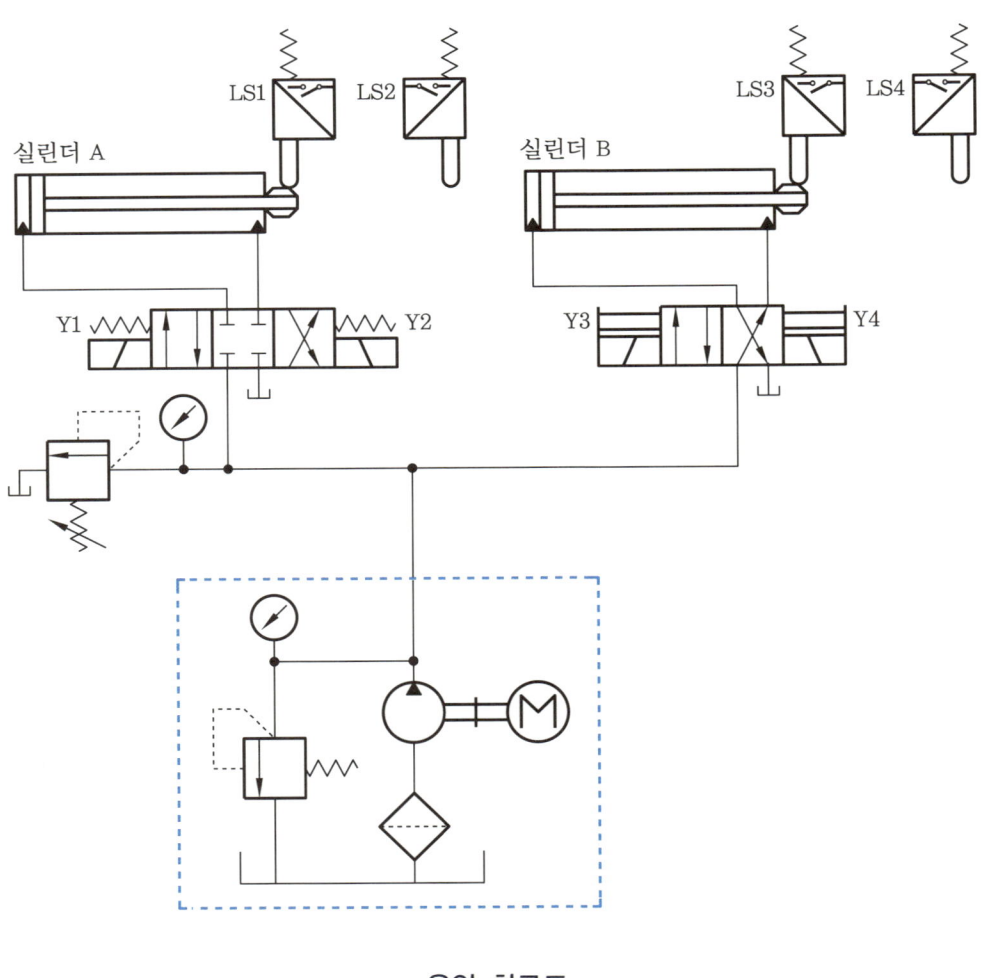

유압 회로도

완성 유압 수평 구성

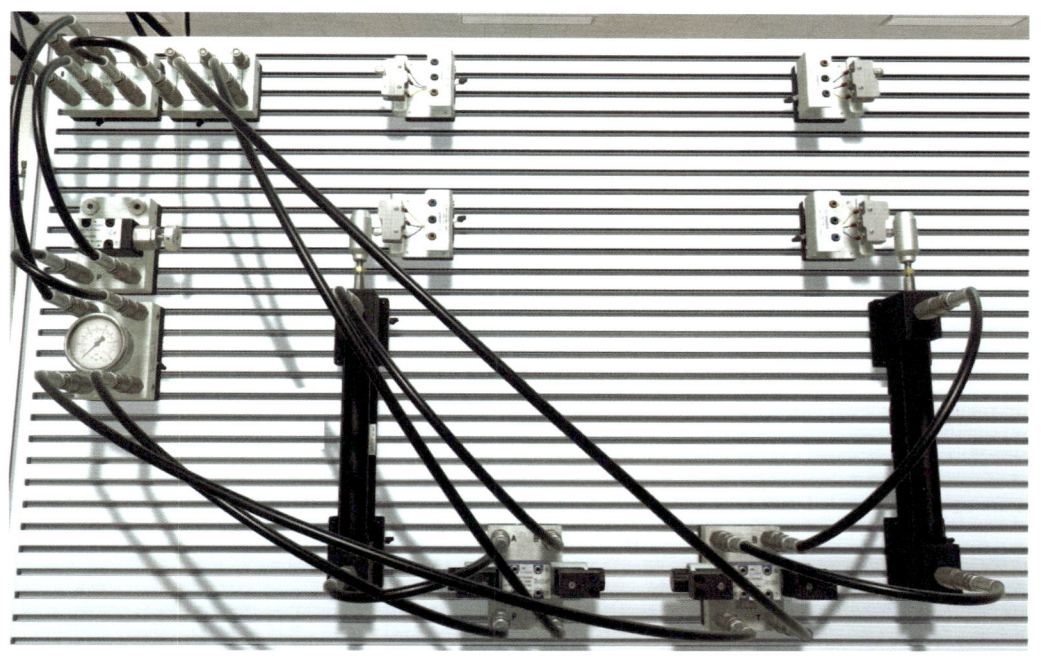

완성 유압 수직 구성

① 약식 기호를 쓰고 그룹 나누기를 한다. 단, 한 그룹 내에는 같은 실린더 기호가 들어가지 않도록 한다.
② 그룹 수와 같은 수의 2차 제어선을 그린다. 이때 그룹의 수 만큼 릴레이 수가 필요하다. 단, 그룹의 수가 2개일 경우 릴레이는 1개이다.

A+, B+ / A-, B-
Ⅰ그룹　　Ⅱ그룹

Ⅰ ─────────
Ⅱ ─────────

캐스케이드에 의한 제어 회로도 (1)

③ 평행한 두 개의 모선을 긋고, 좌측에 릴레이 코일 K가 여자되는 조건을 고려하여 그룹 순서로 릴레이 제어 회로를 작성한다.

④ **각 그룹의 릴레이가 여자되는 조건의 공식** : 그룹이 두 개일 때 한 개의 릴레이 K1이 여자되는 조건은 다음과 같다.

$$K1 = [(K_{last} \cdot 조건) + K1] \cdot (조건)$$

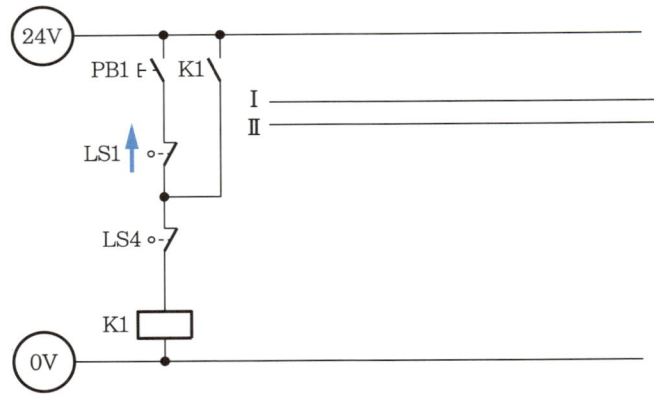

캐스케이드에 의한 제어 회로도 (2)

⑤ 그룹별로 솔레노이드 밸브 작동 회로를 작성한다.
　㈎ 두 모선 사이에 있는 그룹 수 만큼의 제어선에서 릴레이 접점 K1에 그룹 라인 Ⅰ, $\overline{K}$에 그룹 라인 Ⅱ의 순으로 연결한다.
　㈏ 솔레노이드 밸브를 제어선 밑에 단계 순으로 배치하고, 같은 그룹의 솔레노이드 밸브는 같은 그룹 라인에 연결한다.

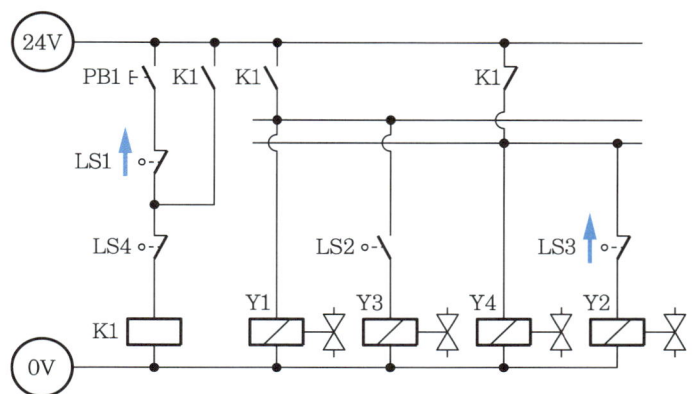

캐스케이드에 의한 제어 회로도 (3)

⑥ 한 그룹 내에 여러 개의 솔레노이드가 배치될 때는 해당하는 그룹 라인에 직접 연결하고, 두 번째 단계의 솔레노이드는 바로 앞 단계의 도달 리밋 스위치를 직렬로 연결해 준다. 즉, 솔레노이드 밸브가 여자되는 조건을 고려하여 작동 회로를 작성한다.

〈솔레노이드 밸브가 여자되는 조건식〉

A+ : $Y1 = K1 \cdot \mathrm{I}$

B+ : $Y3 = K1 \cdot \mathrm{I} \cdot LS2$

B− : $Y4 = \overline{K} \cdot \mathrm{II}$

A− : $Y2 = \overline{K} \cdot \mathrm{II} \cdot LS3$

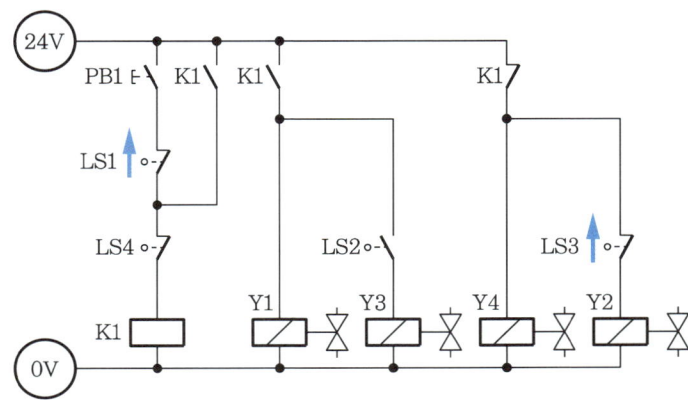

캐스케이드에 의한 완성 제어 회로도

⑦ 부가 조건이 필요하면 회로도에 첨가한다.

2 A+, A-, B+, B- 캐스케이드 회로 설계

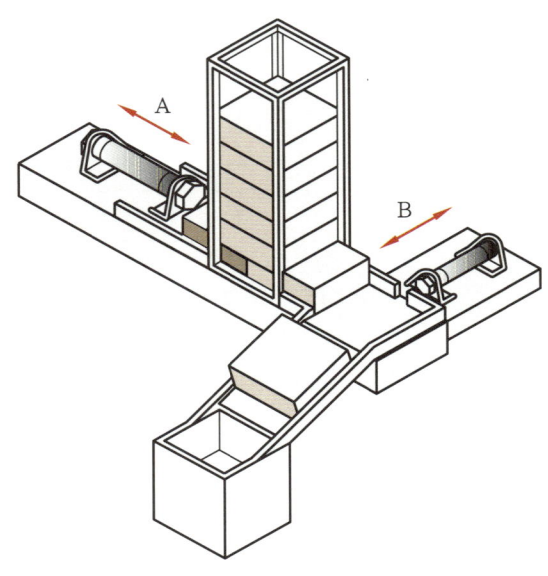

메거진 이송 장치

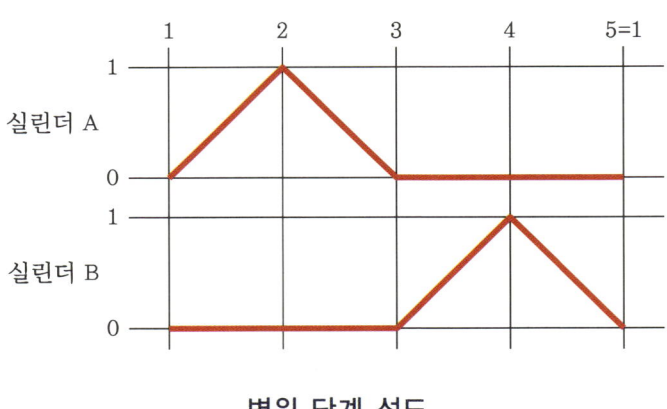

변위 단계 선도

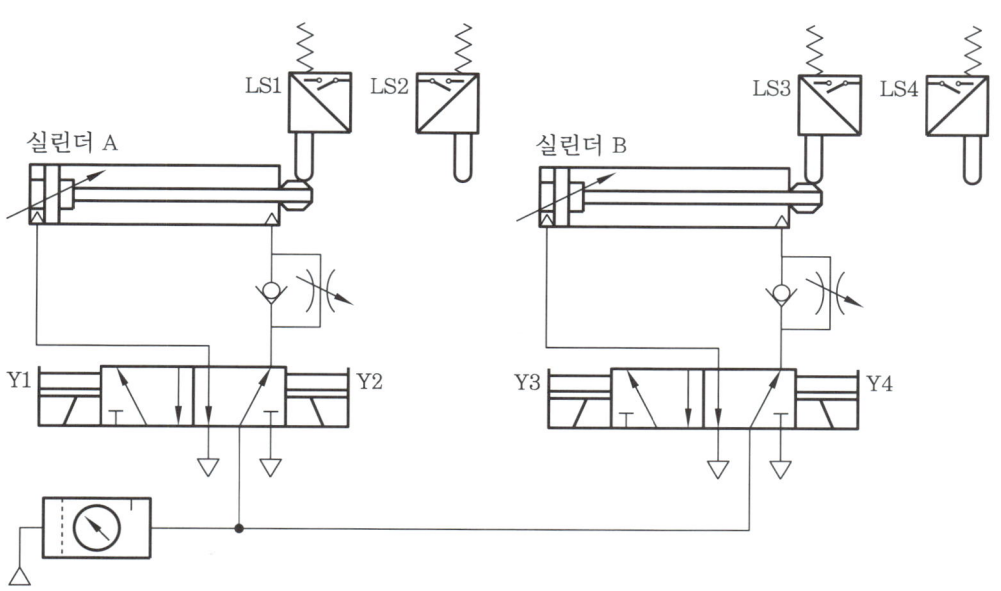

공압 회로도

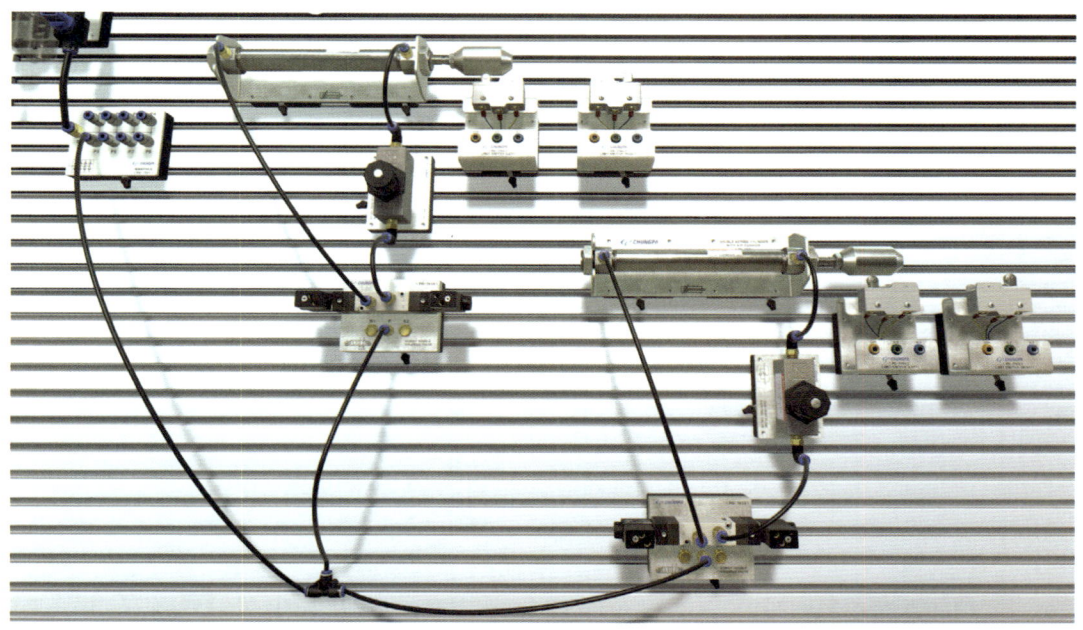

완성 공압 수평 구성

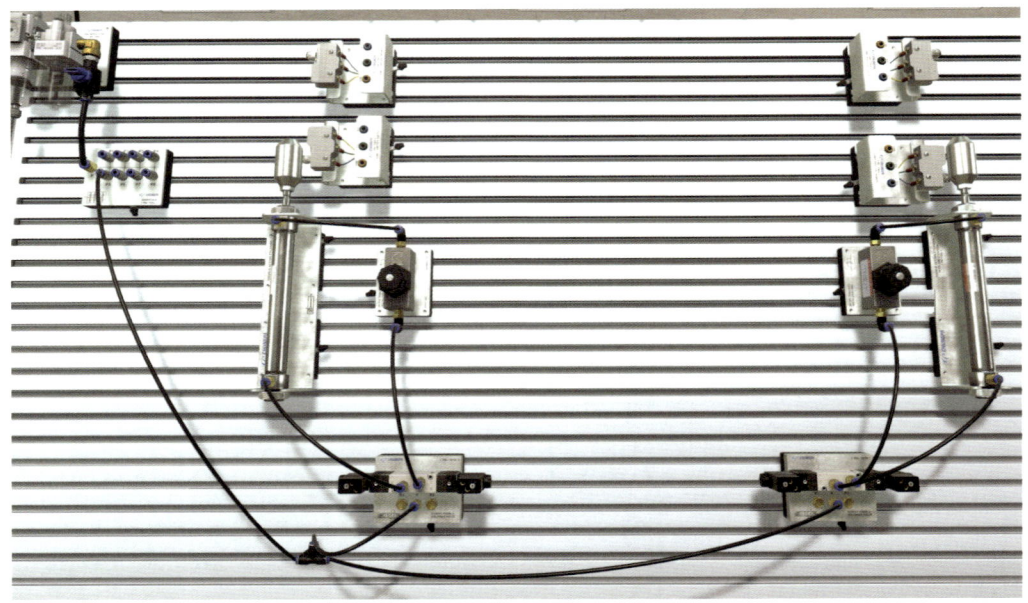

완성 공압 수직 구성

① 약식 기호를 쓰고 그룹 나누기를 한다. 단, 한 그룹 내에는 같은 실린더 기호가 들어가지 않도록 한다.

② 그룹 수와 같은 수의 2차 제어선을 그린다. 이때 그룹의 수 만큼 릴레이 수가 필요하다. 단, 그룹의 수가 2개일 경우 릴레이는 1개이다.

   A+ / A−, B+ / B−
Ⅰ그룹 / Ⅱ그룹 / Ⅲ그룹

_____

Ⅰ ─────────
Ⅱ ─────────
Ⅲ ─────────

캐스케이드에 의한 제어 회로도 (1)

③ 평행한 두 개의 모선을 긋고 좌측에 릴레이 코일 K가 여자되는 조건을 고려하여 그룹 순서로 릴레이 제어 회로를 작성한다.

④ 각 그룹의 릴레이가 여자되는 조건의 공식

　(가) 첫 릴레이가 ON되는 조건식

$$K1 = [(\text{start} \cdot 조건) \cdot K_{last} + K1] \cdot \overline{K2}$$

　(나) 첫째와 최종 릴레이를 제외한 일반 릴레이가 ON되는 조건식

$$K_n = [(조건) \cdot K_{n-1} + K_n] \cdot \overline{K_{n+1}}$$

　(다) 최종 릴레이가 ON되는 조건식

$$K_{last} = [(조건) \cdot K_{last-1} + K_{last} + \text{Reset}\} \cdot \overline{K1}$$

이 조건식은 그룹이 3개 이상의 경우에 적용한다.

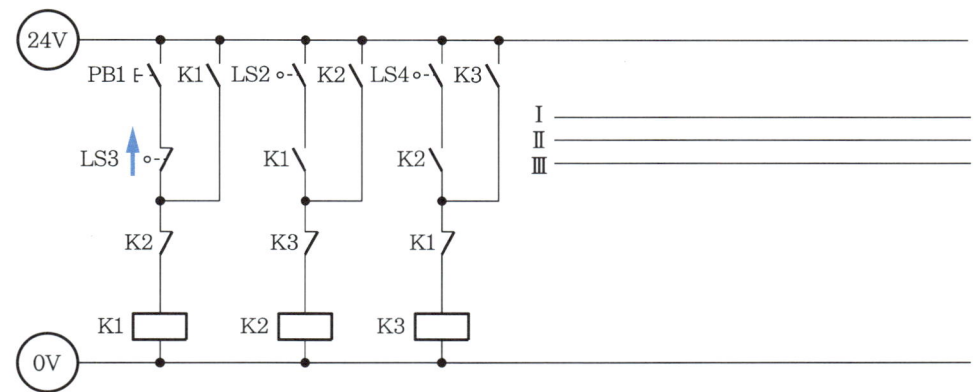

캐스케이드에 의한 제어 회로도 (2)

⑤ 두 모선 사이에 그룹 수 만큼 평행선을 긋고 릴레이 점점 K1에 그룹 라인 I, K2에 그룹 라인 II, K3에 그룹 라인 III의 순으로 연결한다.

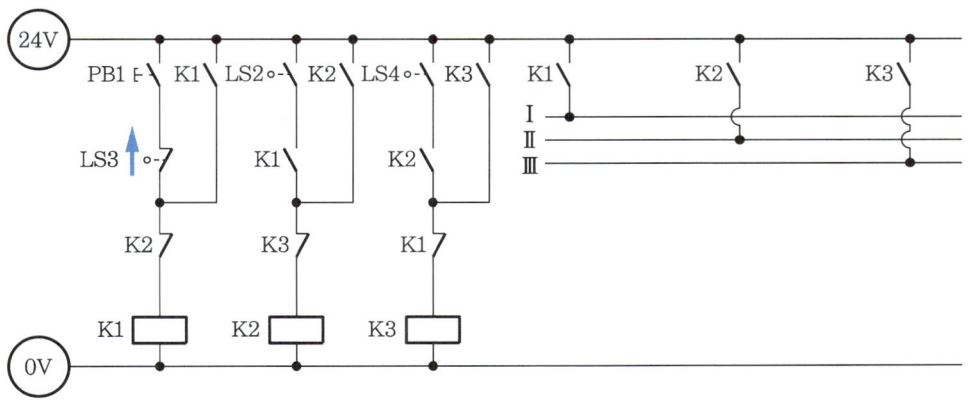

캐스케이드에 의한 제어 회로도 (3)

⑥ 솔레노이드 밸브를 제어선 아래에 동작 순으로 배치하고 같은 그룹의 솔레노이드 밸브는 같은 그룹 라인에 연결한다.

⑦ 한 그룹 내에 여러 개의 솔레노이드가 배치될 때는 해당하는 그룹 라인에 직접 연결하고 두 번째 단계의 솔레노이드는 바로 앞 단계의 도달 리밋 스위치를 직렬로 연결해 준다. 즉, 솔레노이드 밸브가 여자되는 조건을 고려하여 작동 회로를 작성한다.

〈솔레노이드 밸브가 여자되는 조건식〉

A+ : Y1=K1·Ⅰ

A- : Y2=K2·Ⅱ

B+ : Y3=K2·Ⅱ·LS1

B- : Y4=K3·Ⅲ

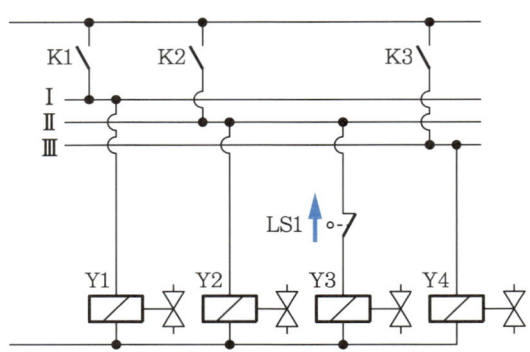

캐스케이드에 의한 제어 회로도 (4)

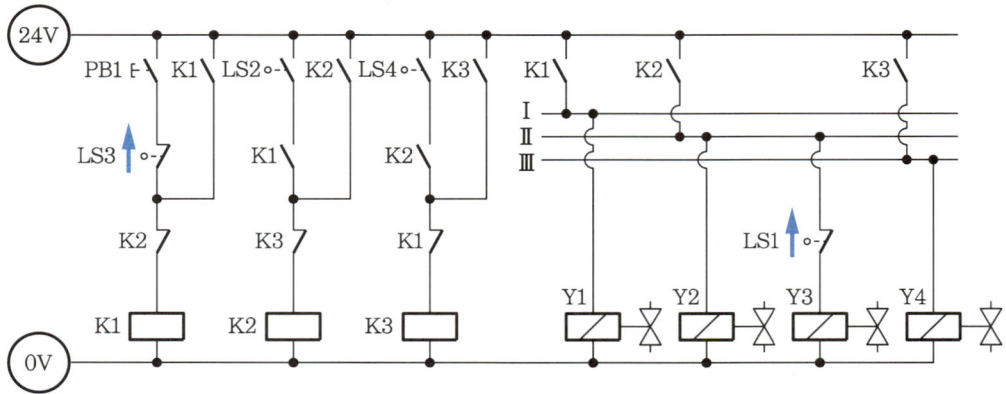

캐스케이드에 의한 제어 회로도 (5)

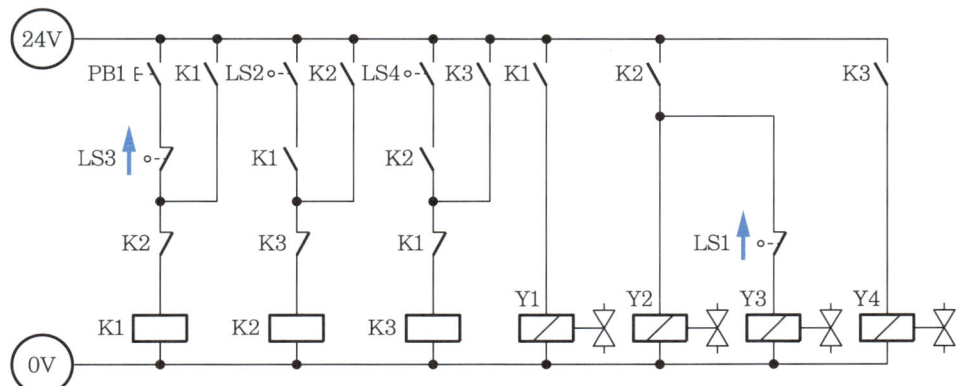

캐스케이드에 의해 완성된 전기 제어 회로도

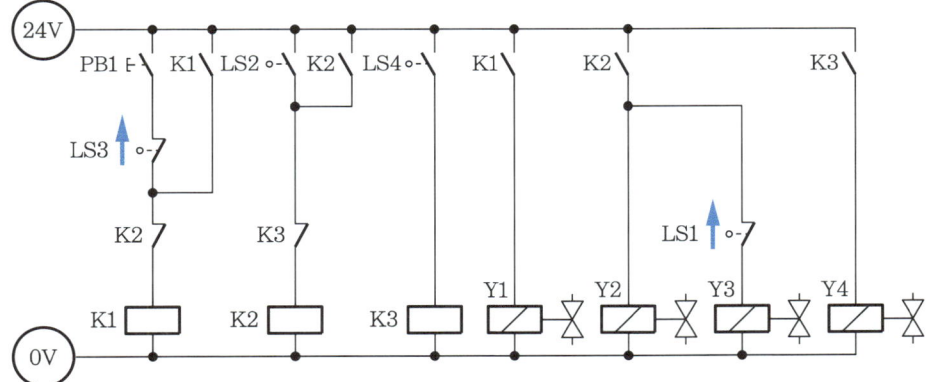

최소 접점을 사용한 캐스케이드 전기 제어 회로도

4-6 타이머를 사용한 여자 지연 동작

(1) 요구사항의 예

PB1을 1회 ON-OFF하면 **변위 단계 선도(타이머 포함)**와 같이 1사이클 단속 동작되도록 전기 회로도를 설계하여 시스템을 구성하시오.

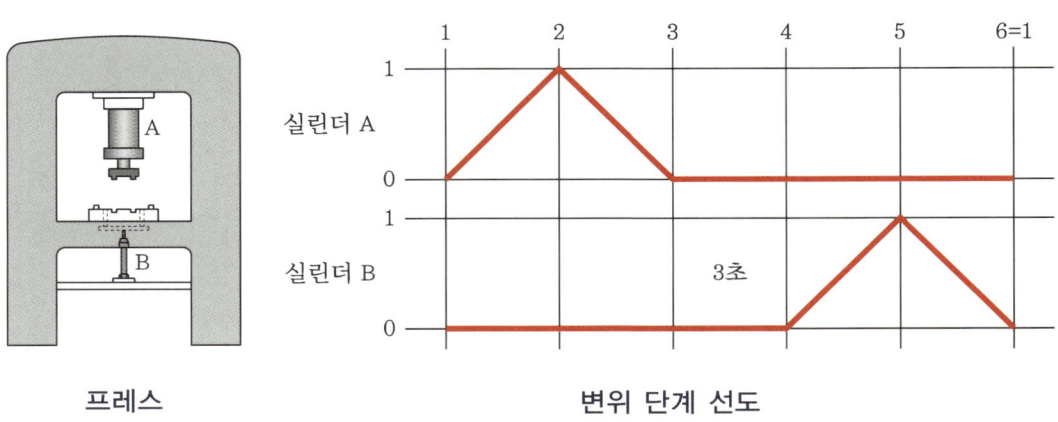

프레스　　　　　　　　　　　변위 단계 선도

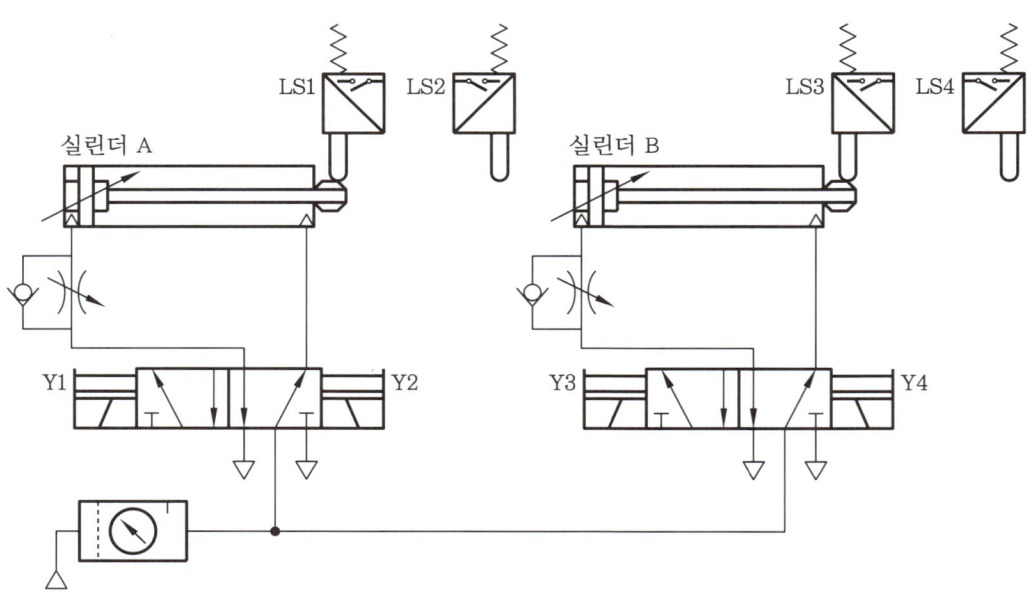

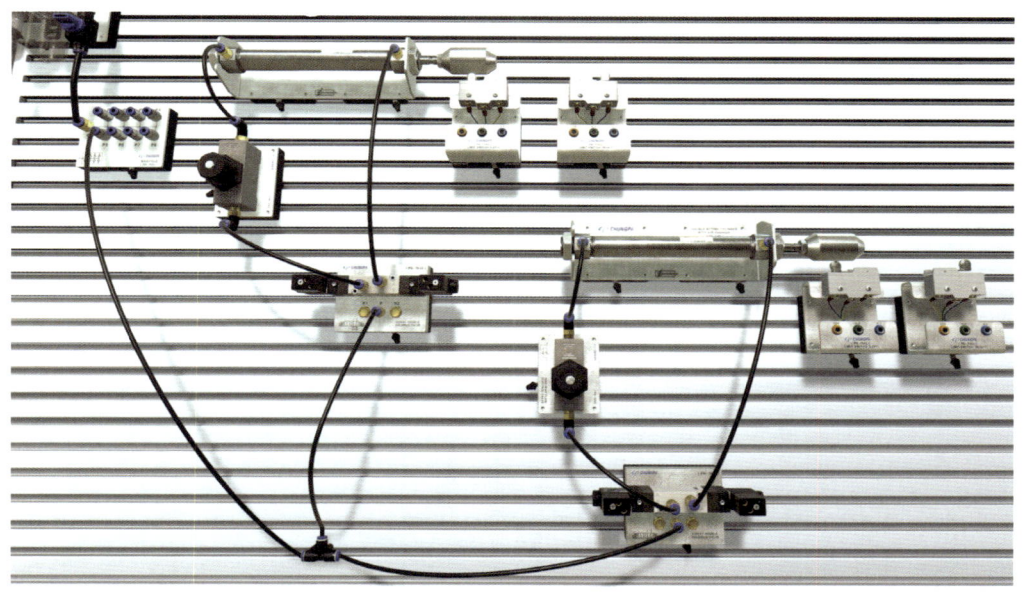
완성 공압 수평 구성

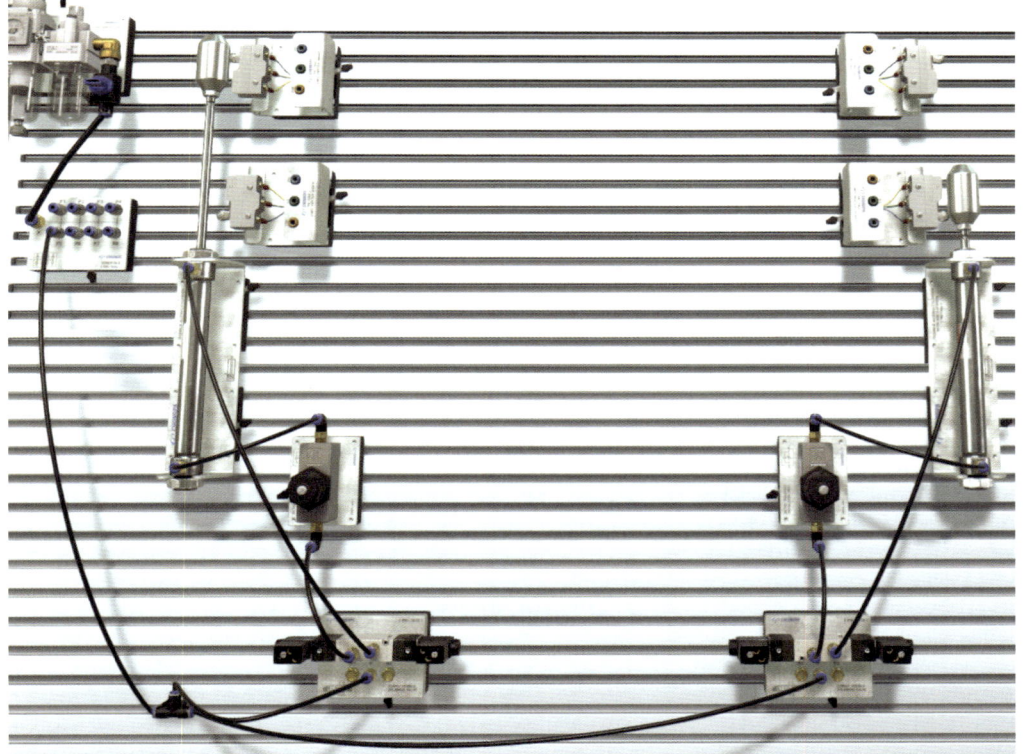
완성 공압 수직 구성

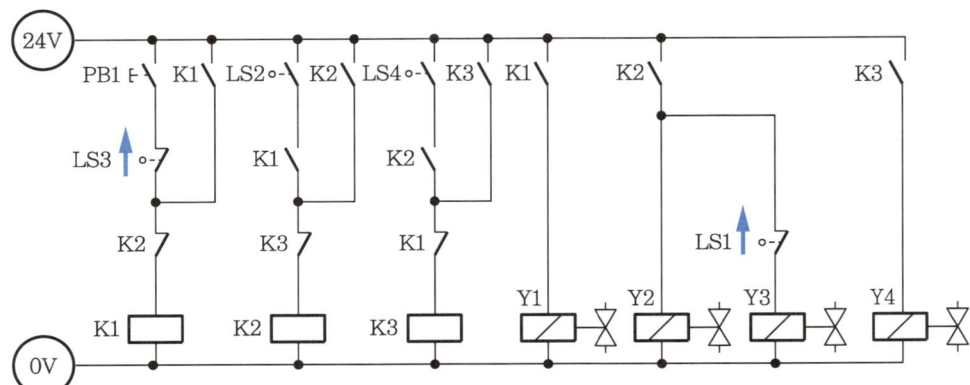

기본 회로도

(2) 타이머 작업 방법

실린더 A가 전·후진 완료 후 실린더 B가 전진하는 것을 지연시키는 것은 솔레노이드 밸브 Y3의 여자를 지연시키는 것이므로, 실린더 A가 후진 완료 감지 신호에 LS1에 의해 여자되는 솔레노이드 밸브 Y를 여자 지연 타이머를 사용하여 다음과 같이 한다.

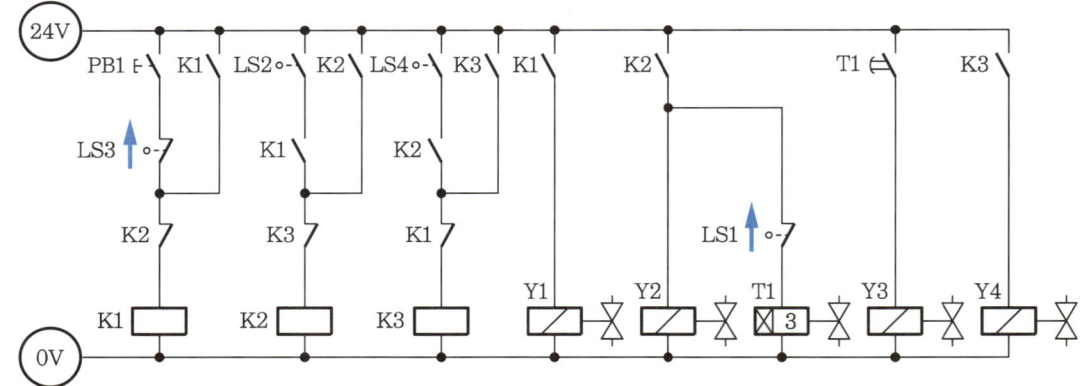

타이머 회로도

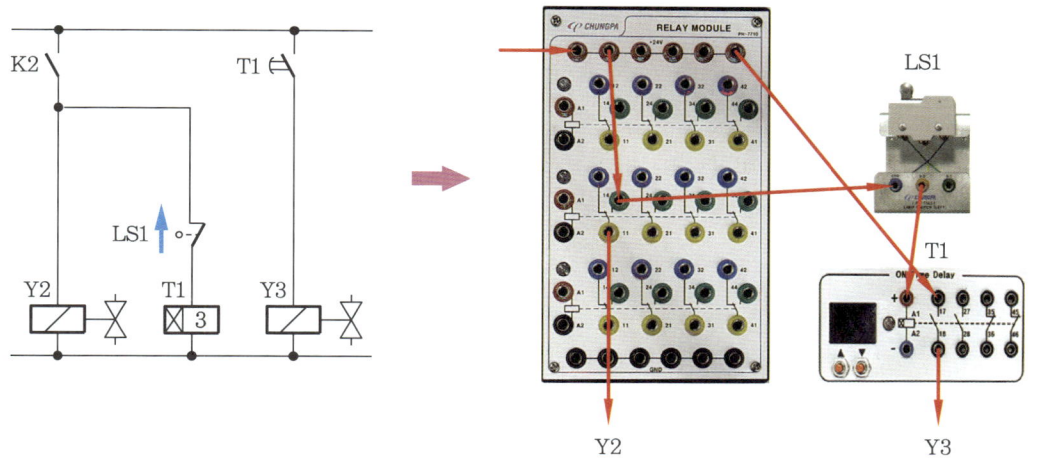

타이머 배선 방법

4-7 전기 보수 유지 계획 회로 설계

1 연속 작업과 카운터 및 카운터 리셋 작업

(1) 요구사항 1

① 조건

연속 스위치(PB2), 카운터 리셋 스위치(PB3), 램프를 추가하여 다음과 같이 동작하도록 회로를 변경하시오.

㈎ PB2를 1회 ON-OFF하면, 기본 동작을 3회 연속 동작한 후 정지합니다.

㈏ PB3를 1회 ON-OFF하면, 카운터가 리셋됩니다.

㈐ 카운터 리셋 후 PB2를 1회 ON-OFF하면, 연속 동작이 재동작합니다.

㈑ 연속 동작을 수행하는 동안 램프 1이 점등되고, 동작 완료 후 소등됩니다.

② 작업 방법

㈎ 다음의 회로와 같이 단속 운전 스위치인 PB1 스위치를 지난 후에 전원을 계속 공급하면 연속 운전이 되므로, 자동 복귀형 PB2 스위치를 자기 유지 회로를 사용하여 전원을 계속 공급시키면 연속 운전이 된다.

(나) 연속 정지는 자기 유지를 OFF시키면 되므로 카운터의 C 접점을 사용한다.

(다) 카운터 리셋은 자동 복귀형 PB3 스위치를 사용한다.

(라) 카운터의 입력 신호 접점은 연속 운전일 때만 가능하여야 하므로 연속 신호 릴레이 K4 a 접점과 초기 상태에 여자되는 릴레이를 제외한 접점을 신호 접점으로 사용한다.

(마) 램프 L1은 연속 신호 릴레이 K4 a 접점을 사용한다.

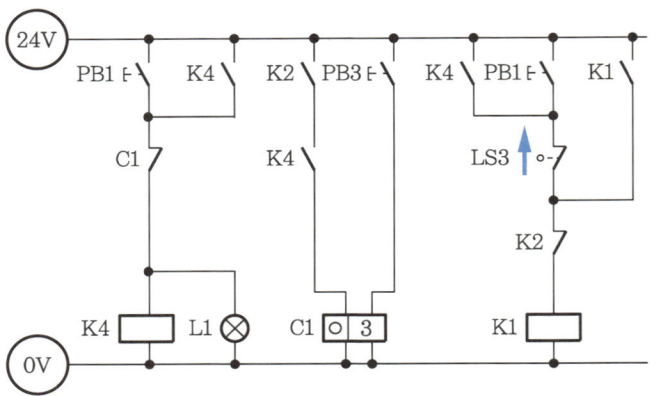

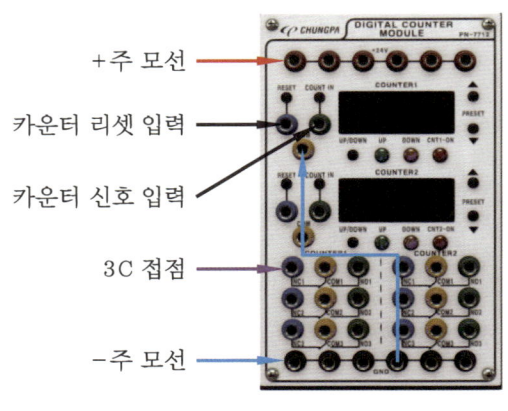

3C 전자 카운터

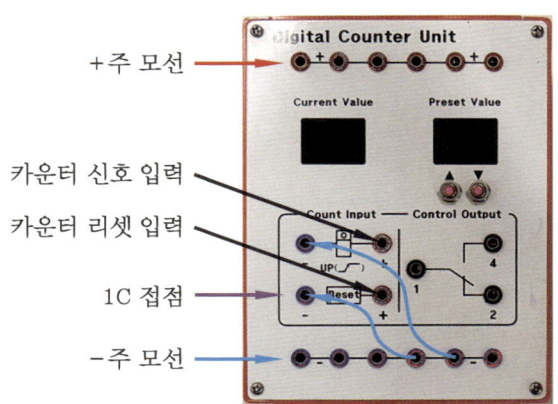

1C 전자 카운터

(2) 요구사항 2

① **조건**

   연속 스위치(PB2), 비상 정지 스위치(유지형 스위치 사용 가능), 램프를 추가하여 다음과 같이 동작하도록 회로를 변경하시오.

   ㈎ PB2를 1회 ON-OFF하면, 기본 동작이 연속적으로 동작합니다.

   ㈏ 연속 동작 중 비상 정지 스위치를 ON하면, 모든 실린더는 후진하며 램프가 점등됩니다.

   ㈐ 비상 정지 스위치를 OFF하면, 램프는 소등되고 시스템은 초기화됩니다.

   ㈑ 초기화 후 PB2를 1회 ON-OFF하면, 연속 동작이 재동작합니다.

② **작업 방법**

   ㈎ 요구사항 1의 연속 작업과 동일한 방법으로 회로를 변경한다.

   ㈏ 다음 회로도와 같이 비상 스위치는 자기 유지형 스위치 b 접점을 사용한다.

   ㈐ 비상 스위치가 OFF되면 비상 스위치 릴레이 b 접점을 사용하여 램프가 점등되고, 실린더 A의 후진을 맡고 있는 솔레노이드 Y2를 강제로 여자시켜 실린더가 초기화되도록 한다.

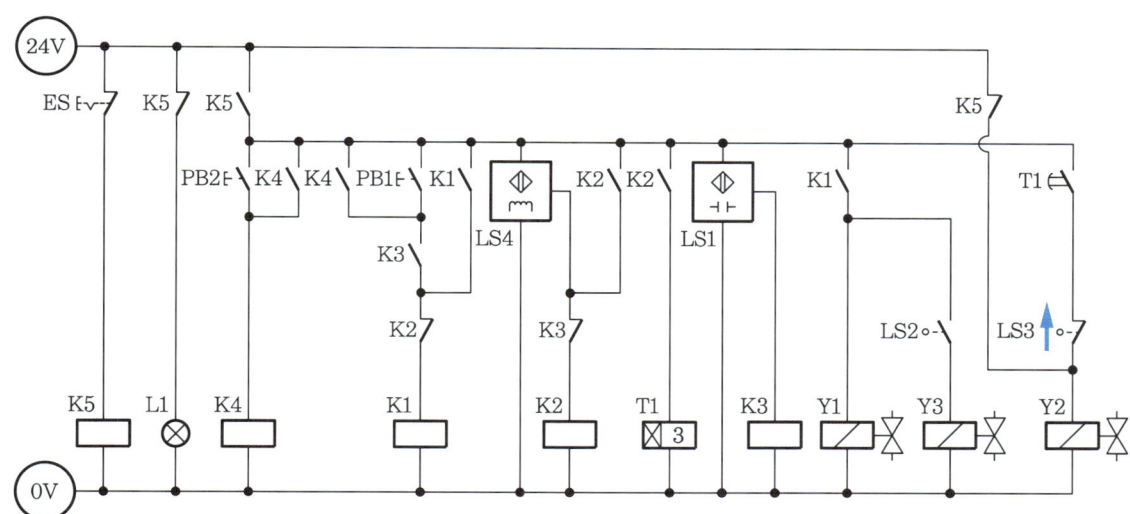

2 센서 및 밸브 교체 작업

(1) 요구사항 1

① 조건

리밋 스위치 LS2는 정전 용량형 센서로, LS4는 유도형 센서로 교체한 후 변위 단계 선도와 같은 동작을 수행할 수 있도록 회로를 변경하시오.

② 작업 방법

㈎ **3장 전기 기초**를 참조하여 센서를 선택하여 설치한다.

㈏ 정전 용량형 센서는 센서의 감지부 색상이 회색, 유도형 센서는 적색인 것을 선택한다.

㈐ 센서는 반드시 PNP형을 선택하여야 한다.

㈑ 모든 센서는 반드시 "0V" 단자에 청색 리드선을 사용하여 주 제어선 "-"와 연결하여야 한다.

㈒ 그 외는 리밋 스위치의 "COM" 단자와 센서의 "+24V" 단자가 동일하도록 "+" 신호 입력은 적색 리드선을 사용하여 연결한다.

㈓ 또한 리밋 스위치의 "NO" 단자와 센서의 "OUTPUT" 단자가 동일하도록 "+" 신호 출력은 적색 리드선을 사용하여 연결한다.

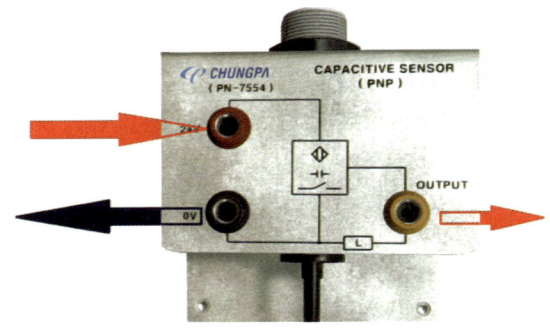

(2) 요구사항 2

① 조건

실린더 A의 방향 제어 밸브를 양측 솔레노이드 밸브로 교체한 후 변위 단계 선도와 같은 동작을 수행할 수 있도록 회로를 변경하시오.

② **작업 방법**

㈎ 단동 솔레노이드 밸브를 복동 솔레노이드 밸브로 교체하고, 호스를 배관한다.

㈏ 배선은 각 조건에 따라 다르므로 주어진 회로도를 숙지하고 연결한다.

3 릴레이 확장

① 다음의 도면과 같이 릴레이 접점 수가 4개를 초과하였다.

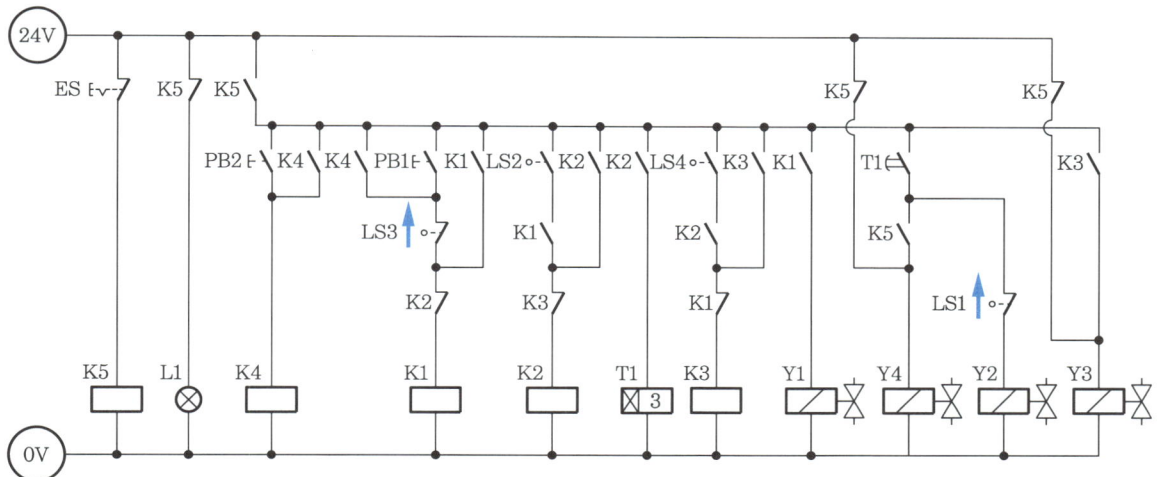

② 다음과 같이 릴레이 확장을 한다.

PART 1 전기 공유압 / 가스 절단 및 용접 개론

5장 가스 절단 및 용접

설비보전산업기사

5-1 기계 가공

1 금긋기 작업

(1) 하이트 게이지의 원리 및 구조

① 하이트 게이지(height gauge)는 기계 부품 등의 가공 과정에서 주로 정반 위에서 정반 면을 기준으로 하여 높이의 측정 또는 정밀한 금긋기 작업 등을 할 때 사용된다.
② 원리는 강철자와 스탠드 및 서피스 게이지를 하나로 합쳐 놓은 구조로 버니어 캘리퍼스와 흡사하나 용도상 구조와 정도가 약간 다르다.
③ 하이트 게이지로 금긋기, 높이를 측정할 때는 정반 면을 기준으로 클램프에 스크라이버 혹은 테스트 인디케이터 등을 설치하여 각종 작업을 할 수 있다.

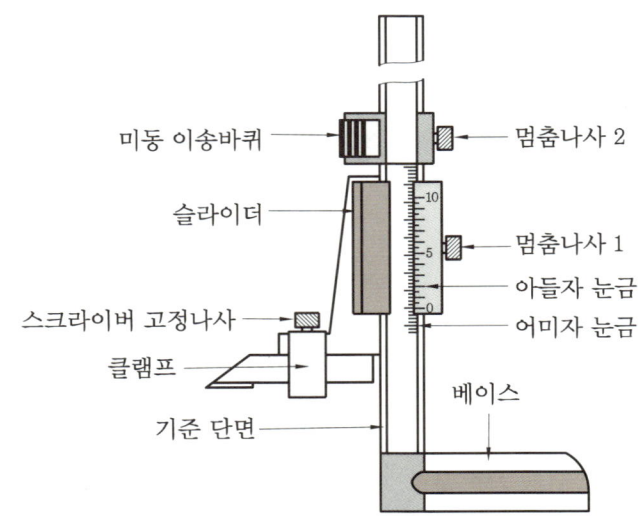

하이트 게이지 주요 명칭

(2) 하이트 게이지 눈금 읽는 방법

① 일반적으로 하이트 게이지의 눈금 기입 방법은 어미자의 49mm를 50등분한 아들자의 최소 측정값이 $\frac{1}{40}$mm로 되어 있고, 어미자 양쪽에 눈금을 새긴 것에는 $\frac{1}{20}$mm의 최소 측정값을 함께 사용하고 있다.

② 아들자의 눈금 기입 방법과 최소 측정값의 원리는 버니어 캘리퍼스와 같은 원리이다.

예
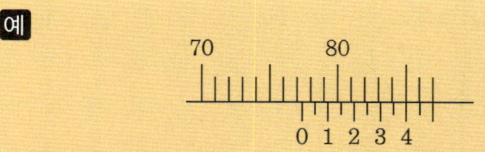

1. 그림에 있는 아들자의 0이 위치하고 있는 수치를 읽는다. (77mm)
2. 위에 있는 어미자의 눈금과 마주 보고 있는 아들자의 눈금이 일직선상에 있는 수치를 소숫점 첫째 자리로 읽는다. (0.4mm)
3. 두 숫자를 더한다. (77+0.4=77.4mm)

하이트 게이지의 눈금 조정

(3) 하이트 게이지 금긋기 작업

① 재료를 수직으로 세우고 V블록(또는 앵글 플레이트)에 밀착한다.
② 하이트 게이지의 0점 조정을 한다.
③ 정반의 표면에 이물질이 없도록 면걸레로 깨끗하게 닦는다.
④ V블록(또는 앵글 플레이트), 공작물 그리고 하이트 게이지 밑면을 깨끗이 닦고 정반 위에 설치한다.
⑤ 도면의 금긋기 치수에 맞도록 하이트 게이지의 눈금을 근접한 위치로 조정한다.
⑥ 미동 장치의 고정 나사를 조인다.
⑦ 미동 장치의 미동 나사를 돌리면서 눈금을 정확하게 맞춘다.
⑧ 공작물을 V블록(또는 앵글 플레이트)에 밀착하고 왼손으로 지지한다.
⑨ 하이트 게이지의 스크라이버를 공작물 면 끝에 살며시 접촉시킨다.
⑩ 공작물과 하이트 게이지의 접촉각이 금긋기 방향에 대해 75° 정도가 되도록 한다.
⑪ 좌측에서 우측으로 하이트 게이지를 가볍게 이동하여 금긋기를 한다.
⑫ 하이트 게이지의 스크라이버는 날끝이 날카로우므로 파손에 유의하고, 손을 다칠 염려가 있으므로 주의한다.

⑬ 위와 같은 방법으로 공작물 전체의 금긋기를 한다.

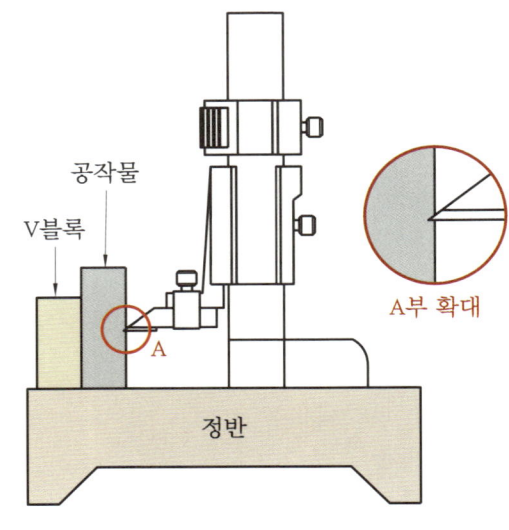

하이트 게이지 사용법

2 펀치 작업

(1) 펀치의 종류

① **프릭 펀치(prick punch)** : 날끝 각도가 30~50°이며, 정확한 구멍 위치를 표시할 때와 금긋기 형상을 나타낼 때 사용한다.
② **센터 펀치(center punch)** : 프릭 펀치가 펀칭해 놓은 자국을 확장할 때 또는 직접 중심점에 펀치 자국을 찍을 때 사용하며, 원뿔각은 60~90°이다.
③ **자동 펀치** : 펀치의 끝을 금긋기 위치에 대고 슬리브를 손으로 쥐고 밑으로 누르면 내부의 스프링 작용에 의해 강하게 펀치 자국이 찍히게 된다.

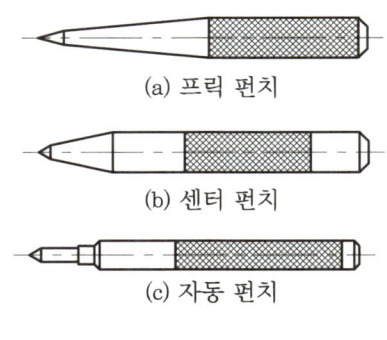

펀치의 종류

(2) 펀치의 사용 방법

① 금긋기한 선이 지워질 염려가 있을 때, 프릭 펀치나 센터 펀치로 공작물 표면에 자국을 내어 두면 편리하다. 정확하게 펀칭하고자 할 때는 선단 각이 60°의 것을 사용하고, 경질의 금속 재료일 경우에는 90°의 것을 사용한다.

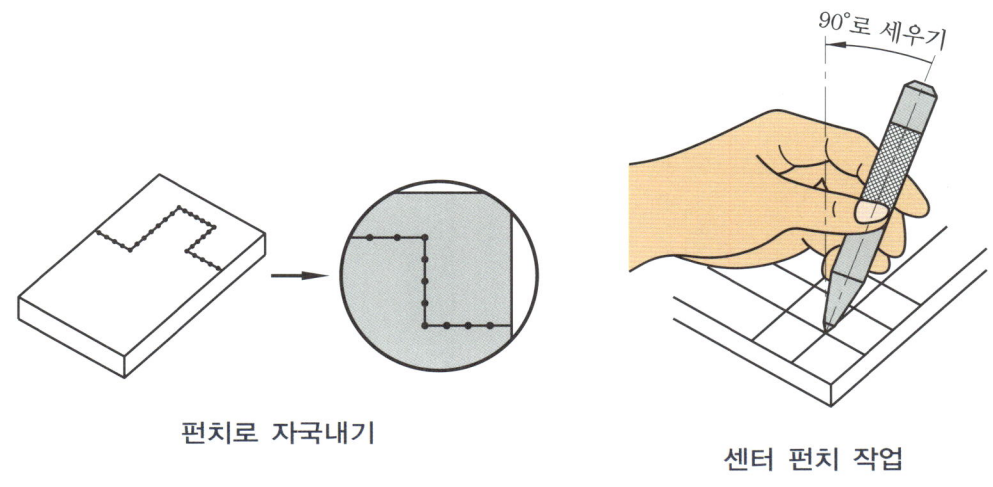

펀치로 자국내기   센터 펀치 작업

② 센터 펀치 작업을 할 때는 센터 펀치를 잡고 처음 60° 정도 기울여 정확히 금긋기 교차점에 맞춘 후 센터 펀치 끝이 공작물과 90°가 되도록 세운다.

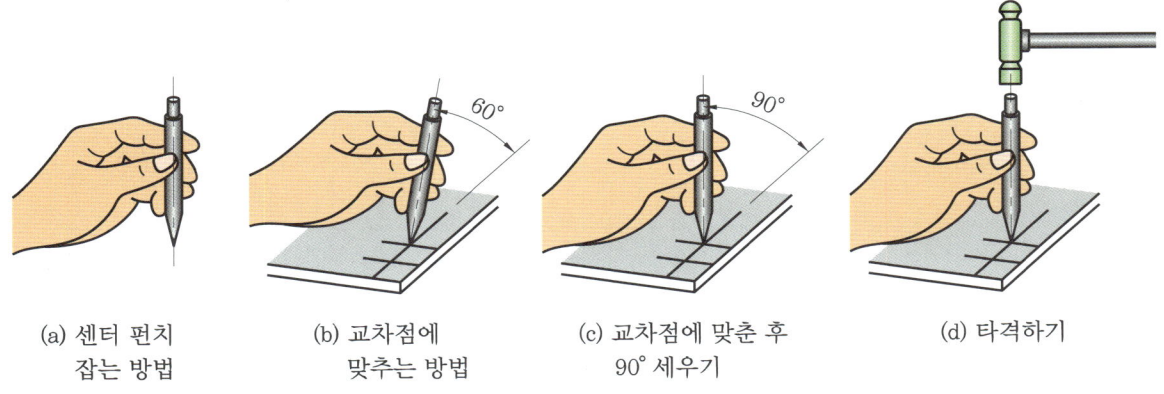

(a) 센터 펀치 잡는 방법   (b) 교차점에 맞추는 방법   (c) 교차점에 맞춘 후 90° 세우기   (d) 타격하기

센터 펀치 잡는 방법

③ 그다음 해머를 작은 하중으로 가볍게 때려 작은 자국을 만들고, 자국의 위치가 올바른지를 확인하여 정확하면 다시 타격한다.

④ 이때 금긋기 교차선의 중앙에 펀칭되지 않았으면 펀치의 각도를 90°에서 조금 기울여 2~3회 타격하여 수정한 다음, 정확하면 다시 펀치 자리에 맞추어 타격한다.

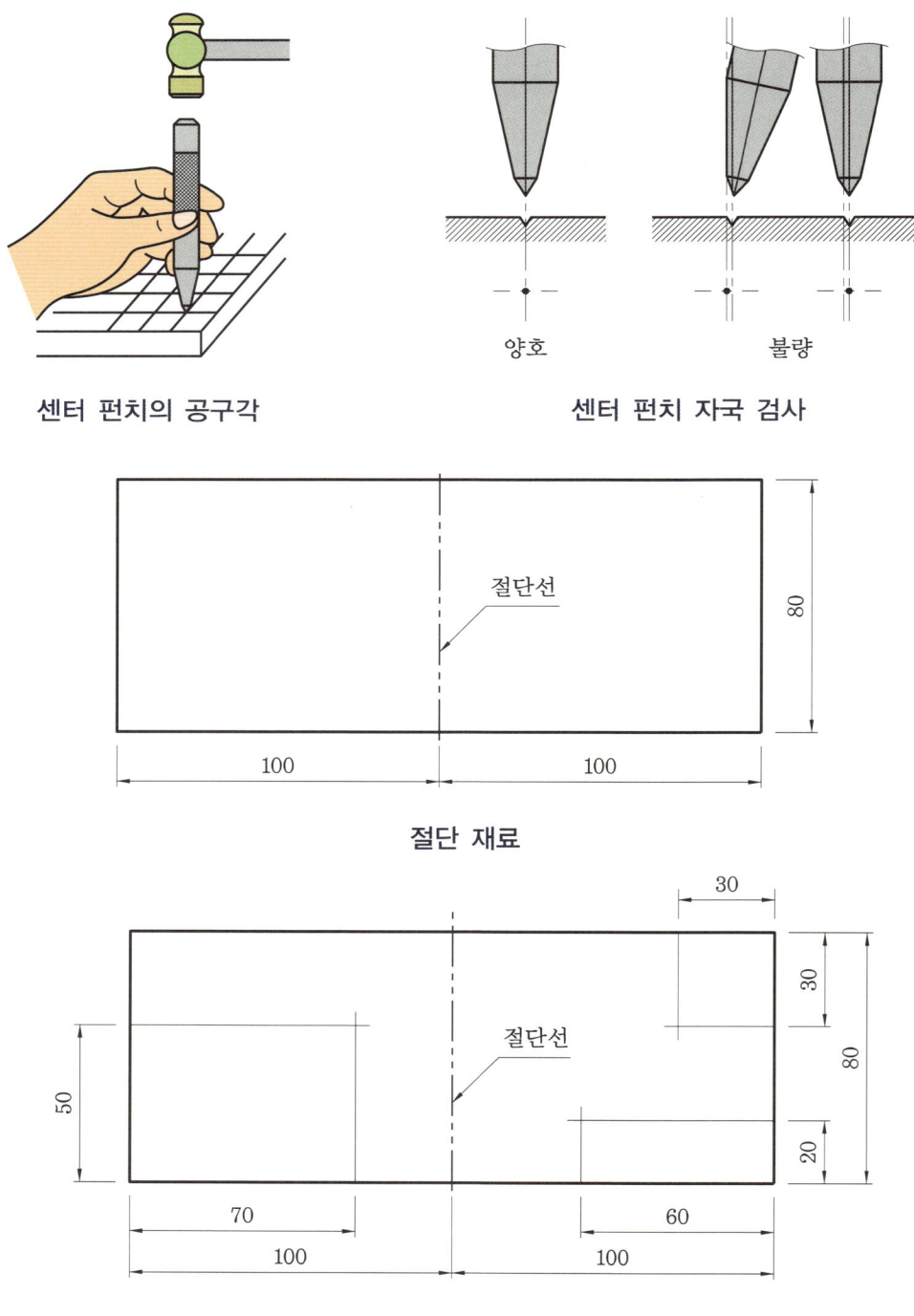

센터 펀치의 공구각 | 센터 펀치 자국 검사

절단 재료

제품 1, 2

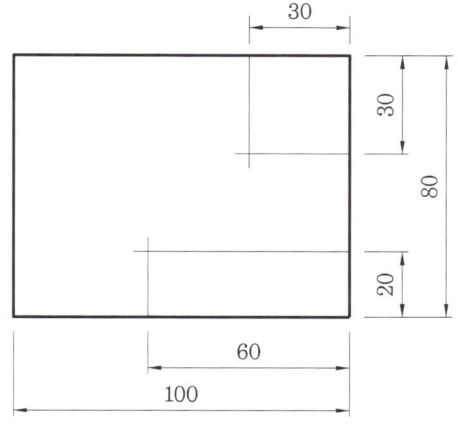

제품 3

3 구멍 가공

(1) 드릴 개요

① 드릴 작업은 드릴로 구멍을 뚫을 위치에 금긋기를 하여 구멍의 중심위치를 정하고 펀치로 중심에 자리를 낸 다음, 드릴을 이 펀치 자리에 맞추어 구멍을 뚫는다.
② 드릴링 머신(drilling machine)은 주축에 드릴을 고정시켜 공작물에 구멍을 뚫는 공작 기계이다.

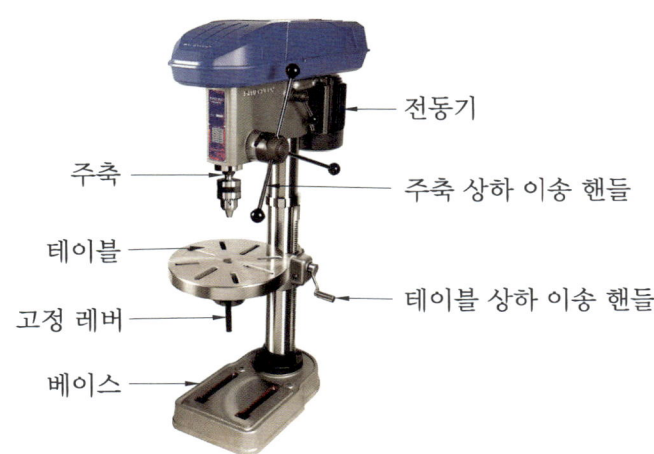

탁상 드릴 머신의 구조

③ 드릴의 구조는 몸체인 날 부분과 자루 부분으로 되어 있다.
④ 곧은 자루는 지름이 13mm 이하의 비교적 가는 드릴로서 드릴 척에 고정하여 사용하며, 경절삭에 적합하다.

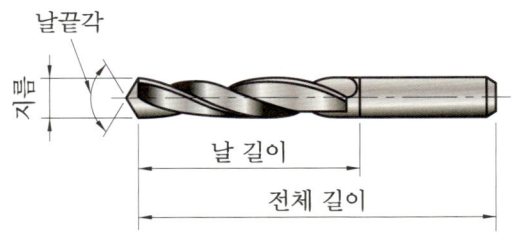

곧은 자루 드릴

(2) 드릴 작업 순서

① 주축을 회전시켜 지름 8.5mm 드릴이 떨림이 없이 정확히 고정되었는지 확인한다.
② 2번 제품을 아래에, 3번 제품을 위에 올려 놓고 바이스에 고정한다.
③ C 클램프를 사용하여 2번 제품과 3번 제품을 일체형으로 고정시킨다.
④ 이때 제품이 바이스 밑면에 평행이 되도록 받침대를 조의 측면에 밀착시키거나 제품을 바이스 밑면에 밀착시켜 놓는다.
⑤ 테이블의 상하 이송 핸들을 돌려 드릴의 날끝 부분과 제품 사이의 간격을 30~50mm로 조절한다.
⑥ 고정 레버로 테이블을 고정한다.
⑦ 바이스를 이동하여 드릴의 중심과 제품의 센터 펀치 중심이 일치되도록 한다.
⑧ 장갑은 절대로 끼지 않는다.
⑨ 왼손은 바이스를 지지한다.
⑩ 오른손으로 주축의 상하 이송 핸들을 내려 구멍을 뚫는다.
⑪ 드릴로 조금만 뚫어 드릴 자국을 내고 중심을 확인한다.
⑫ 정확한 위치에 자리 표시가 되었으면 계속하여 뚫는다.
⑬ 이때 처음에는 균일하게 힘을 주어 절삭하고, 관통되기 직전에는 절삭 압력을 작게 주면서 가볍게 뚫는다.

⑭ 드릴 작업 중에는 절삭유를 사용한다.
⑮ 때때로 주축을 들어 올려 절삭칩을 배출한다.

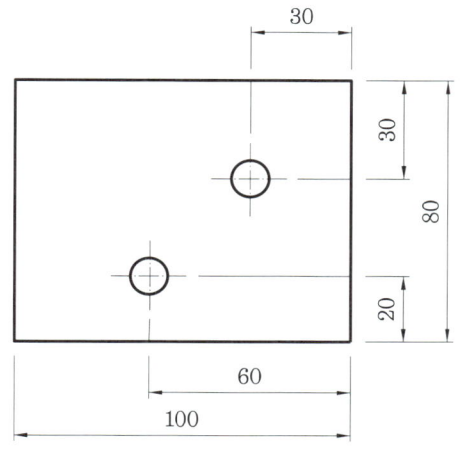

2번 및 3번 제품 드릴 작업 도면

⑯ C 클램프와 바이스에 고정되어 있는 제품을 풀고 2번 제품만 바이스에 고정시킨다.
⑰ 드릴 지름 12mm 구멍 부위 3곳을 뚫는다.

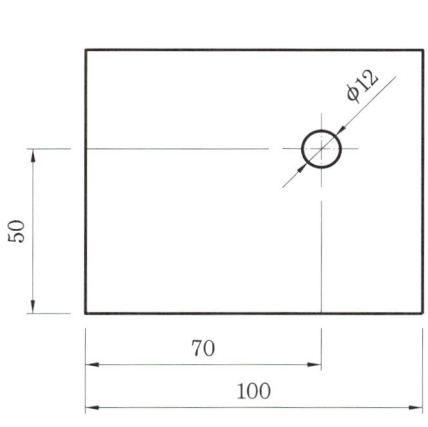

1번 제품 드릴 작업 도면

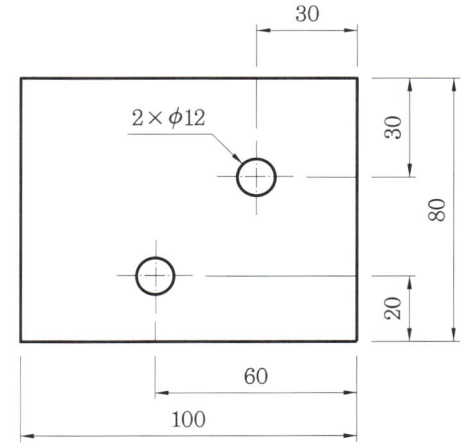

2번 제품 드릴 작업 도면

4 탭 가공

(1) 탭 작업의 개요

① 탭 작업은 드릴 가공된 구멍에 암나사를 내는 작업으로 수동 탭 작업과 기계 탭 작업으로 구분한다.
② 이 탭은 나사부와 자루부로 되어 있다.

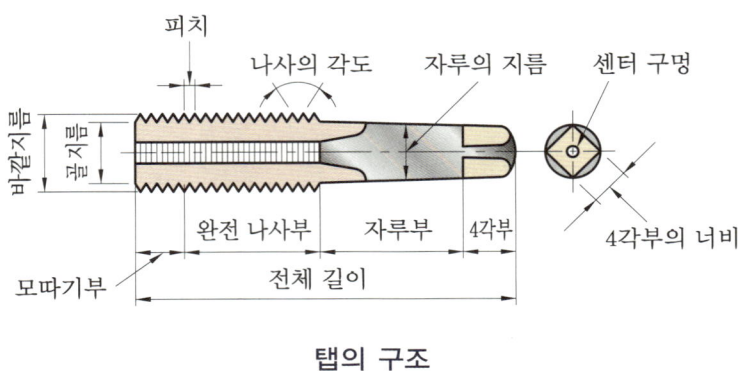

탭의 구조

③ 탭의 재질은 탄소 공구강이나 고속도 공구강으로 되어 있다.
④ 작업에 사용할 수동 탭은 1번 탭, 2번 탭, 3번 탭의 세 개가 1조로 되어 있다.
⑤ 나사부의 모따기는 1번 탭은 9산, 2번 탭은 5산, 3번 탭은 1.5산이 테이퍼로 되어 있다.
⑥ 가공률은 1번 탭이 50%, 2번 탭이 30%, 3번 탭이 20%이다.

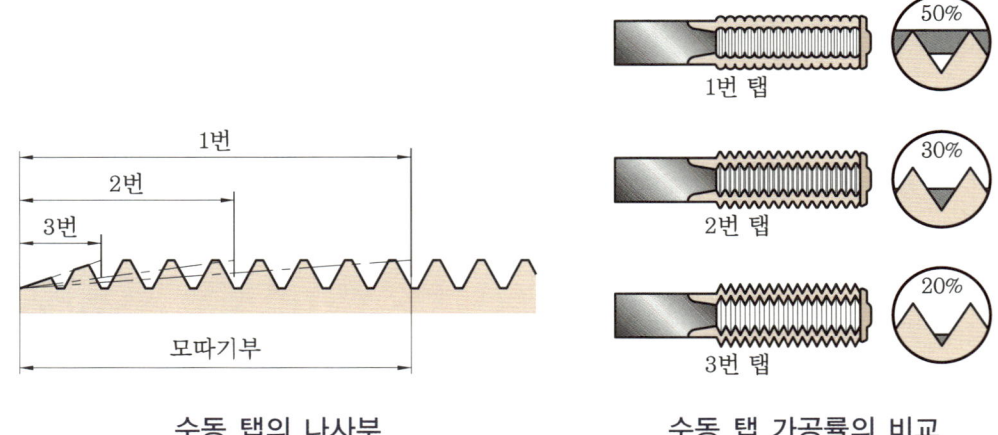

수동 탭의 나사부　　　　　수동 탭 가공률의 비교

(2) 탭 작업 순서

① 나사 구멍의 편심 및 중심의 굽힘을 검사한다.
② 나사 구멍이 수직이 되도록 공작물을 바이스에 고정시킨다.
③ M10 1번 탭을 탭 핸들에 끼운다.
④ 탭 핸들의 양 끝을 잡고 핸들이 수평이 되게 유지하고, 구멍과 탭이 수직이 되게 하여 누르면서 오른쪽으로 돌린다.
⑤ 탭 핸들을 2~3회 회전시켜 자리를 잡은 후 탭 핸들을 제거한다.

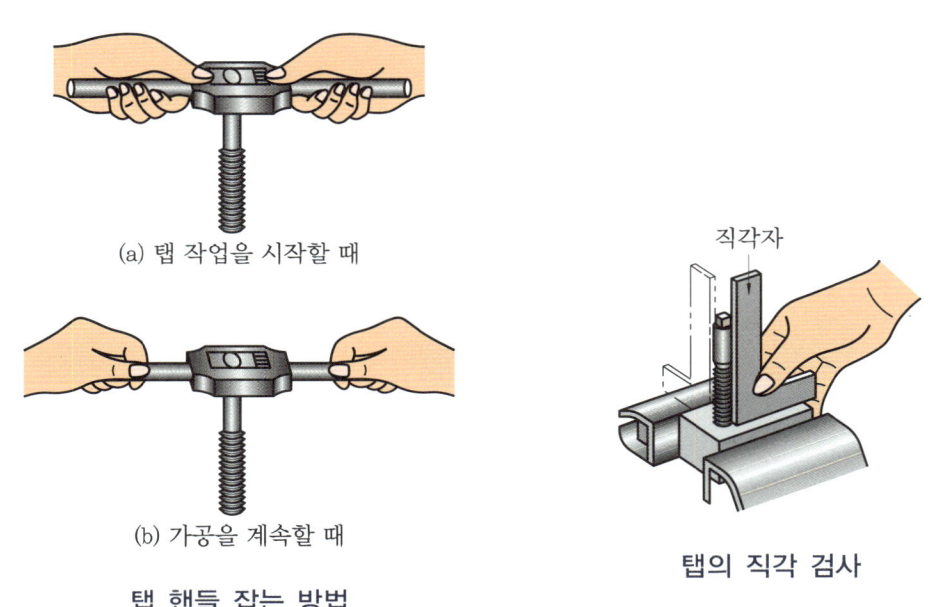

(a) 탭 작업을 시작할 때

(b) 가공을 계속할 때

탭 핸들 잡는 방법

탭의 직각 검사

⑥ 탭이 자리를 잡으면 직각자로 탭의 기울기를 검사한다.
⑦ 탭이 기울어졌으면 핸들을 회전시키면서 수직이 되도록 수정한다.
⑧ 탭이 수직이 되면 핸들을 길게 잡고 시계 방향으로 회전시킨다.
⑨ 탭이 자리를 잡을 때보다 절삭 저항이 커지면 역회전시켰다가 절삭을 계속한다.
⑩ 이와 같은 작업을 반복한다.
⑪ 절삭유나 태핑유를 주입하며 절삭한다.
⑫ M10 1번 탭의 절삭이 끝나면 같은 방법으로 2번 탭, 3번 탭으로 절삭한다.
⑬ 구멍에 끼여 있는 칩을 깨끗이 제거한다.
⑭ 암나사 가공 상태를 확인한다.
⑮ 제품과 도면을 비교하고 검사한다.
⑯ 사용 공구 및 측정기를 정리한다.

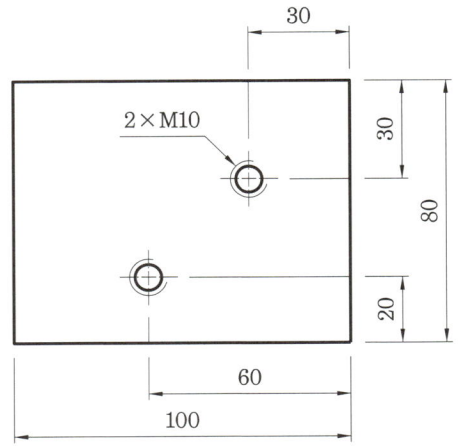

탭 가공 도면

(3) 탭 작업 중 탭이 부러지는 원인

① 나사 구멍이 작거나 구부러져 있을 때
② 탭이 구멍에 기울어져서 들어갔을 때
③ 탭이 마멸되어 2번 각(여유각)이 닿기 때문에 절삭 저항이 커진 경우
④ 탭의 지름에 비해 탭 핸들의 자루가 긴 것을 사용할 경우
⑤ 공작물의 재질이 단단한 경우

5 조립 작업

① 2번 제품과 3번 제품을 M10 육각 머리 볼트로 체결한다.
② 체결 공구는 볼트 머리에 맞는 스패너를 사용하여 2곳의 자리에 각각 가조립한 후 이상 없으면 확실하게 조립한다.

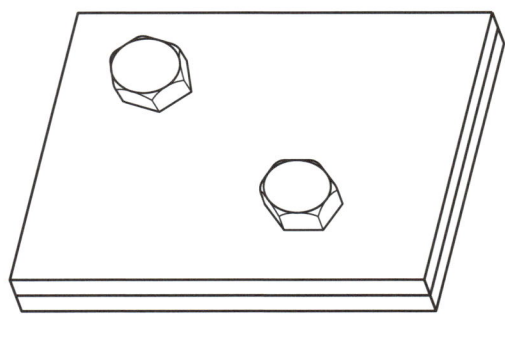

조립된 제품

5-2 가스 절단 및 용접

1 가스 절단

(1) 작업 순서

① 산소-아세틸렌은 저압 밸브가 닫혀 있는 상태에서 고압 밸브를 먼저 열고 저압 밸브를 열어야 한다.

② 산소 압력 조정기의 조절 손잡이를 시계 방향으로 회전시켜 저압 게이지의 눈금 바늘이 2~3kgf/cm² 정도, 아세틸렌 압력 조정기는 저압 게이지의 눈금 바늘이 0.3kgf/cm² 정도가 되도록 조절한다.

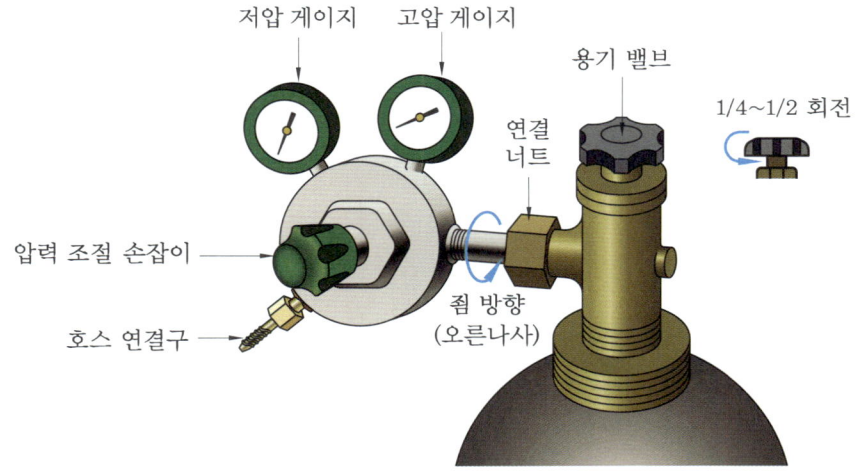

산소-아세틸렌 압력 조정

절단 토치

③ 토치를 가연성 물질이 없는 안전한 곳을 향하도록 잡는다. (가스 용기와 4~5m 이상 떨어질 것)

④ 토치의 산소 밸브를 약간의 먼지가 날릴 정도로 소량 열어주고, 아세틸렌 밸브를 $\frac{1}{5} \sim \frac{1}{4}$ 회전하여 열며, 점화 라이터로 점화한다.

⑤ 점화 시에 아세틸렌만 열고 점화하면 그을음이 많이 발생하며, 산소를 많이 방출하고 점화하면 폭음(순간 연소)이 일어난다.

⑥ 점화는 가스 용접 전용 라이터를 사용한다. 성냥이나 라이터를 사용하면 화상을 입을 위험이 있다.

⑦ 토치에 점화 후 산소 밸브를 조금씩 열어서 불꽃을 조절한다.

⑧ 산소를 증가시키면 불꽃은 날개 모양의 푸르스름한 속불꽃이 점점 짧아진다. 이때의 불꽃이 탄화 불꽃이다.

⑨ 산소를 더욱 증가시키면 날개 모양의 푸르스름한 녹 불꽃(아세틸렌 깃)이 백심 불꽃과 일치하며, 백심 불꽃이 청백색의 바깥 불꽃에 둘러싸인 중성 불꽃이 된다.

⑩ 산소를 더욱 증가시키면 백심 불꽃(흰색 부분, cone)의 길이가 짧아지고 바깥 불꽃이 어두워지며 가스의 분출되는 소리가 심해진다. 이 불꽃이 산화 불꽃이다.

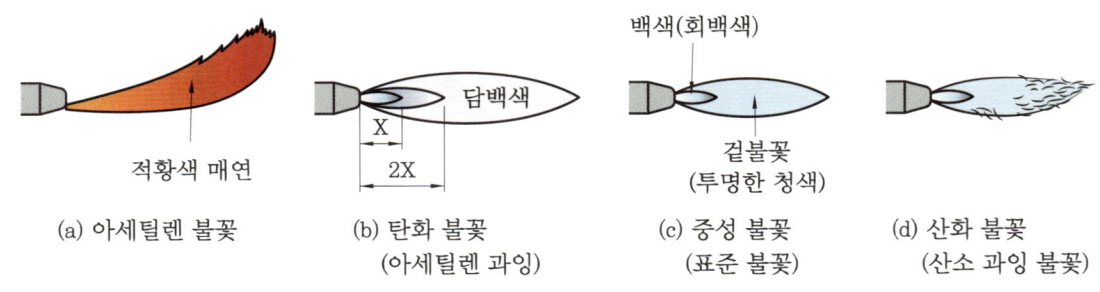

불꽃의 형태

⑪ 불꽃이 강할 경우에는 먼저 산소를 감소시킨 후 아세틸렌을 감소시켜 다시 중성 불꽃으로 만든다.

⑫ 점화 시 팁의 끝부분으로부터 불꽃이 떨어진 상태에서 산소를 분출시키면 폭음과 함께 불이 꺼진다.

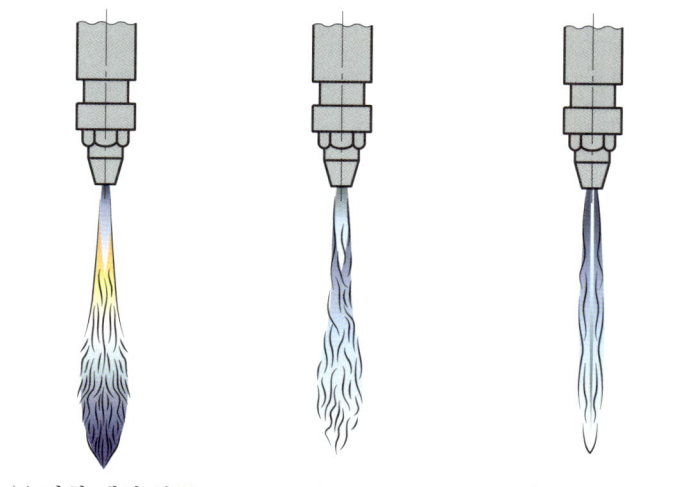

(a) 탄화 예열 불꽃   (b) 중성 예열 불꽃   (c) 절단 산소의 불꽃

불꽃 조정

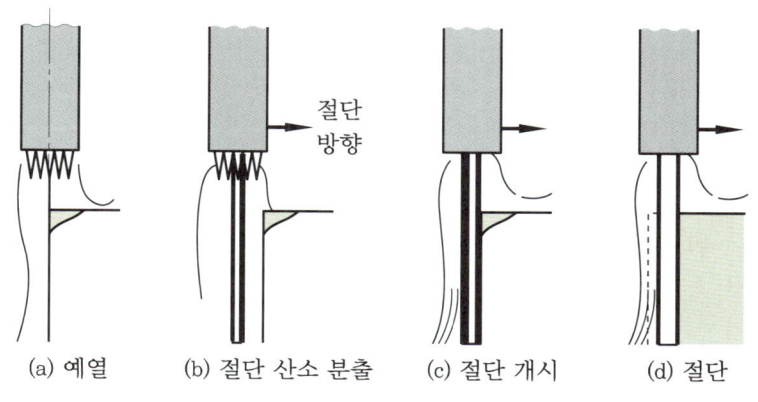

(a) 예열   (b) 절단 산소 분출   (c) 절단 개시   (d) 절단

절단 작업의 시작 요령

⑬ 모재 표면을 깨끗이 하여 절단선이 확실히 보이도록 한다.

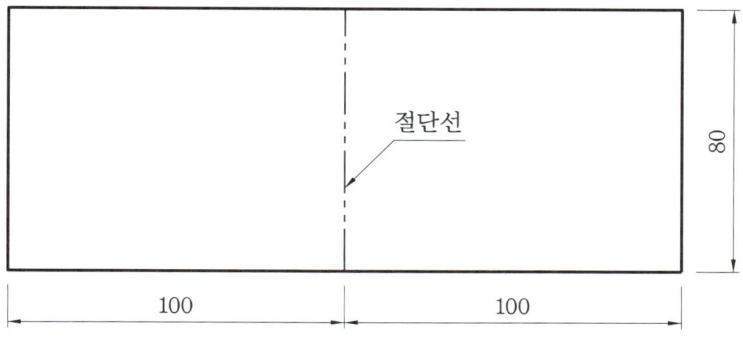

절단 치수

⑭ 절단될 곳에 예열을 한 번 하고 절단하도록 한다.
⑮ 예열 불꽃의 크기는 작업에 지장을 주지 않는 범위 내에서 최소한의 크기로 조정한다.
⑯ 팁과 모재의 거리는 백심의 끝에서 2~3mm를 유지한다.
⑰ 필요한 경우 절단 가이드 등을 이용하는 것이 좋다.

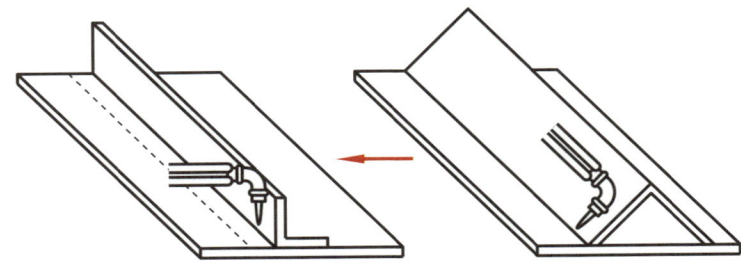

절단 가이드 사용 예

⑱ 작업이 끝나면 토치의 아세틸렌 밸브를 잠근 후 산소 밸브를 잠가 불을 끈다.

2 용접

(1) 용접기 사용 시 주의할 점

① 용접기 사용을 보다 과대하게 사용하지 않는다.
② 용접기의 V 단자와 U 단자가 케이블과 확실하게 연결되어 있는 상태에서 사용한다.
③ 용접 중에 용접기의 전류 조절을 금한다.
④ 용접기의 전류 조절 손잡이에 무리한 힘을 가하지 않는다.
⑤ 작업 중단 또는 종료, 정전 시에는 즉시 스위치를 차단시킨다.
⑥ 용접기 위에 재료나 공구를 올려놓지 않는다.
⑦ 반드시 안전용구를 착용하고 용접한다.

(2) 아래 보기 자세 운봉법

① 아래 보기 자세 용접에서 운봉법에는 직선형, 타원형, 부채꼴형, 원형, 3각형, S형, 각형 등이 있다.
② 넓은 비드 운봉법 피치(간격)는 2~3mm, 운봉 속도는 양끝에서 잠시 멈추어 용입이 되도록 하고 중앙은 빠르게 한다.

③ 운봉 폭은 심선 지름의 2~3배가 적당하며, 쌓고자 하는 비드 폭보다 다소 좁게 운봉한다. (비드 높이 $\frac{t}{4} \sim \frac{t}{5}$)

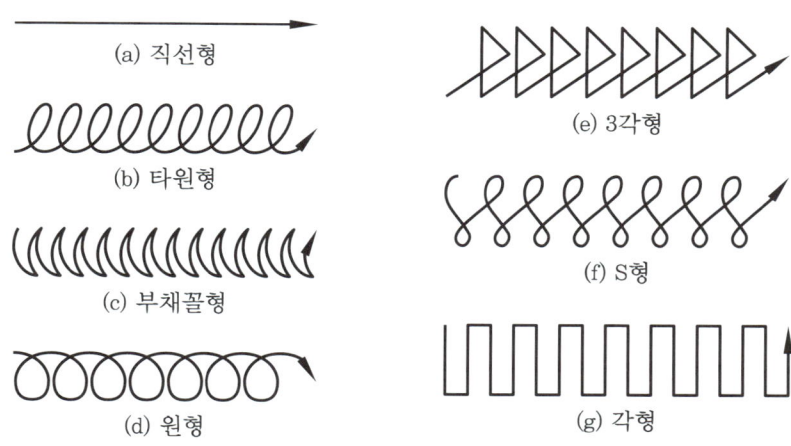

아래 보기 운봉법

(3) 아크 발생법

① **찍기법**(tapping method) : 전기 용접봉을 모재에 수직으로 찍듯이 접촉시켰다가 들어 올리는 방법
② **긁기법**(scratching method) : 전기 용접봉을 모재에 살짝 긁는 방법으로, 초보자는 이 방법이 편리하다.

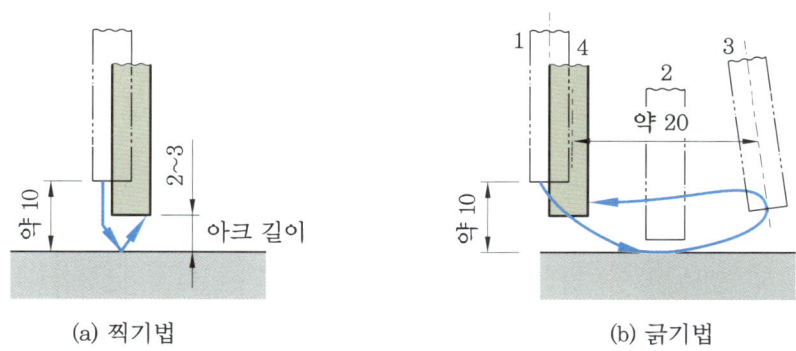

아크 발생법

(4) 피복 아크 용접기의 설치

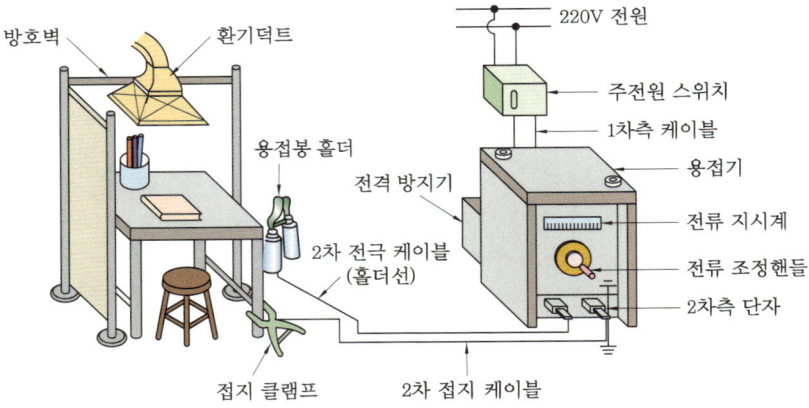

피복 아크 용접기의 설치 개요도

(5) 피복 아크 용접 작업 순서

① 작업 준비

㈎ 도면에서 용접부의 형상, 치수 등을 확인한다.

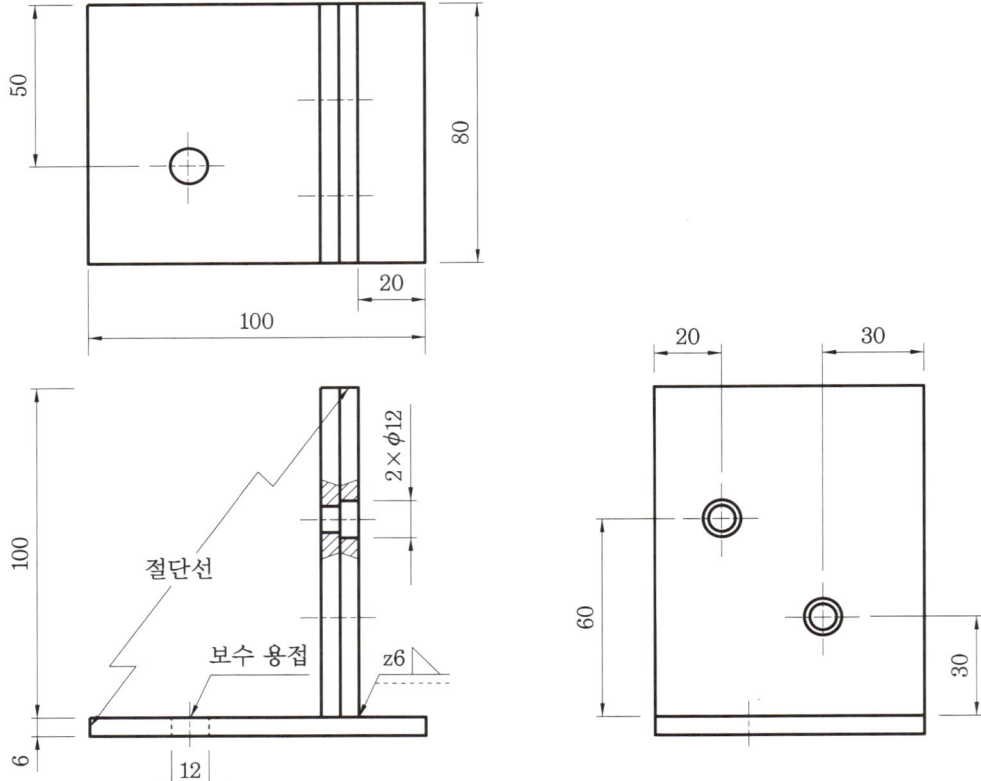

도면

⑷ 작업에 필요한 공구와 재료를 준비한다.

㈐ 모재 표면을 와이어 브러시로 닦아서 표면을 깨끗이 한다.

㈑ 용접 보호구(가죽 앞치마, 발 덮개, 팔 덮개, 가죽 장갑 등)를 준비, 착용한다.

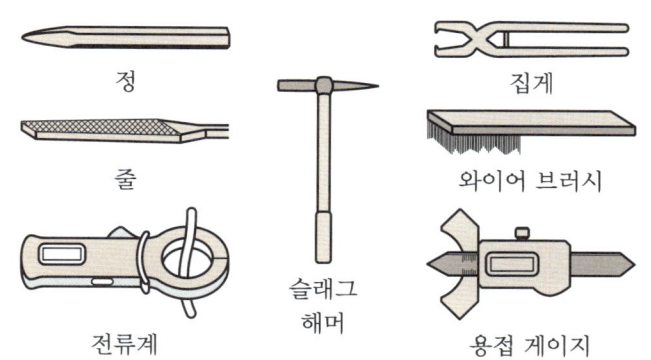

용접용 공구

용접 보호구

㈒ 전기 용접봉을 홀더의 90° 홈에 물린다.

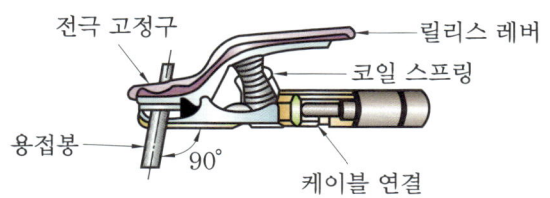

전기 용접봉 물림 각도

② **전류 조절**

   ㈎ 전원 스위치를 넣는다.

   ㈏ 용접기의 전류 조절 손잡이를 조작하여 지름 3.2mm에 맞는 용접봉의 전류 80~120A를 조절한다.

③ **용접 자세**

   ㈎ 모재의 용접 선과 평행하게 앉은 다음, 발은 어깨 넓이 정도로 벌린다.

   ㈏ 홀더 선을 홀더 걸이에 걸어 놓는다. (홀더 무게를 줄이기 위함)

   ㈐ 홀더를 가볍게 쥐고 팔의 힘을 빼며, 어깨와 팔은 수평을 유지하고 바른 자세에서 상반신만 약간 앞으로 구부린다.

   ㈑ 위의 범위 내에서 자세를 편하게 취하며, 시선은 모재와 전기 용접봉이 일치하는 곳에 둔다.

   ㈒ 모재 위에서 아크 발생 없이 작업각을 90°, 진행 방향각을 70~80°로 유지하며, 운봉 연습을 한다.

올바른 아래 보기 자세

④ **좁은 비드 놓기**

   ㈎ 아크를 발생한다.

   • 전기 용접봉 끝을 시점에서 10~20mm 앞으로 모재 면에서 약 10mm 높이까지 수직으로 접근시켜 아크 발생 위치를 잡는다.

   • 핸드 실드나 헬멧으로 얼굴을 가림과 동시에 전기 용접봉을 모재에 접촉시켰다가 빨리 들어 올려 아크가 발생되면 모재와 2~3mm 유지하며 아크를 안정시킨다.

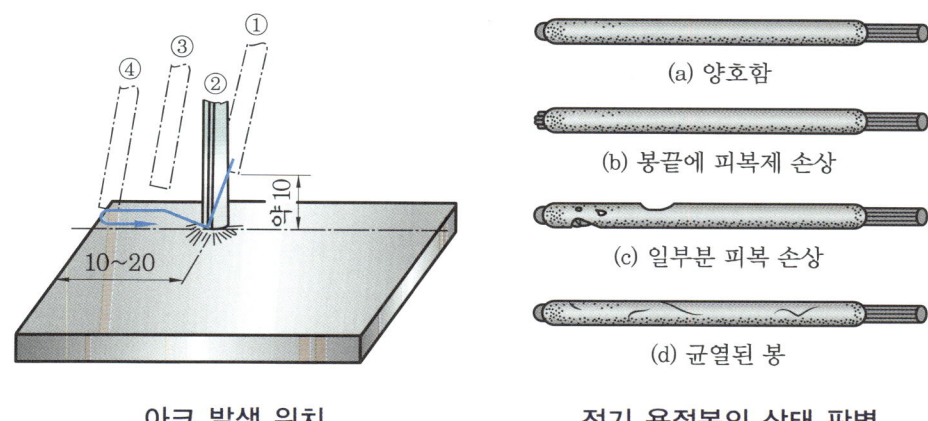

아크 발생 위치   전기 용접봉의 상태 판별

- 아크 발생을 과격하게 하면 피복제가 떨어져 아크 발생이 곤란하다.
- 전기 용접봉이 모재에 달라붙었을 경우 스위치를 끄고, 전기 용접봉을 좌우로 흔들어 뗀다.
- 아크 길이는 사용하는 전기 용접봉 심선의 지름 정도를 유지한다.

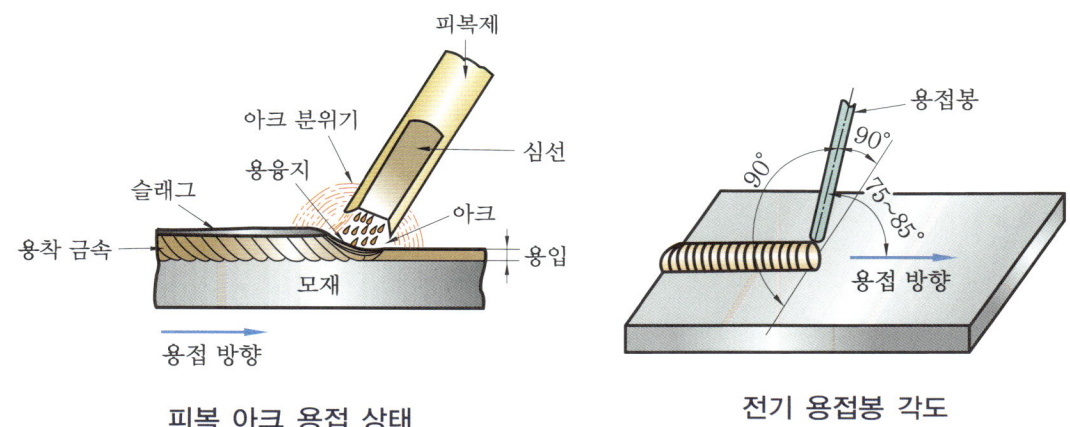

피복 아크 용접 상태   전기 용접봉 각도

(나) 좁은(직선) 비드 놓기

- 용접선 좌측 시작점이 용입되면 작업각 90°, 진행 방향각 75~85°를 유지하며, 좌측에서 우측으로 작업한다. (왼손잡이는 반대)
- 비드 폭과 높이가 일정하도록 용융지의 폭을 관찰하며 용접 속도와 아크 길이를 일정하게 유지한다.

(다) 아크를 끊는다.
- 비드가 끝나는 위치의 2~3mm 앞에서 아크 길이를 짧게 하면서 빨리 아크를 끊는다.

(라) 비드를 잇는다.
- 이음 부분 주위의 슬래그 및 스패터를 슬래그 해머로 제거하고, 와이어 브러시로 깨끗이 청소한다.

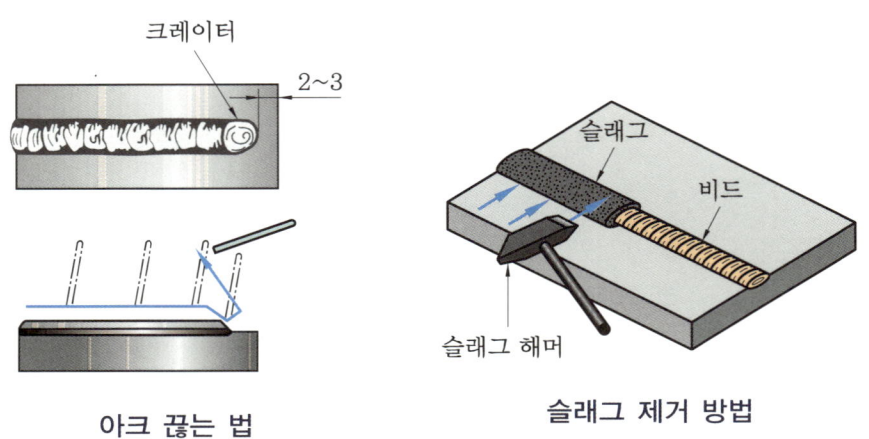

아크 끊는 법   슬래그 제거 방법

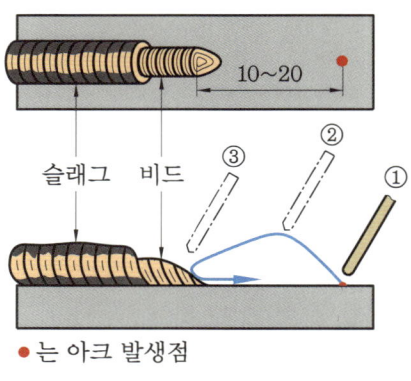

비드 잇는법

- 전기 용접봉 끝의 피복통을 장갑을 낀 손으로 가볍게 문질러 제거한다.
- 이음부보다 10~20mm 앞에서 아크를 발생하여 이음부로 와서 용착 금속이 전 비드와 같아지면 정상적인 속도로 진행한다.

㈁ 크레이터 처리
- 용접선 끝부분의 2~3mm 앞에서 전기 용접봉을 모재에 접근시켜 아크 길이를 짧게 한 후, 잠시 아크를 끊었다가 다시 아크를 발생시켜 전기 용접봉을 두세 번 회전한 후 진행 방향 반대쪽으로 아크를 빨리 끊는다.
- 용착 금속이 부족한 부분을 빨리 식별하여 위의 방법을 2~3회 반복한다.
- 이때 아크를 끊었다가 슬래그가 붉은 상태로 굳기 시작할 때 아크를 재발생시킨다.

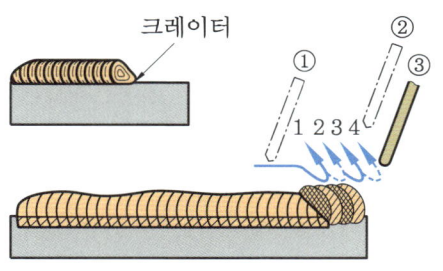

크레이터 처리법

㈂ 용접부 청소
- 보안경을 쓰고 집게로 모재를 잡고 슬래그 해머로 슬래그와 스패터를 제거한다.
- 와이어 브러시로 용접부를 깨끗이 청소한다.

㈃ 검사
- 비드의 직선도, 시점, 크레이터 처리 상태를 검사한다.
- 비드의 파형, 폭, 높이, 언더 컷과 오버 랩의 유무를 검사한다.

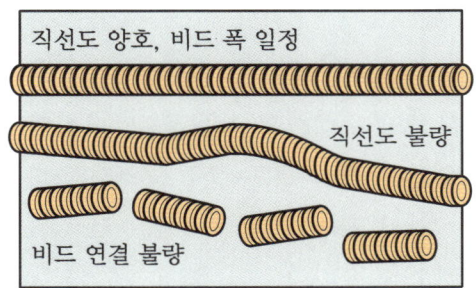

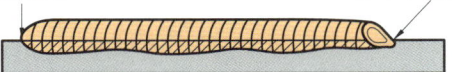

직선도와 시점 및 크레이터 검사

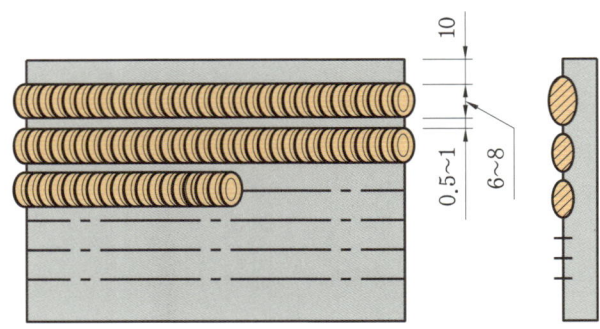

평행되고 양호한 비드 상태

⑤ 넓은 비드 놓기
  ㈎ 전기 용접봉의 지름이 3.2mm이므로 전류는 80~120A로 조정한다.
  ㈏ 바른 자세로 작업각 90°, 진행 방향각 75~85°를 유지하며, 아크 없이 운봉 연습을 한다.
  ㈐ 아크를 발생한다.
  ㈑ 비드를 놓는다.
  • 용접선 좌측 시점이 용입되면 작업각 90°, 진행 방향각 75~85°를 유지하며, 좌측에서 우측으로 운봉하며 진행한다.
  • 아크 길이는 사용하는 전기 용접봉 심선의 지름 정도를 유지한다.
  • 위빙(weaving) 방법은 양끝을 머물러 주며 중앙은 조금 빨리 움직인다.
  • 손목만으로 운봉하지 말고 팔 전체로 운봉한다.
  • 비드 파형, 비드 폭을 일정하게 하기 위하여 위빙 피치는 2~3mm, 운봉 폭은 심선 지름의 2~3배, 비드 높이는 $\frac{t}{4} \sim \frac{t}{5}$ (t : 제품의 두께) 정도로 한다.
  ㈒ 비드를 잇는다.
  • 이음 부분의 슬래그를 제거하고, 와이어 브러시로 깨끗이 청소한다.
  • 전기 용접봉 끝 피복통을 살짝 제거한다.
  • 모재를 다시 작업대 위에 수평으로 놓고, 이음부보다 10~20mm 앞에서 전기 용접봉을 옮긴다.
  • 랜드 실드로 얼굴을 가리고 아크를 발생시켜 긴 아크로 예열하며, 이음부로 와서 이음부는 조금 느리게 운봉하고, 그 뒤에는 정상 속도로 진행한다.

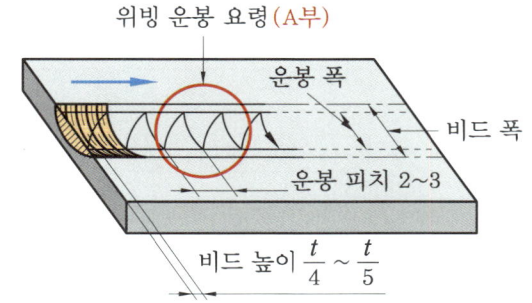

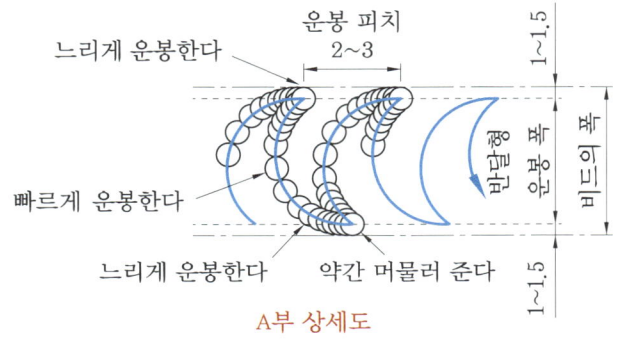

비드의 운봉 피치 및 높이

(바) 크레이터 처리

- 아크를 끊을 때와 같이 비드가 끝나는 지점에서 아크를 끊었다가 다시 발생시켜 전기 용접봉을 회전시켜 용접 진행 반대 방향으로 아크를 빨리 끊는다.
- 용착 금속이 부족한 부분을 빨리 식별하여 위의 방법을 반복하며 용착 금속을 보충한다.
- 이때 아크를 끊었다가 슬래그가 붉은 상태로 굳기 시작할 때 아크를 재발생시킨다.

(사) 용접부 청소

- 보안경을 쓰고 집게로 모재를 잡고 슬래그 해머로 슬래그와 스패터를 제거한다.
- 와이어 브러시로 용접부를 깨끗이 청소한다.

(아) 검사

(자) 정리 정돈

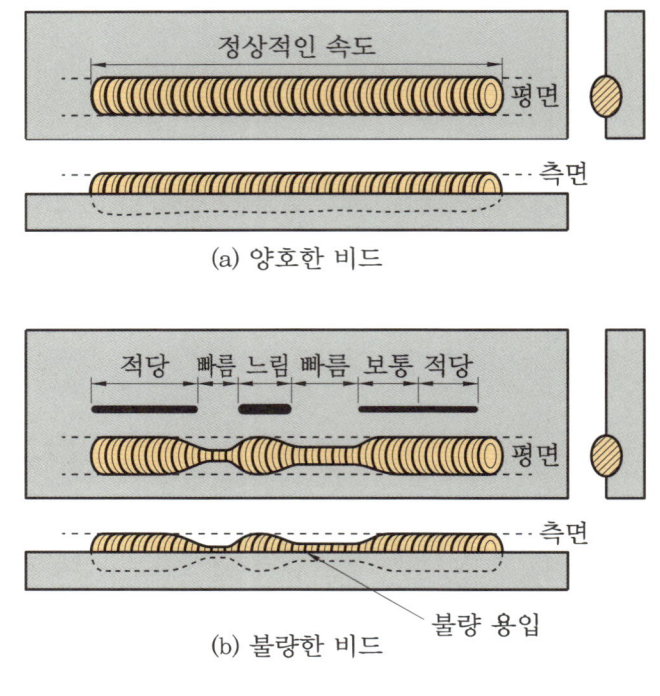

용접 비드의 상태

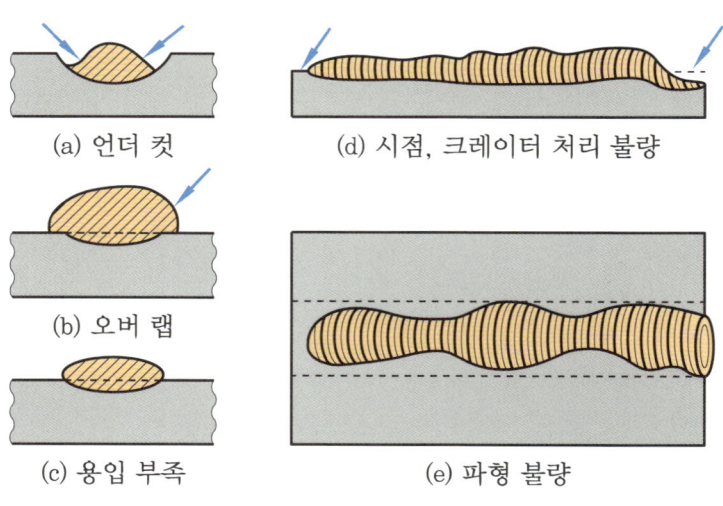

각종 용접 결함

설비보전산업기사
PART 2

제 **1** 과제

공기압 시스템 설계 및 구성

• 국가기술자격 실기시험문제 ① ~ ⑧

국가기술자격 실기시험문제

| 자격종목 | 설비보전산업기사 | 과제명 | 공기압 시스템 설계 및 구성 |

※ 문제지는 시험 종료 후 본인이 가져갈 수 있습니다.

| 비번호 | | 시험일시 | | 시험장명 | |

※ 시험시간 : [제1과제] 50분

1 요구사항

※ 지급된 재료 및 시설을 사용하여 아래 작업을 완성하시오.
※ 한 번 제출한 작품의 재작업은 허용되지 않습니다.

가. 공기압 회로도 구성
(1) **공기압 회로도**와 같이 기기를 선정하여 고정판에 배치하시오.
  ㈎ 기기는 수평 또는 수직 방향으로 수험자가 임의로 배치하고, 리밋 스위치는 방향성을 고려하여 설치하시오.
(2) 공기압 호스를 적절한 길이로 절단 및 사용하여 기기를 연결하시오.
  ㈎ 공기압 호스가 시스템 동작에 영향을 주지 않도록 정리하시오.
(3) 작업 압력(서비스 유닛)을 **0.5±0.05MPa**로 설정하시오.

나. 기본 동작
(1) PB1을 1회 ON-OFF하면 **변위 단계 선도(타이머 포함)**와 같이 1사이클 단속 동작되도록 전기 회로도를 설계하여 시스템을 구성하고 시험감독위원에게 확인받으시오.
  ㈎ 전기 배선은 +는 적색으로, -는 청색 또는 흑색으로 연결하고, 전선이 시스템 동작에 영향을 주지 않도록 정리하시오.
  ㈏ 지정되지 않은 누름 버튼 스위치는 자동 복귀형 스위치를 사용하시오.

다. 시스템 유지 보수
(1) 동작 확인 후 **유지 보수 계획**과 같이 시스템을 변경하고 시험감독위원에게 확인받으시오.

라. 정리 정돈
(1) 평가 종료 후 작업한 자리의 부품 정리, 공기압 호스 정리, 전선 정리 등 모든 상태를 초기 상태로 정리하시오.

2 수험자 유의사항

※ 다음의 유의사항을 고려하여 요구사항을 완성하시오.
※ 작업형 과제별 배점은 [공기압 시스템 설계 및 구성 30점, 유압 시스템 설계 및 구성 30점, 가스 절단 및 용접 40점]이며, 이외 세부항목 배점은 비공개입니다.

(1) 시험 시작 전 장비의 이상 유무를 확인합니다.
(2) 시험 중 반드시 시험감독위원의 지시에 따라야 하며, 시험감독위원의 지시가 없는 한 시험장을 임의로 이탈할 수 없습니다.
(3) 시험에 필요한 기기 이외의 부품이나 장비에 임의로 접촉하지 않도록 주의하시기 바랍니다.
(4) 공기압 호스의 제거는 공급 압력을 차단한 후 실시하시기 바랍니다.
(5) 전기 합선 시에는 즉시 전원공급 장치의 전원을 차단하시기 바랍니다.
(6) 실린더의 작동 부분에는 전선 및 호스가 접촉되지 않도록 주의하여야 합니다.
(7) "기본 동작 → 시스템 유지 보수" 순서대로 시험감독위원에게 평가받습니다. (단, 각 동작의 평가는 전원이 유지된 상태에서 2회 이상 시도하여 동일하게 정상 동작이 되어야 하며, 1회만 동작하고 정상적으로 재동작하지 않으면 인정하지 않습니다.)
(8) 평가 기회는 한 번만 부여되오니, 이점 유의하여 평가를 요청하시기 바랍니다. (단, 평가가 불명확하여 재확인이 필요한 경우 시험감독위원의 판단에 따라 다시 동작시킬 수 있습니다. 회로를 변경 또는 수정할 수 없고, 동작만 재시도합니다.)
(9) 평가 종료 후 정리 정돈 상태에 따라 감점될 수 있음을 유의하시기 바랍니다.
(10) 시험 중 작업복 및 안전보호구를 착용하여 안전수칙을 준수하여야 하며, 안전수칙 미준수로 인해 감점될 수 있음을 유의하시기 바랍니다. (단, 슬리퍼, 샌들 착용 등 복장이 작업에 부적합할 경우 응시가 불가능합니다.)
(11) 다음 사항은 실격에 해당하여 채점 대상에서 제외됩니다.
　㈎ 수험자 본인이 수험 도중 시험에 대한 기권 의사를 표현하는 경우
　㈏ 실기시험 과정 중 1개 과정이라도 불참한 경우
　㈐ 시설·장비의 조작 또는 재료의 취급이 미숙하여 위해를 일으킬 것으로 시험감독위원 전원이 합의하여 판단한 경우
　㈑ 기능이 해당 등급 수준에 전혀 도달하지 못한 것으로 시험감독위원이 판단할 경우
　㈒ 부정행위를 한 경우
　㈓ 시험시간 내에 작품을 제출하지 못한 경우
　㈔ 공기압 회로도와 다른 부품을 사용하거나 부품을 누락한 경우
　㈕ 기본 동작이 변위 단계 선도와 일치하지 않는 경우

국가기술자격 실기시험문제 ①

| 자격종목 | 설비보전산업기사 | 과제명 | 공기압 시스템 설계 및 구성 |

3 도면

가. 공기압 회로도

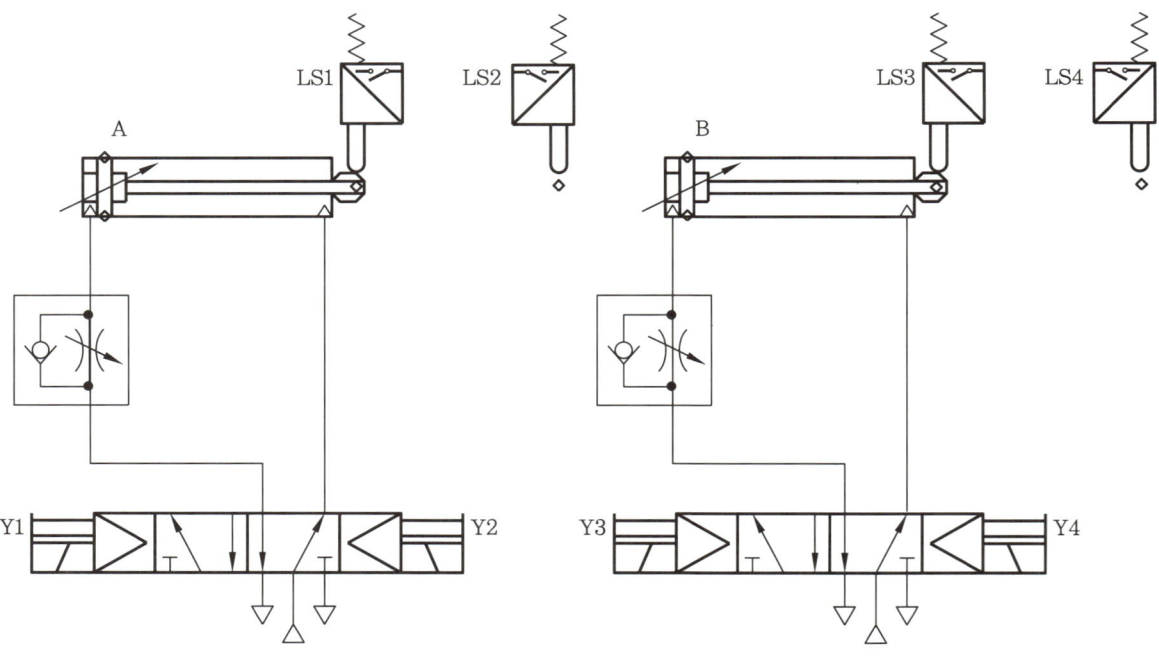

나. 변위 단계 선도

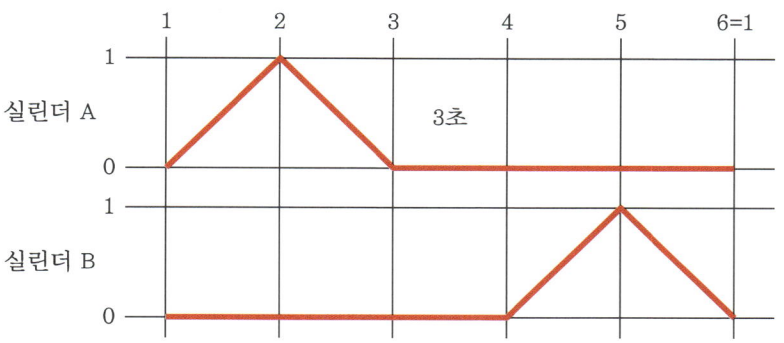

다. 유지 보수 계획

(1) 연속 스위치(PB2), 카운터 리셋 스위치(PB3), 램프를 추가하여 다음과 같이 동작하도록 회로를 변경하시오.

① PB2를 1회 ON-OFF하면, 기본 동작을 3회 연속 동작한 후 정지합니다.
② PB3를 1회 ON-OFF하면, 카운터가 리셋됩니다.
③ 카운터 리셋 후 PB2를 1회 ON-OFF하면, 연속 동작이 재동작합니다.
④ 연속 동작을 수행하는 동안 램프 1이 점등되고, 동작 완료 후 소등됩니다.

(2) 리밋 스위치 LS2는 정전 용량형 센서로, LS4는 유도형 센서로 교체한 후 변위 단계 선도와 같은 동작을 수행할 수 있도록 회로를 변경하시오.

풀이

기본 동작

(1) 전기 회로도

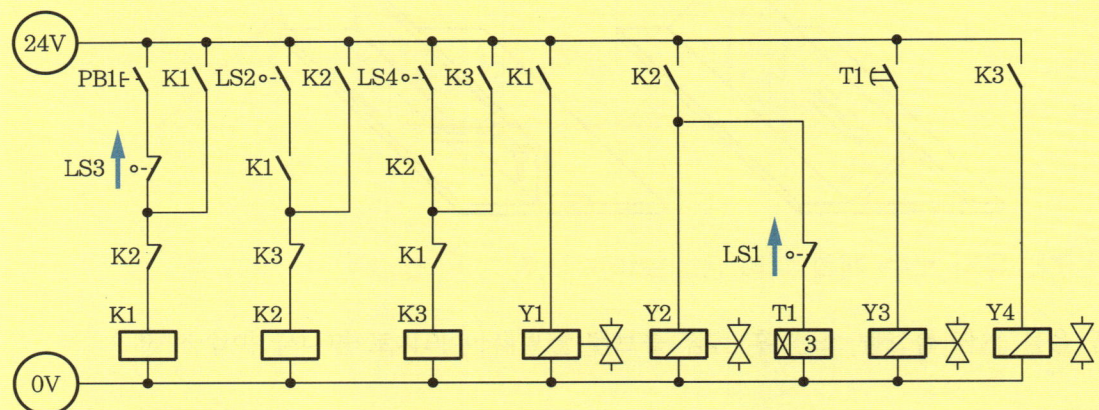

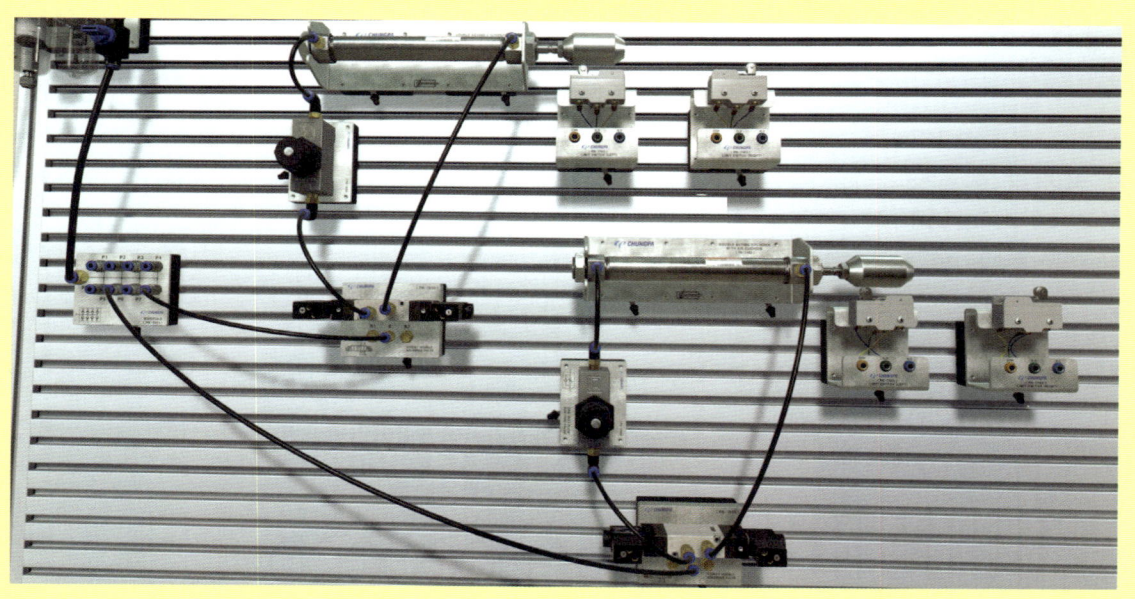

기본 동작 기기 수평 배치 및 배관

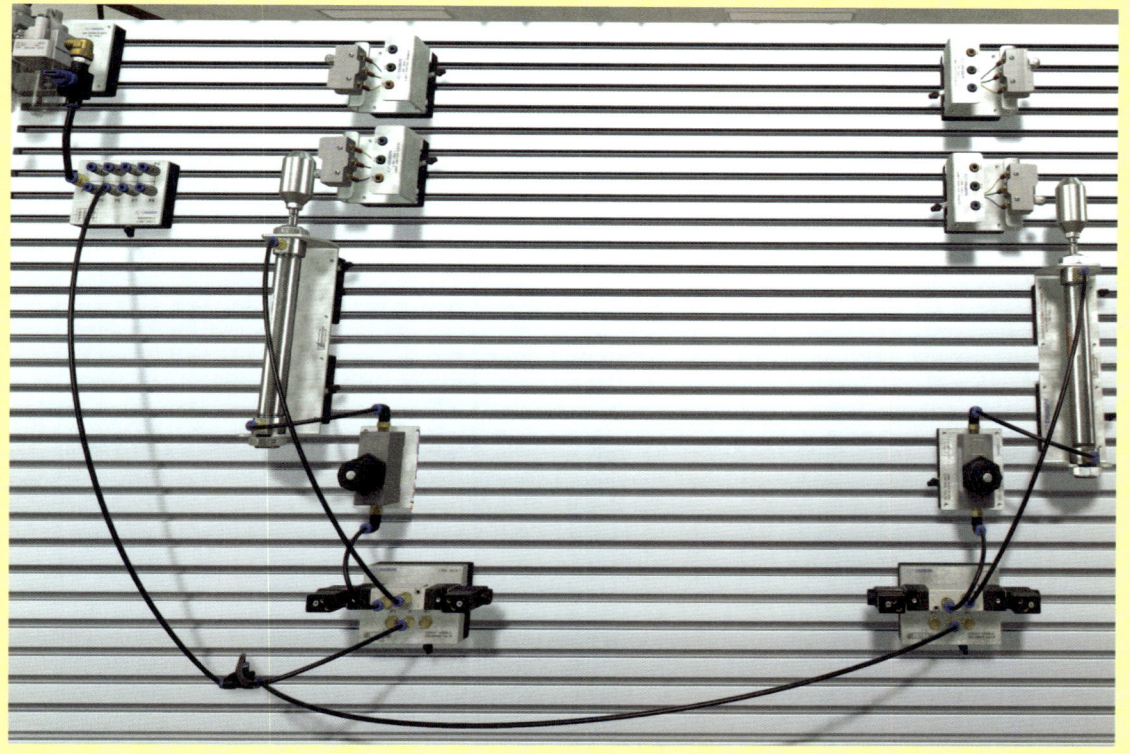

기본 동작 기기 수직 배치 및 배관

시스템 유지 보수

(1) 공기압 회로도

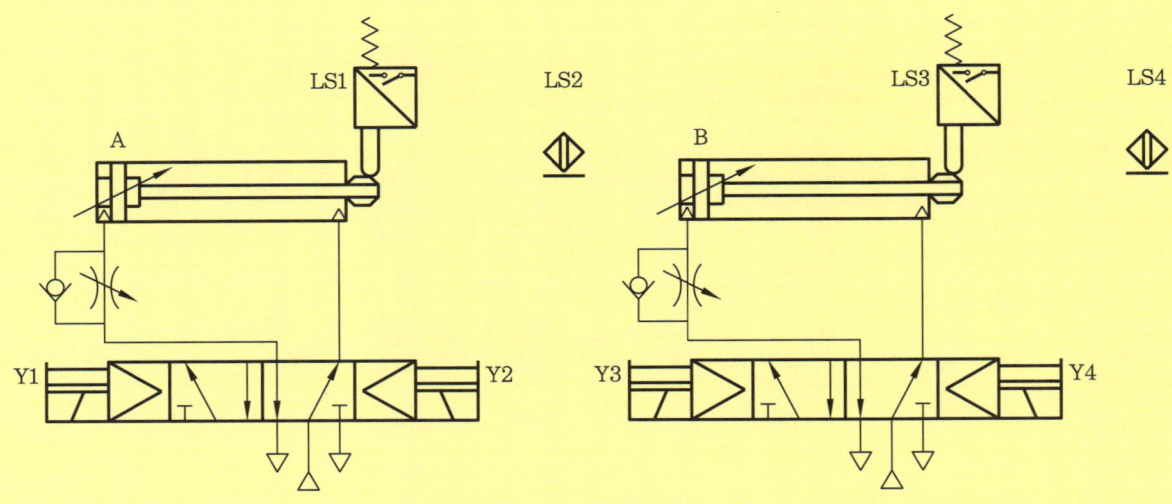

(2) 전기 회로도

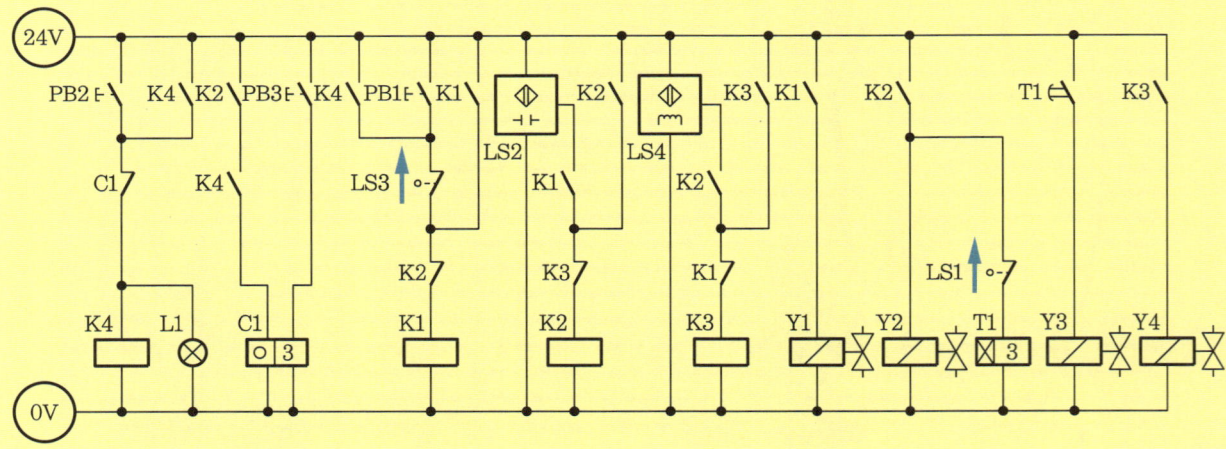

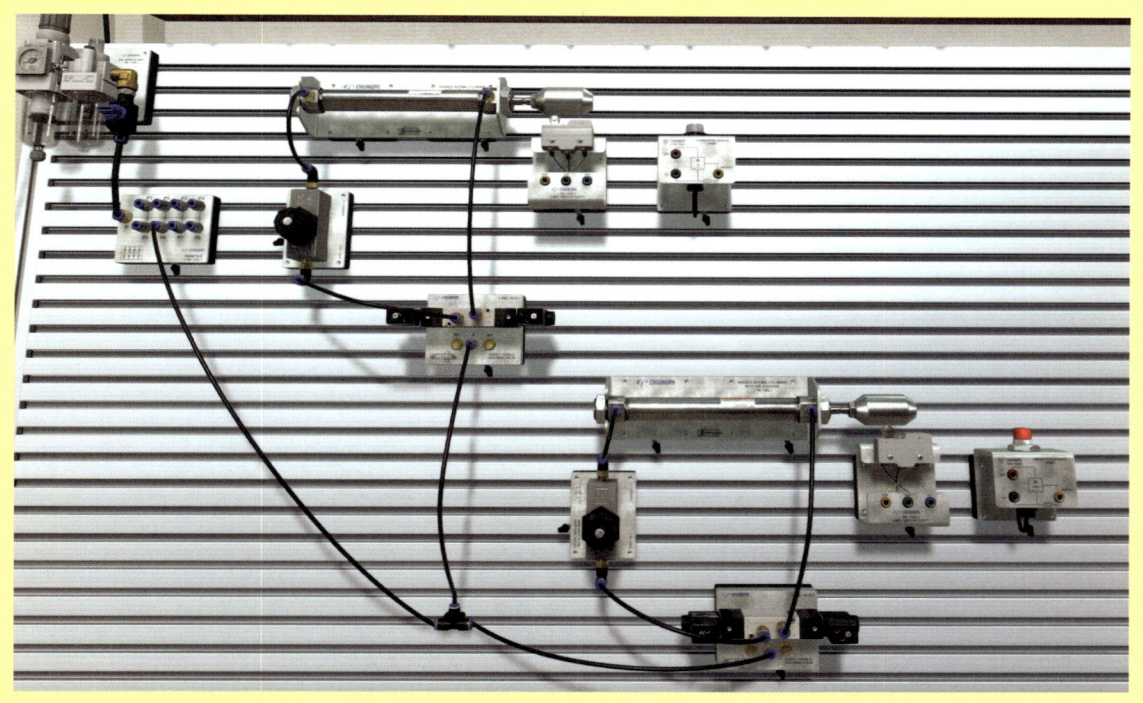

유지 보수 계획 기기 수평 배치 및 배관

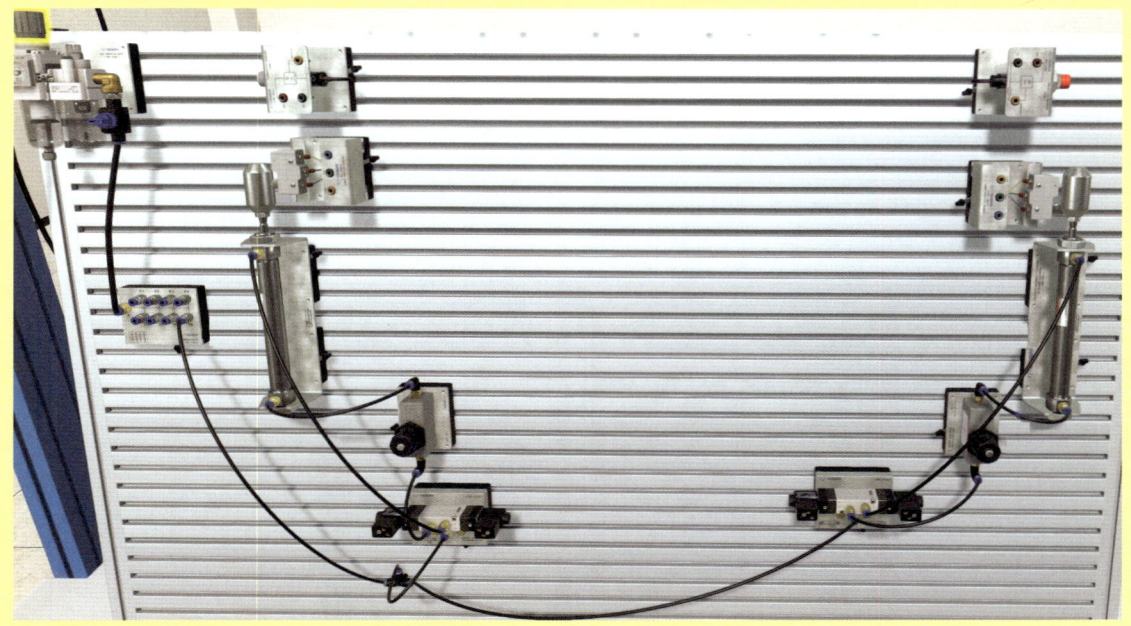

유지 보수 계획 기기 수직 배치 및 배관

작업 중 Key point

① 서비스 유닛의 공급 공기압은 500kPa(0.5MPa, 5bar)로 조정한 후 검사받기 전 반드시 확인한다.
② 실린더 도그나 로드에 공기압 호스 및 리드선이 접촉되지 않도록 한다.
③ 리밋 스위치 접점 기호는 우측 그림을 참고하여 배선한다.
④ 기본 동작에서 누름 버튼 스위치 PB1과 유지 보수 계획에서 PB2, PB3는 반드시 자기 복귀형을 선택하여야 한다. 단, 비상 스위치는 자기 유지형을 사용한다.
⑤ 기본 동작 구성 중 리밋 스위치의 방향을 반드시 확인하여야 한다.

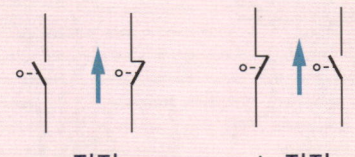

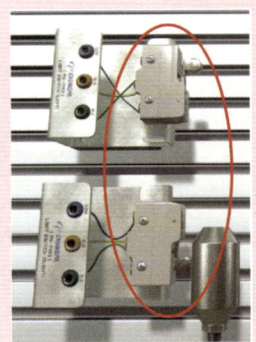

리밋 스위치의 방향

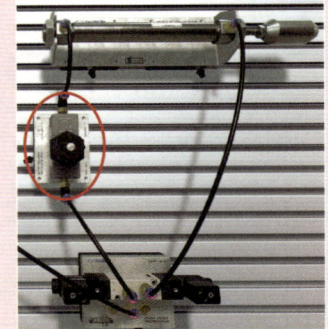

한 방향 유량 제어 밸브의 방향

⑥ 공기압을 공압 기기에 공급했을 때 공기의 누설이 없어야 한다.
⑦ 기본 동작 구성 중 미터 아웃 후진 제어용 한 방향 유량 제어 밸브의 방향을 반드시 확인하여야 한다. 방향이 잘못되었을 경우 실격될 수 있다.
⑧ 유지 보수 계획 작업 중 릴레이 코일 K2와 같이 릴레이 접점 수가 4개를 초과하면 다음과 같이 릴레이 확장을 한다.

국가기술자격 실기시험문제 ②

| 자격종목 | 설비보전산업기사 | 과제명 | 공기압 시스템 설계 및 구성 |

3 도면

가. 공기압 회로도

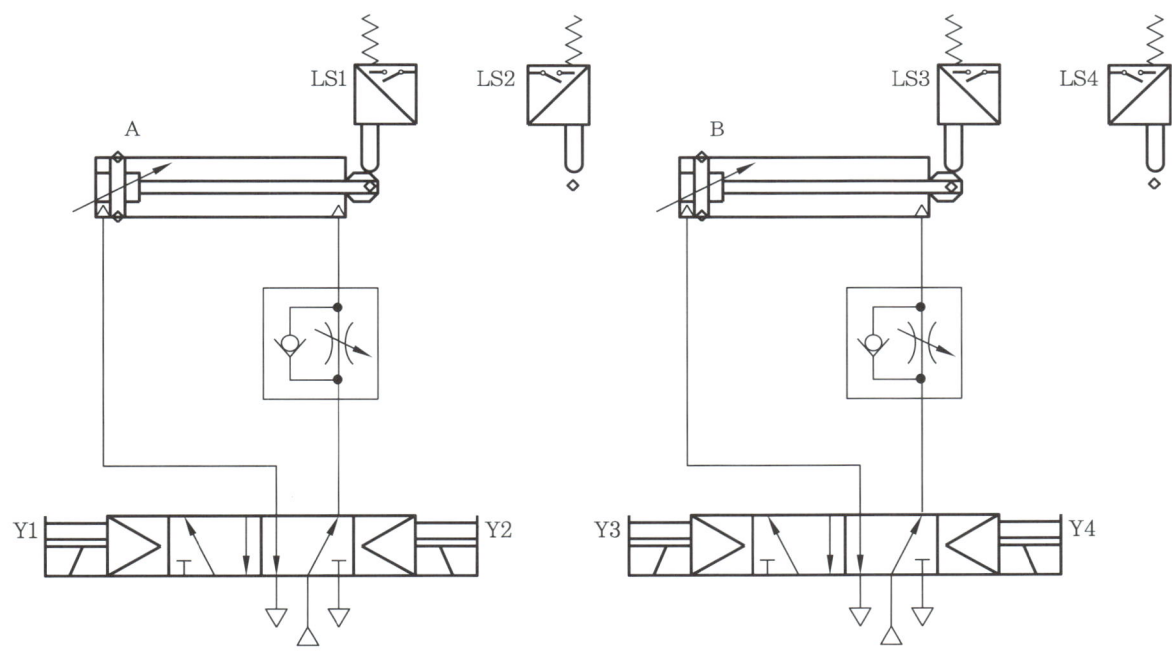

나. 변위 단계 선도

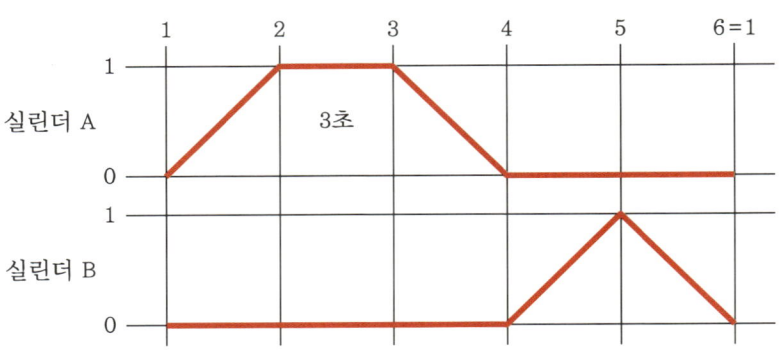

다. 유지 보수 계획

(1) 연속 스위치(PB2), 카운터 리셋 스위치(PB3), 램프를 추가하여 다음과 같이 동작하도록 회로를 변경하시오.
   ① PB2를 1회 ON-OFF하면, 기본 동작을 3회 연속 동작한 후 정지합니다.
   ② PB3를 1회 ON-OFF하면, 카운터가 리셋됩니다.
   ③ 카운터 리셋 후 PB2를 1회 ON-OFF하면, 연속 동작이 재동작합니다.
   ④ 연속 동작을 수행하는 동안 램프 1이 점등되고, 동작 완료 후 소등됩니다.

(2) 리밋 스위치 LS2는 정전 용량형 센서로, LS4는 유도형 센서로 교체한 후 변위 단계 선도와 같은 동작을 수행할 수 있도록 회로를 변경하시오.

기본 동작

(1) 전기 회로도

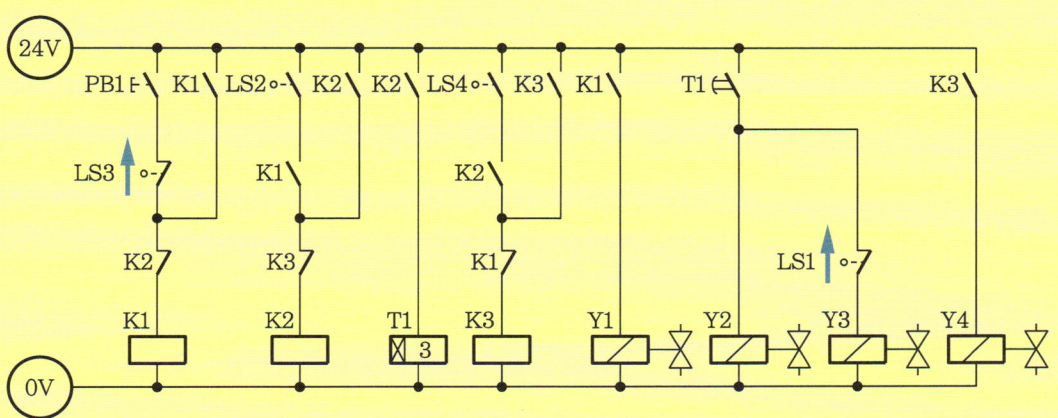

시스템 유지 보수

(1) 공기압 회로도

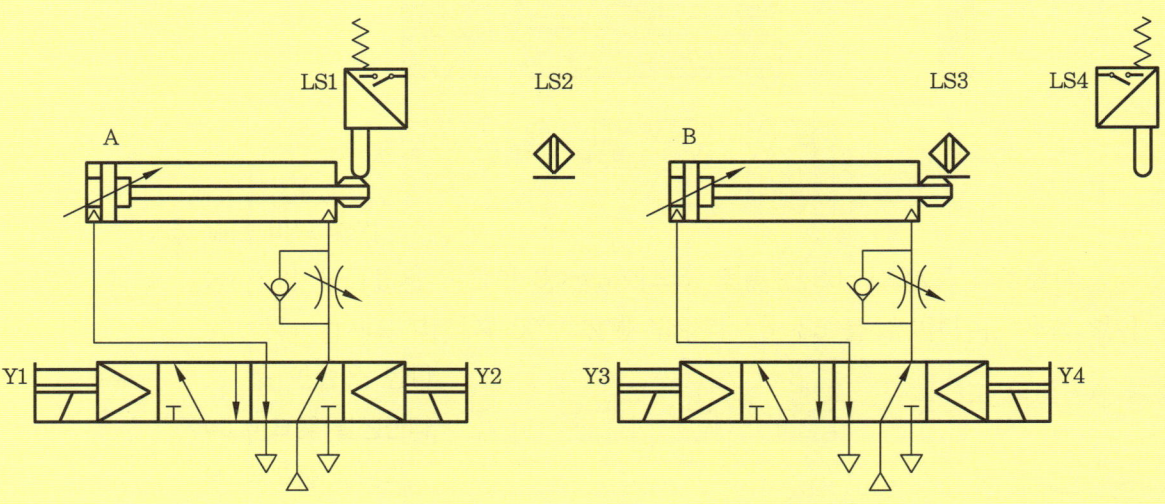

(2) 전기 회로도

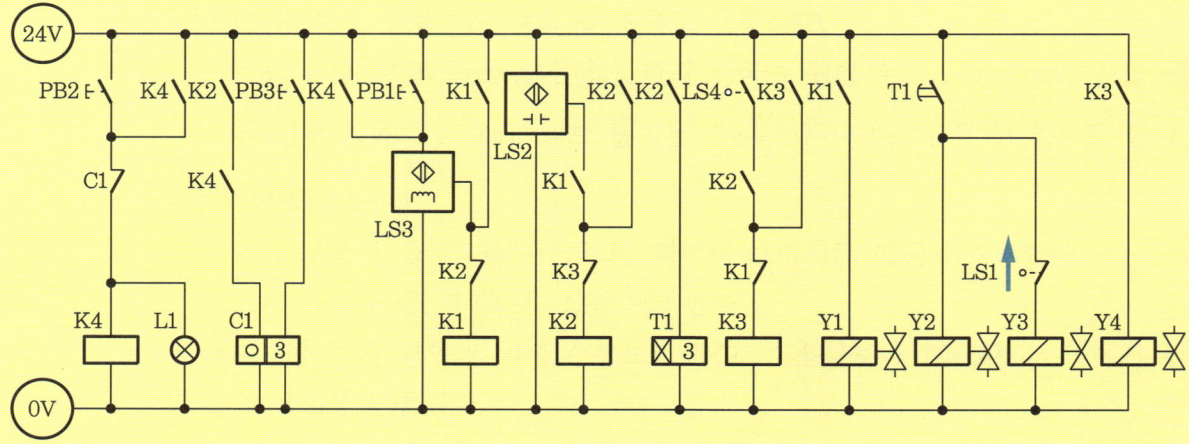

작업 중 Key point

① 서비스 유닛의 공급 공기압은 500kPa(0.5MPa, 5bar)로 조정한 후 검사받기 전 반드시 확인한다.
② 실린더 도그나 로드에 공기압 호스 및 리드선이 접촉되지 않도록 한다.
③ 리밋 스위치 접점 기호는 우측 그림을 참고하여 배선한다.
④ 기본 동작에서 누름 버튼 스위치 PB1과 유지 보수 계획에서 PB2, PB3는 반드시 자기 복귀형을 선택하여야 한다. 단, 비상 스위치는 자기 유지형을 사용한다.
⑤ 기본 동작 구성 중 리밋 스위치의 방향을 반드시 확인하여야 한다.

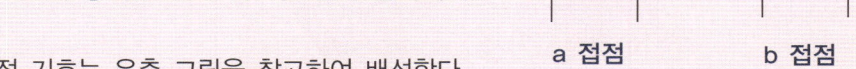
a 접점   b 접점

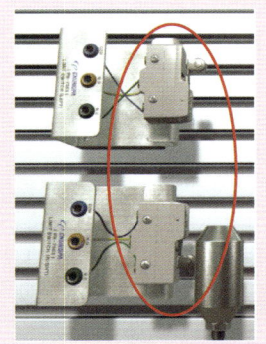 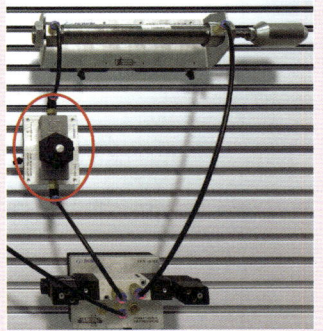

리밋 스위치의 방향   한 방향 유량 제어 밸브의 방향

⑥ 공기압을 공압 기기에 공급했을 때 공기의 누설이 없어야 한다.
⑦ 기본 동작 구성 중 미터 아웃 후진 제어용 한 방향 유량 제어 밸브의 방향을 반드시 확인하여야 한다. 방향이 잘못되었을 경우 실격될 수 있다.
⑧ 유지 보수 계획 작업 중 릴레이 코일 K2와 같이 릴레이 접점 수가 4개를 초과하면 다음과 같이 릴레이 확장을 한다.

국가기술자격 실기시험문제 ③

| 자격종목 | 설비보전산업기사 | 과제명 | 공기압 시스템 설계 및 구성 |

3 도면

가. 공기압 회로도

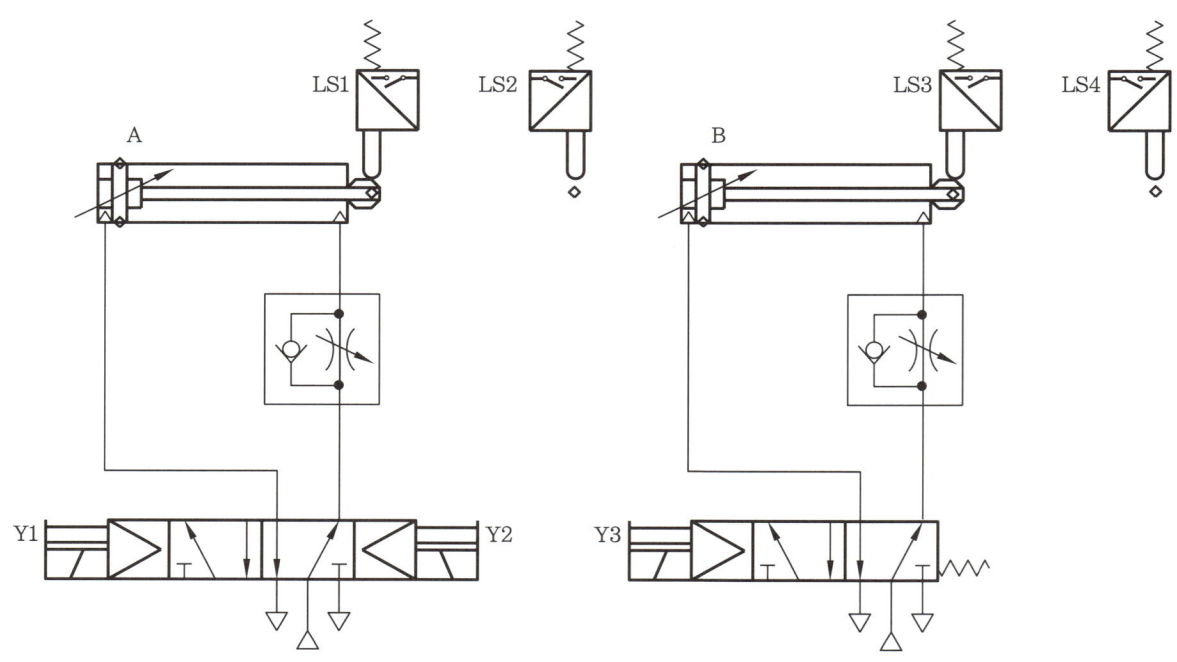

나. 변위 단계 선도

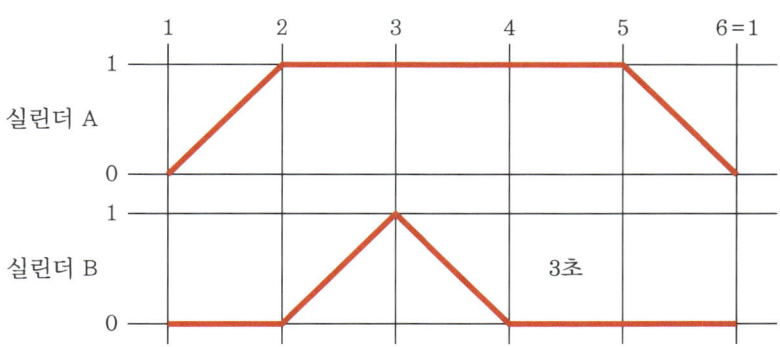

다. 유지 보수 계획

(1) 연속 스위치(PB2), 비상 정지 스위치(유지형 스위치 사용 가능), 램프를 추가하여 다음과 같이 동작하도록 회로를 변경하시오.
   ① PB2를 1회 ON-OFF하면, 기본 동작이 연속적으로 동작합니다
   ② 연속 동작 중 비상 정지 스위치를 ON하면, 모든 실린더는 후진하며 램프가 점등됩니다.
   ③ 비상 정지 스위치를 OFF하면, 램프는 소등되고 시스템은 초기화됩니다.
   ④ 초기화 후 PB2를 1회 ON-OFF하면, 연속 동작이 재동작합니다

(2) 리밋 스위치 LS1은 정전 용량형 센서로, LS4는 유도형 센서로 교체한 후 변위 단계 선도와 같은 동작을 수행할 수 있도록 회로를 변경하시오.

풀이

기본 동작

(1) 전기 회로도

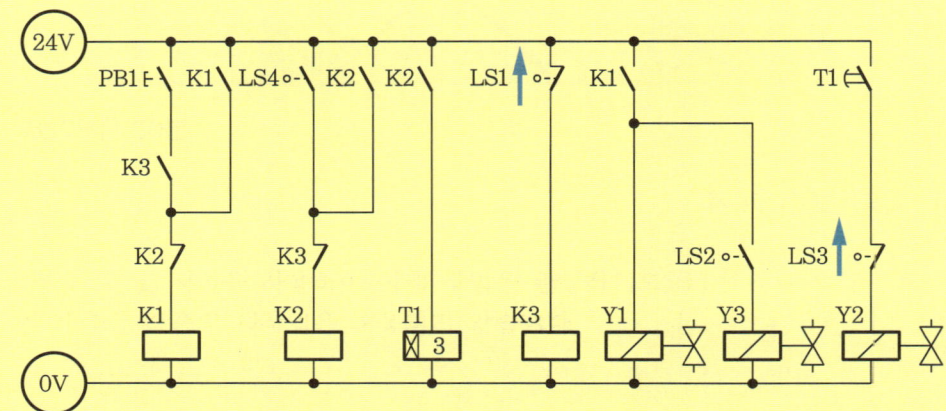

시스템 유지 보수

(1) 공기압 회로도

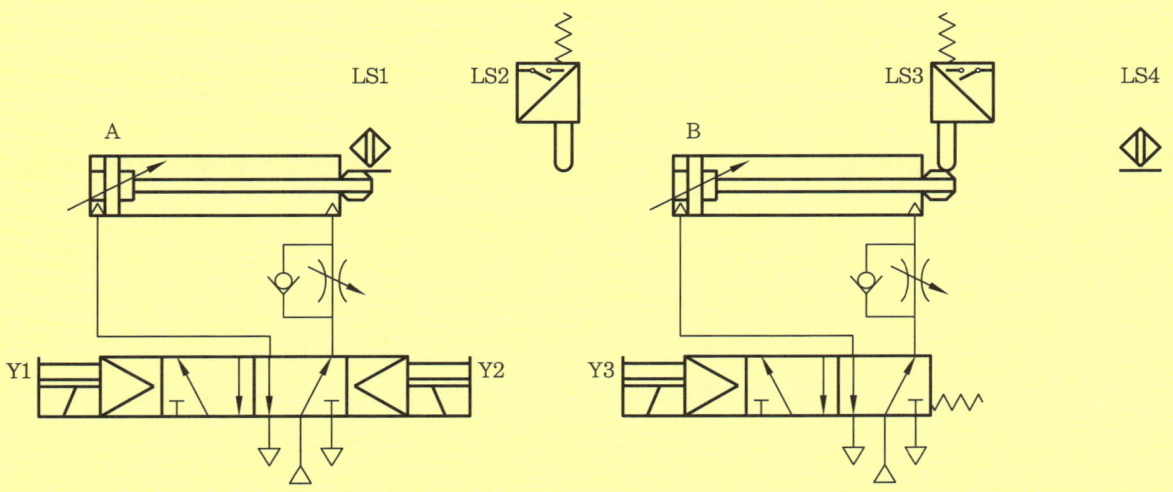

(2) 전기 회로도

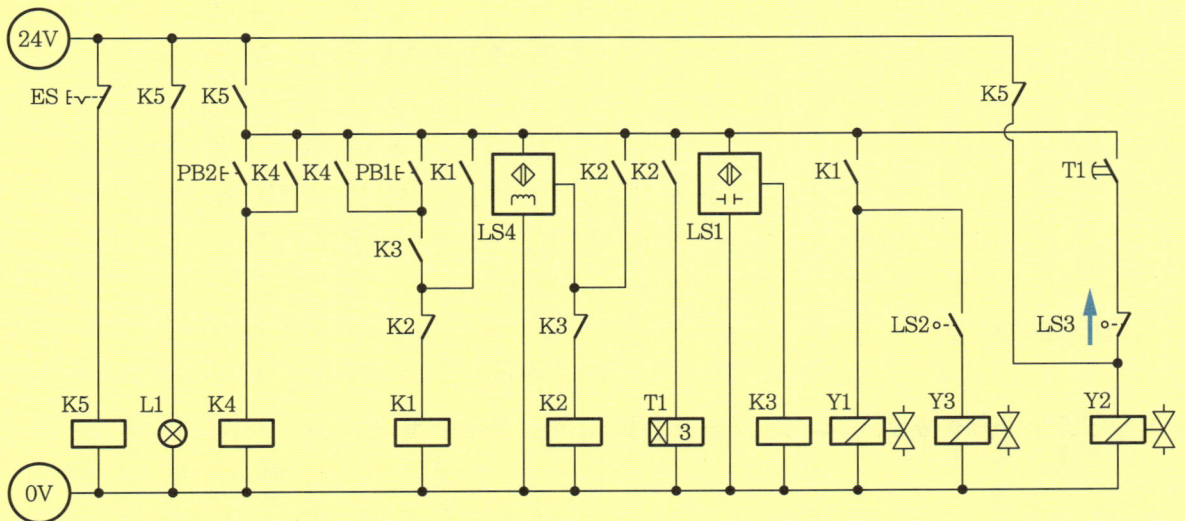

작업 중 Key point

① 서비스 유닛의 공급 공기압은 500kPa(0.5MPa, 5bar)로 조정한 후 검사받기 전 반드시 확인한다.
② 실린더 도그나 로드에 공기압 호스 및 리드선이 접촉되지 않도록 한다.
③ 리밋 스위치 접점 기호는 다음 그림을 참고하여 배선한다.

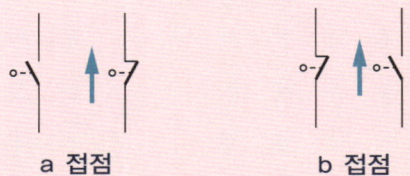

a 접점　　　　b 접점

④ 기본 동작에서 누름 버튼 스위치 PB1과 유지 보수 계획에서 PB2, PB3는 반드시 자기 복귀형을 선택하여야 한다. 단, 비상 스위치는 자기 유지형을 사용한다.
⑤ 기본 동작 구성 중 리밋 스위치의 방향을 반드시 확인하여야 한다.

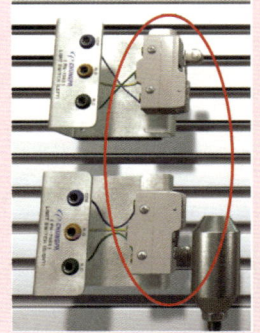　　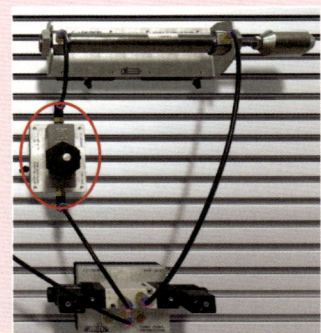

리밋 스위치의 방향　　　　한 방향 유량 제어 밸브의 방향

⑥ 공기압을 공압 기기에 공급했을 때 공기의 누설이 없어야 한다.
⑦ 기본 동작 구성 중 미터 아웃 후진 제어용 한 방향 유량 제어 밸브의 방향을 반드시 확인하여야 한다. 방향이 잘못되었을 경우 실격될 수 있다.
⑧ 타이머 모듈의 주 제어선은 반드시 전원 공급기에서 전원을 공급해 주어야 한다. 그 이유는 비상 정지가 되더라도 타이머의 전원은 공급이 되어야 하기 때문이다.

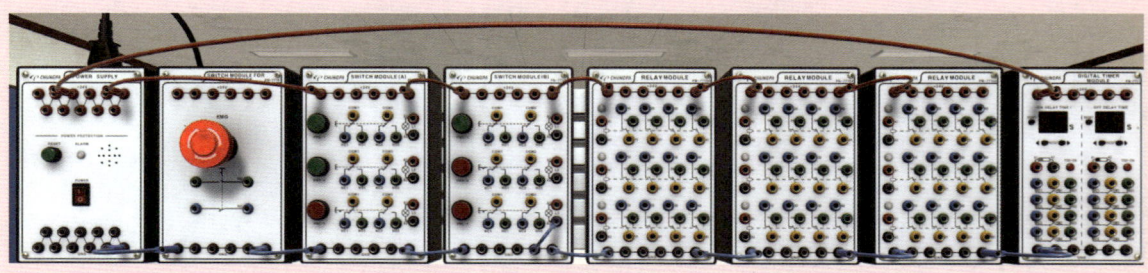

⑨ 유지 보수 계획에서 비상 스위치는 비상 스위치 모듈의 b 접점을 사용하거나, 누름 버튼 스위치 모듈 중 세 번째에 있는 자기 유지형 스위치의 b 접점을 사용한다.

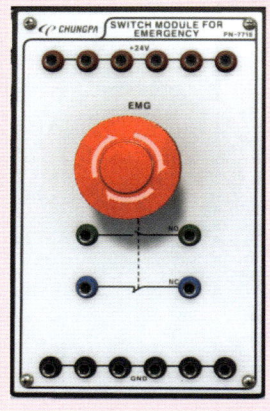

비상 스위치

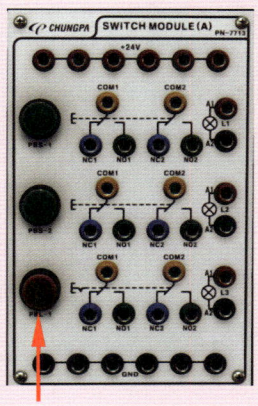

누름 버튼 스위치

⑩ 유지 보수 계획 작업 중 연속 운전과 비상 정지 및 램프 제어의 회로도를 실제로 배선할 때를 참고한다.

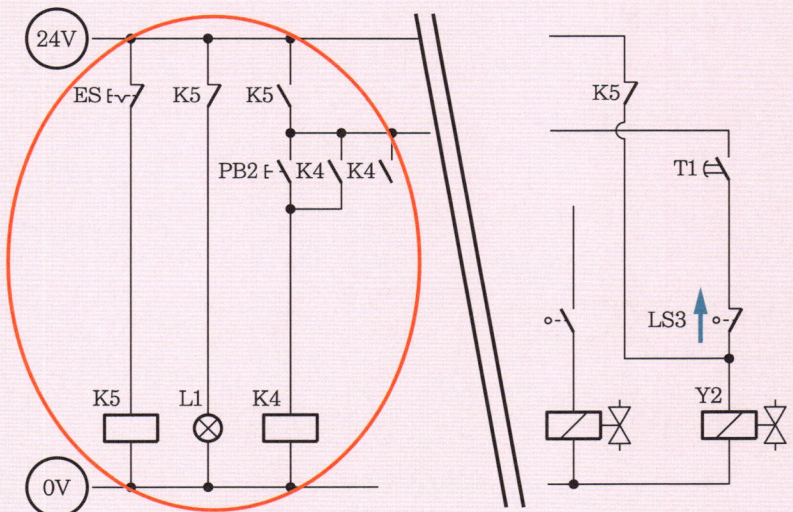

연속 운전, 비상 정지, 램프 제어 회로도

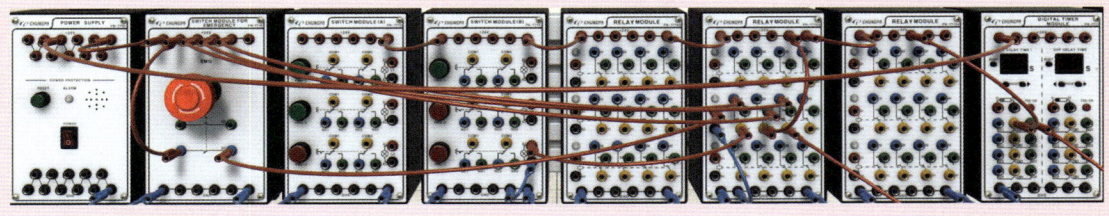

국가기술자격 실기시험문제 ④

| 자격종목 | 설비보전산업기사 | 과제명 | 공기압 시스템 설계 및 구성 |

3 도면

가. 공기압 회로도

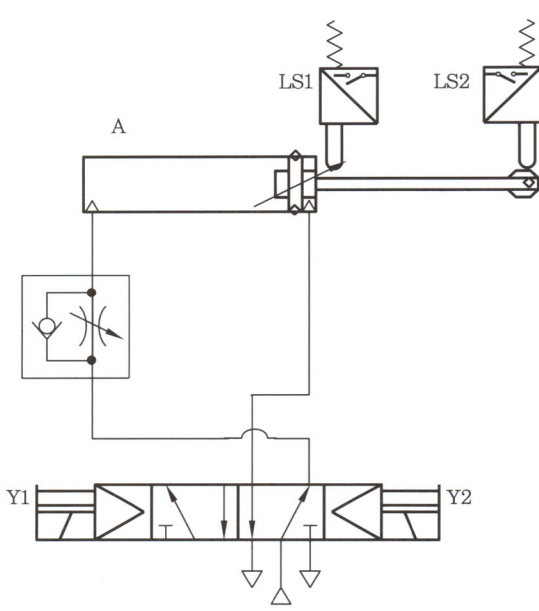
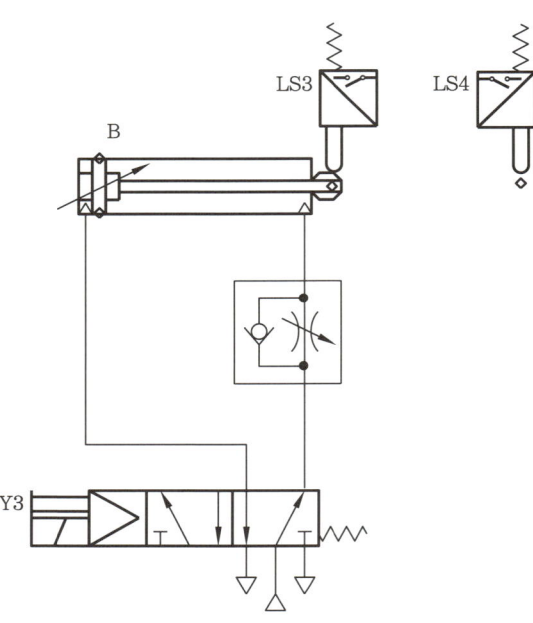

나. 변위 단계 선도

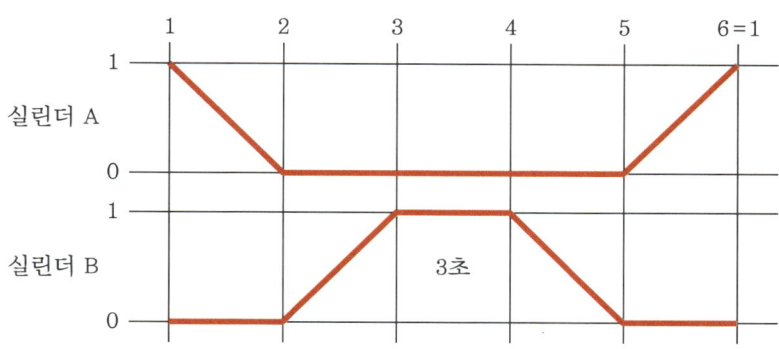

다. 유지 보수 계획

(1) 연속 스위치(PB2), 카운터 리셋 스위치(PB3), 램프를 추가하여 다음과 같이 동작하도록 회로를 변경하시오.

① PB2를 1회 ON-OFF하면, 기본 동작을 3회 연속 동작한 후 정지합니다.

② PB3를 1회 ON-OFF하면, 카운터가 리셋됩니다.

③ 카운터 리셋 후 PB2를 1회 ON-OFF하면, 연속 동작이 재동작합니다.

④ 연속 동작을 수행하는 동안 램프 1이 점등되고, 동작 완료 후 소등됩니다.

(2) 리밋 스위치 LS2는 정전 용량형 센서로, LS3는 유도형 센서로 교체한 후 변위 단계 선도와 같은 동작을 수행할 수 있도록 회로를 변경하시오.

풀이

기본 동작

(1) 전기 회로도

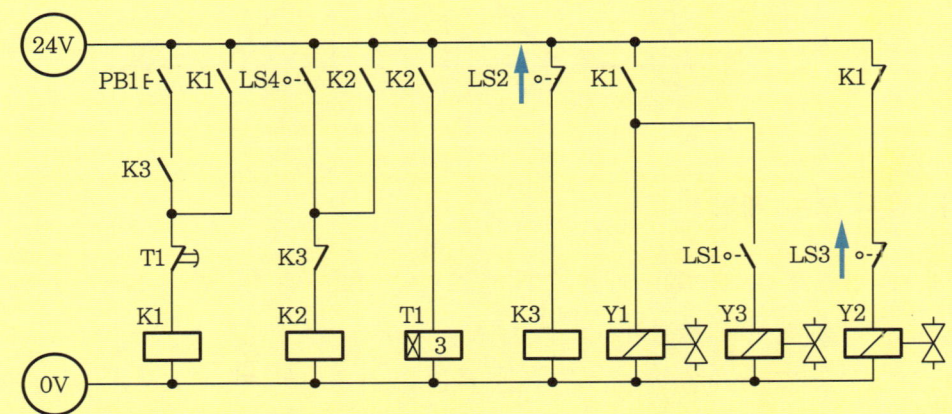

시스템 유지 보수

(1) 공기압 회로도

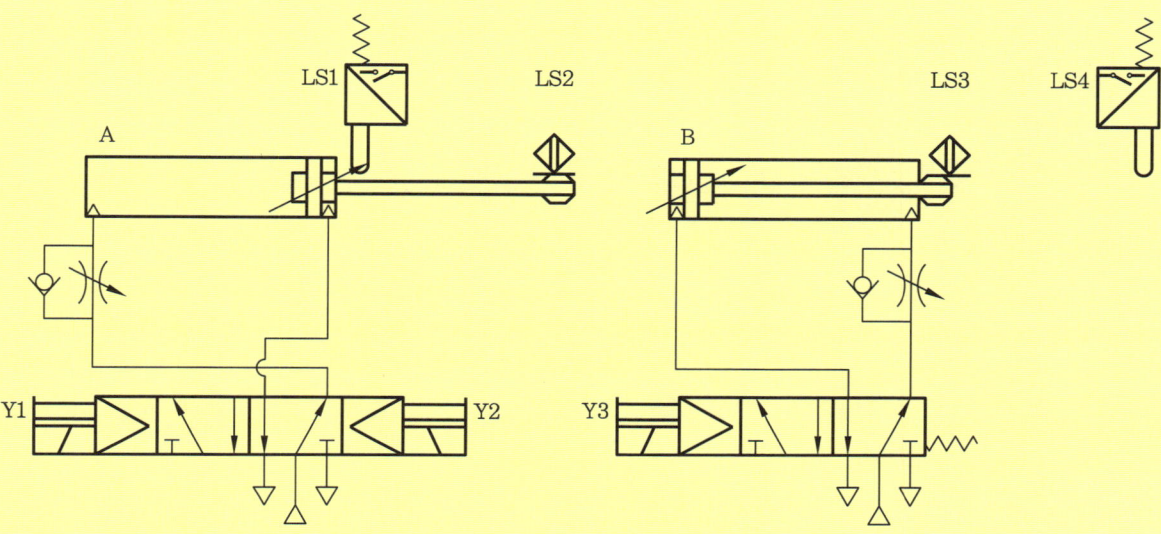

(2) 전기 회로도

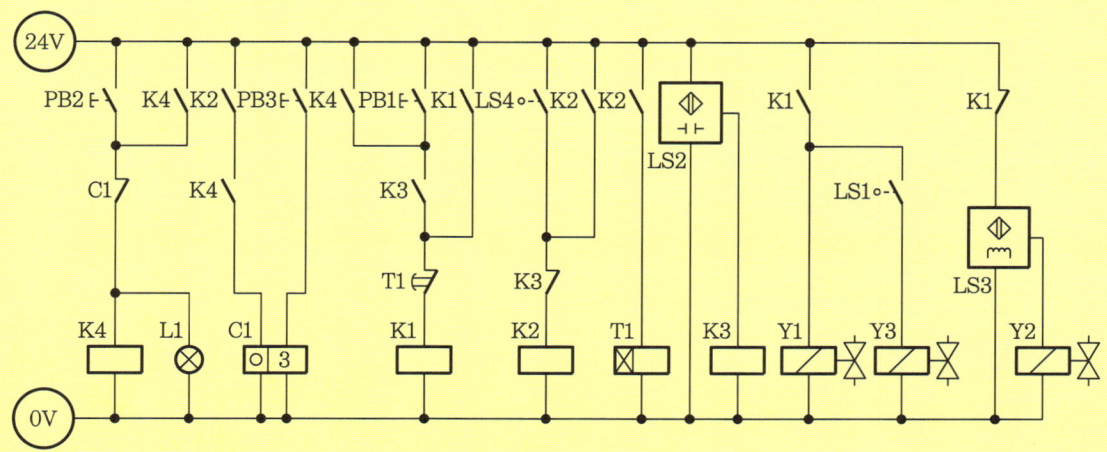

작업 중 Key point

① 서비스 유닛의 공급 공기압은 500kPa(0.5MPa, 5bar)로 조정한 후 검사받기 전 반드시 확인한다.

② 실린더 도그나 로드에 공기압 호스 및 리드선이 접촉되지 않도록 한다.

③ 리밋 스위치 접점 기호는 다음 그림을 참고하여 배선한다.

a 접점   b 접점

④ 기본 동작에서 누름 버튼 스위치 PB1과 유지 보수 계획에서 PB2, PB3는 반드시 자기 복귀형을 선택하여야 한다. 단, 비상 스위치는 자기 유지형을 사용한다.

⑤ 기본 동작 구성 중 리밋 스위치의 방향을 반드시 확인하여야 한다.

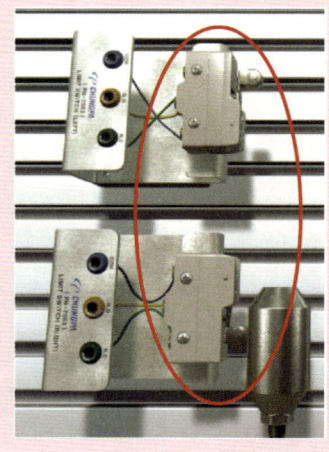 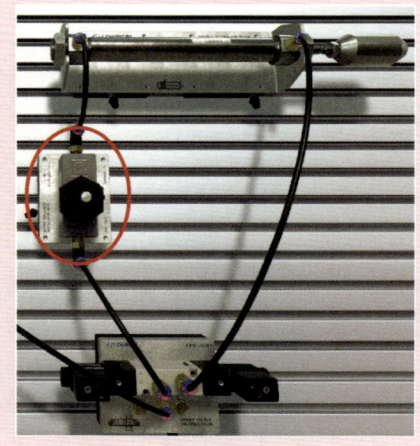

리밋 스위치의 방향   한 방향 유량 제어 밸브의 방향

⑥ 공기압을 공압 기기에 공급했을 때 공기의 누설이 없어야 한다.

⑦ 기본 동작 구성 중 미터 아웃 후진 제어용 한 방향 유량 제어 밸브의 방향을 반드시 확인하여야 한다. 방향이 잘못되었을 경우 실격될 수 있다.

⑧ 실린더 A가 초기에 전진 상태가 되기 위해서는 실린더 A의 피스톤 헤드측 포트에 솔레노이드 밸브 B를, 피스톤 로드 측에 솔레노이드 밸브 A를 배관하여야 한다.

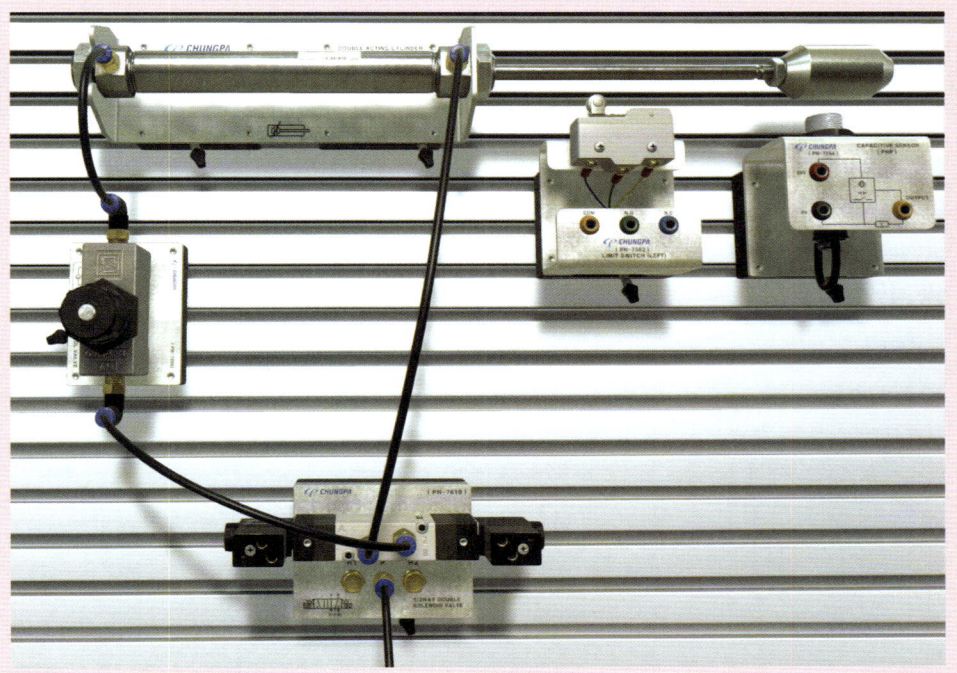

실린더 초기 전진 상태

⑨ 타이머의 접점은 b 접점이다.

국가기술자격 실기시험문제 ⑤

| 자격종목 | 설비보전산업기사 | 과제명 | 공기압 시스템 설계 및 구성 |

3 도면

가. 공기압 회로도

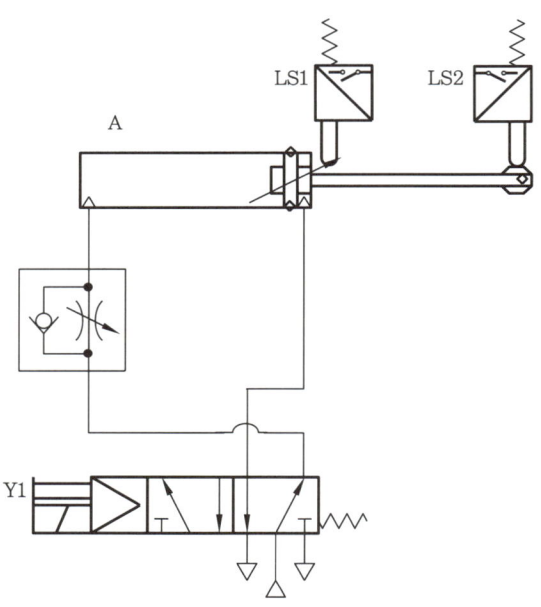
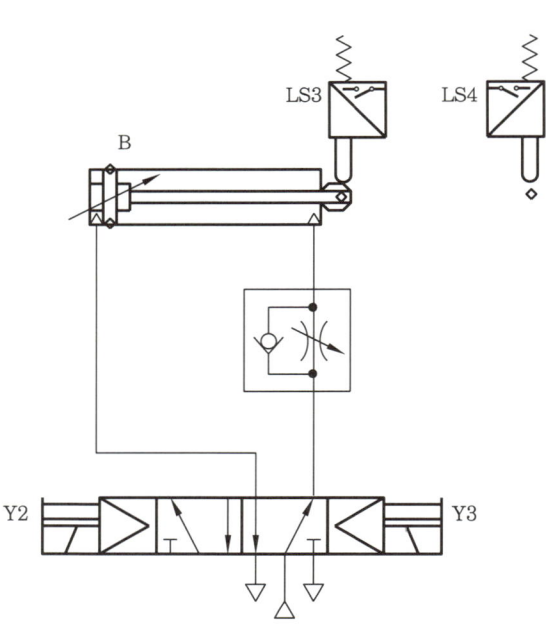

나. 변위 단계 선도

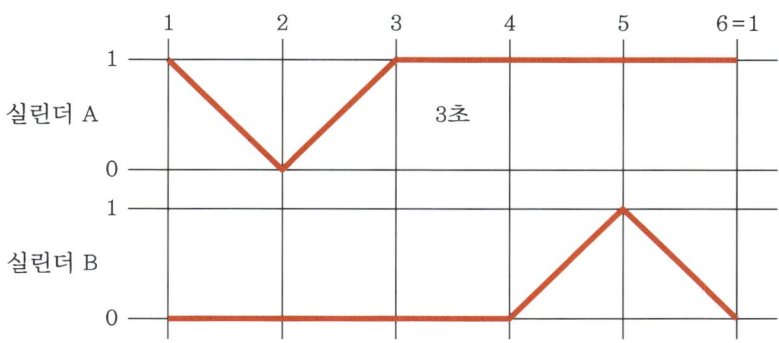

다. 유지 보수 계획

(1) 연속 스위치(PB2), 카운터 리셋 스위치(PB3), 램프를 추가하여 다음과 같이 동작하도록 회로를 변경하시오.

① PB2를 1회 ON-OFF하면, 기본 동작을 3회 연속 동작한 후 정지합니다.

② PB3를 1회 ON-OFF하면, 카운터가 리셋됩니다.

③ 카운터 리셋 후 PB2를 1회 ON-OFF하면, 연속 동작이 재동작합니다.

④ 연속 동작을 수행하는 동안 램프 1이 점등되고, 동작 완료 후 소등됩니다.

(2) 실린더 A의 방향 제어 밸브를 양측 솔레노이드 밸브로 교체한 후 변위 단계 선도와 같은 동작을 수행할 수 있도록 회로를 변경하시오.

풀이

기본 동작

(1) 전기 회로도

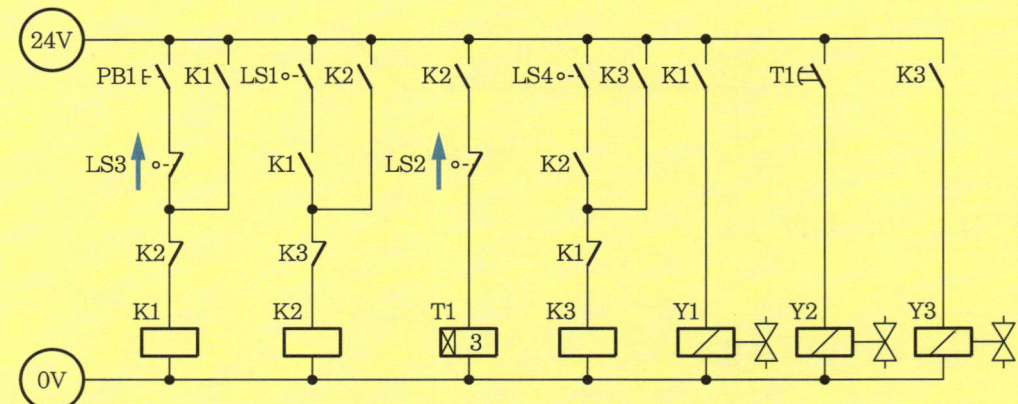

시스템 유지 보수

(1) 공기압 회로도

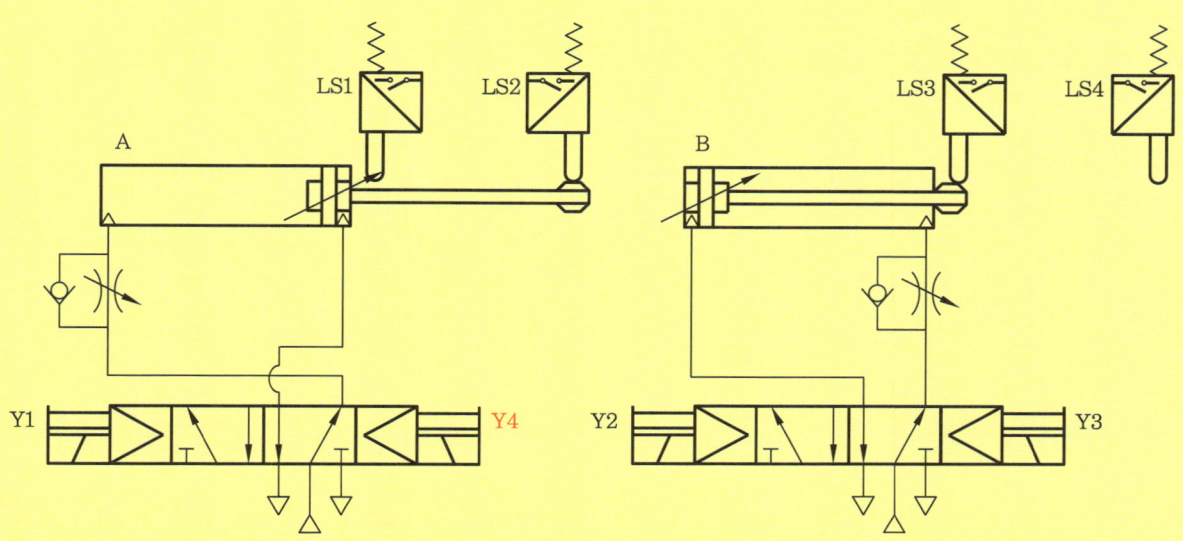

(2) 전기 회로도

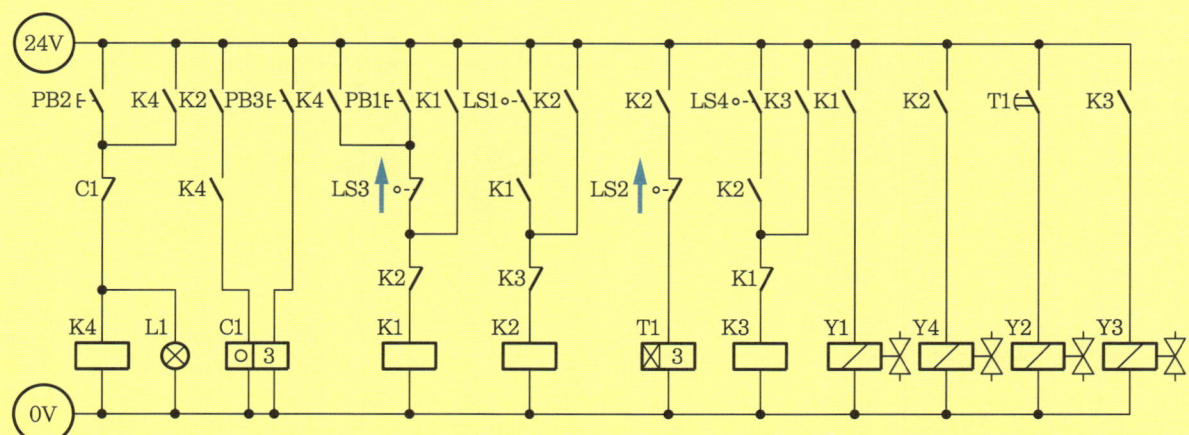

작업 중 Key point

① 서비스 유닛의 공급 공기압은 500kPa(0.5MPa, 5bar)로 조정한 후 검사받기 전 반드시 확인한다.

② 실린더 도그나 로드에 공기압 호스 및 리드선이 접촉되지 않도록 한다.

③ 리밋 스위치 접점 기호는 다음 그림을 참고하여 배선한다.

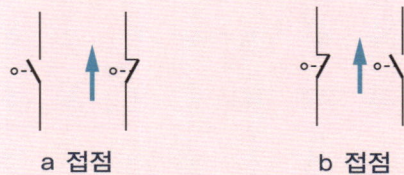

a 접점   b 접점

④ 기본 동작에서 누름 버튼 스위치 PB1과 유지 보수 계획에서 PB2, PB3는 반드시 자기 복귀형을 선택하여야 한다. 단, 비상 스위치는 자기 유지형을 사용한다.

⑤ 기본 동작 구성 중 리밋 스위치의 방향을 반드시 확인하여야 한다.

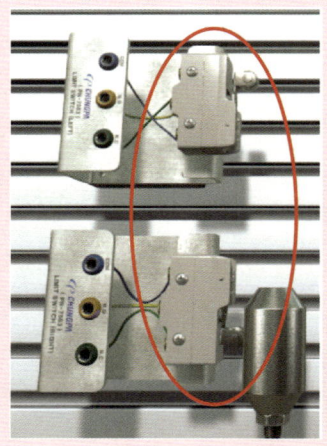 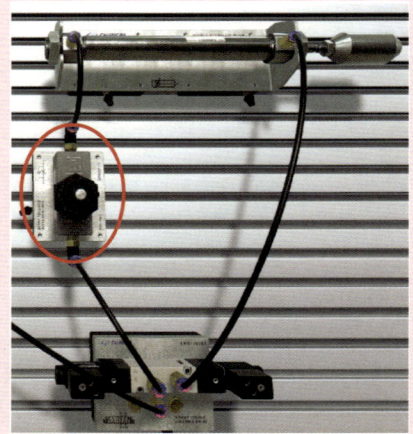

리밋 스위치의 방향   한 방향 유량 제어 밸브의 방향

⑥ 공기압을 공압 기기에 공급했을 때 공기의 누설이 없어야 한다.

⑦ 기본 동작 구성 중 미터 아웃 후진 제어용 한 방향 유량 제어 밸브의 방향을 반드시 확인하여야 한다. 방향이 잘못되었을 경우 실격될 수 있다.

⑧ 실린더 A가 초기에 전진 상태가 되기 위해서는 실린더 A의 피스톤 헤드측 포트에 솔레노이드 밸브 B를, 피스톤 로드측에 솔레노이드 밸브 A를 배관하여야 한다.

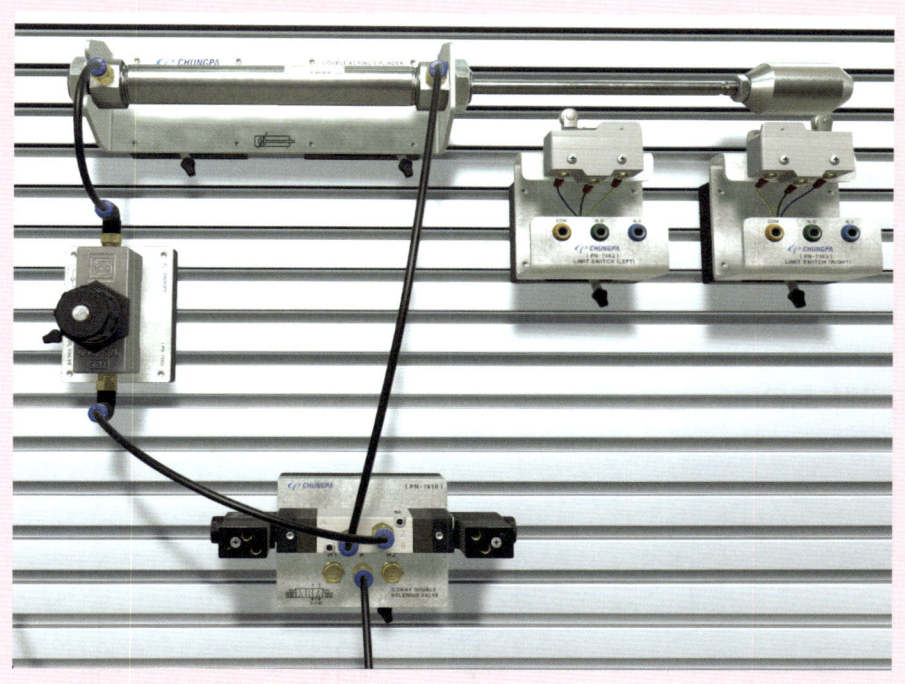

실린더 초기 전진 상태

⑨ 유지 보수 계획 작업 중 솔레노이드 밸브 Y4의 기호를 확인하고 배선해야 한다.

⑩ 유지 보수 계획 작업 중 릴레이 코일 K2와 같이 릴레이 접점 수가 4개를 초과하면 다음과 같이 릴레이 확장을 한다

국가기술자격 실기시험문제 ⑥

| 자격종목 | 설비보전산업기사 | 과제명 | 공기압 시스템 설계 및 구성 |

3 도면

가. 공기압 회로도

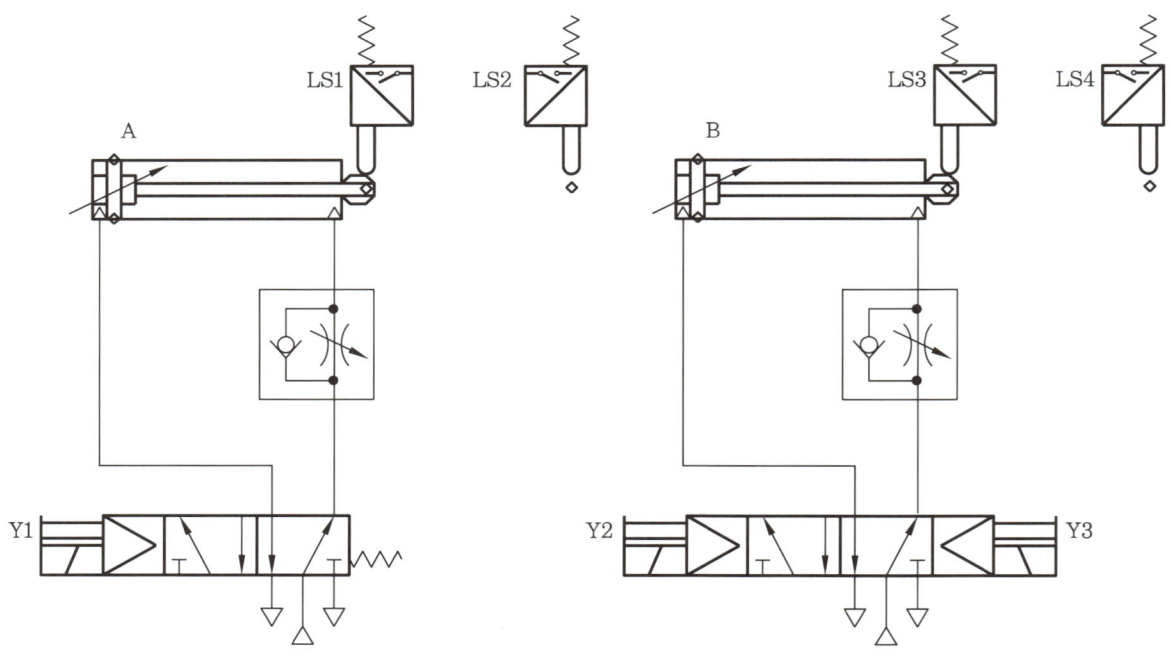

나. 변위 단계 선도

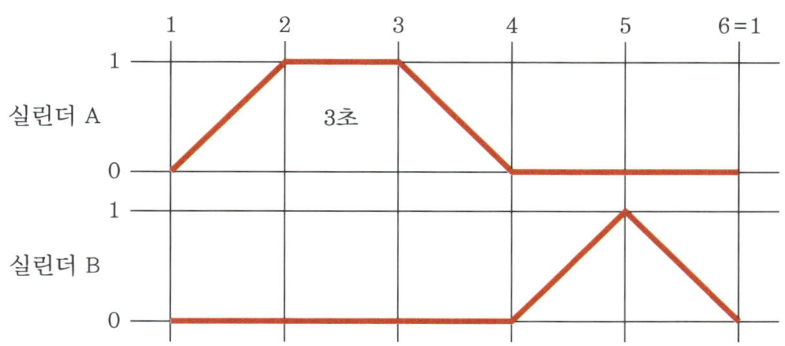

다. 유지 보수 계획

(1) 연속 스위치(PB2), 비상 정지 스위치(유지형 스위치 사용 가능), 램프를 추가하여 다음과 같이 동작하도록 회로를 변경하시오.

① PB2를 1회 ON-OFF하면, 기본 동작이 연속적으로 동작합니다.

② 연속 동작 중 비상 정지 스위치를 ON하면, 모든 실린더는 후진하며 램프가 점등됩니다.

③ 비상 정지 스위치를 OFF하면, 램프는 소등되고 시스템은 초기화됩니다.

④ 초기화 후 PB2를 1회 ON-OFF하면, 연속 동작이 재동작합니다.

(2) 실린더 A의 방향 제어 밸브를 양측 솔레노이드 밸브로 교체한 후 변위 단계 선도와 같은 동작을 수행할 수 있도록 회로를 변경하시오.

풀이

기본 동작

(1) 전기 회로도

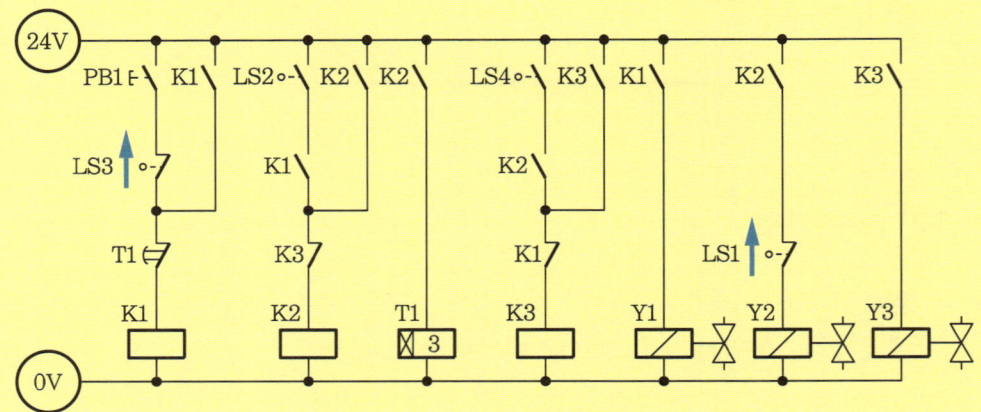

시스템 유지 보수

(1) 공기압 회로도

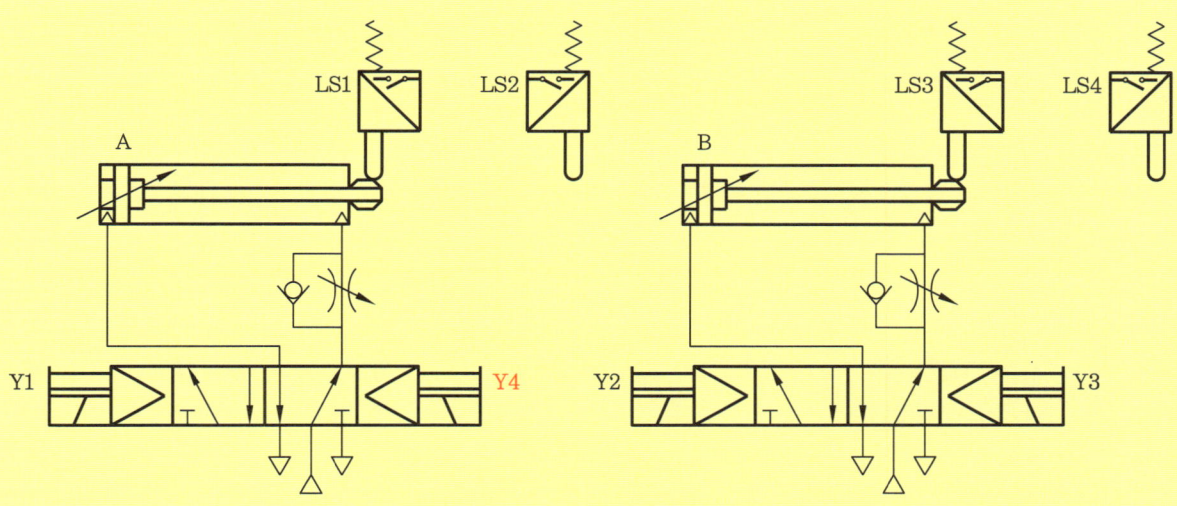

(2) 전기 회로도

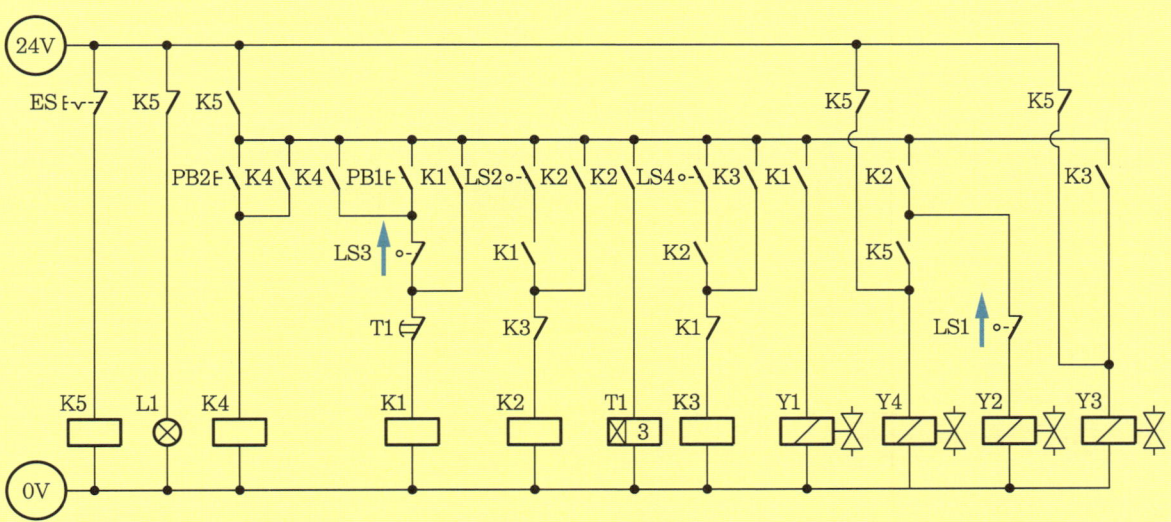

작업 중 Key point

① 서비스 유닛의 공급 공기압은 500kPa(0.5MPa, 5bar)로 조정한 후 검사받기 전 반드시 확인한다.

② 실린더 도그나 로드에 공기압 호스 및 리드선이 접촉되지 않도록 한다.

③ 리밋 스위치 접점 기호는 다음 그림을 참고하여 배선한다.

        a 접점   b 접점

④ 기본 동작에서 누름 버튼 스위치 PB1과 유지 보수 계획에서 PB2, PB3는 반드시 자기 복귀형을 선택하여야 한다. 단, 비상 스위치는 자기 유지형을 사용한다.

⑤ 기본 동작 구성 중 리밋 스위치의 방향을 반드시 확인하여야 한다.

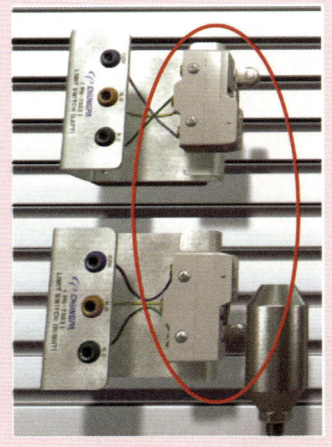
리밋 스위치의 방향

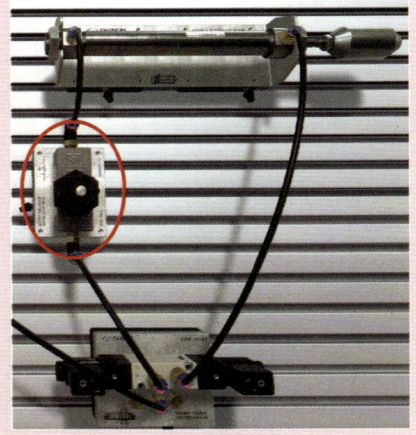
한 방향 유량 제어 밸브의 방향

⑥ 공기압을 공압 기기에 공급했을 때 공기의 누설이 없어야 한다.

⑦ 기본 동작 구성 중 미터 아웃 후진 제어용 한 방향 유량 제어 밸브의 방향을 반드시 확인하여야 한다. 방향이 잘못되었을 경우 실격될 수 있다.

⑧ 타이머 모듈의 주 제어선은 반드시 전원 공급기에서 전원을 공급해 주어야 한다. 그 이유는 비상 정지가 되더라도 타이머의 전원은 공급이 되어야 하기 때문이다.

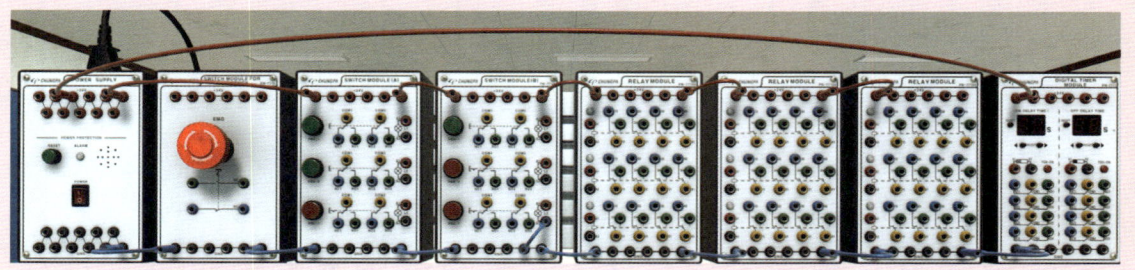

⑨ 유지 보수 계획 작업 중 솔레노이드 밸브 Y4의 기호를 확인하고 배선해야 한다.

⑩ 유지 보수 계획 작업 중 전기 회로도 16열 릴레이 K5 a 접점을 누락시키면 오동작이 발생 되므로 반드시 구성한다.

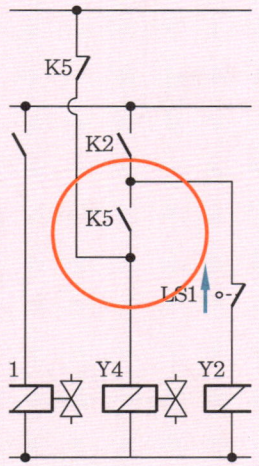

⑪ 유지 보수 계획 작업 중 릴레이 코일 K5는 릴레이 접점 수가 4개를 초과하므로 다음과 같 이 릴레이 확장을 한다.

⑫ 유지 보수 계획에서 비상 스위치는 비상 스위치 모듈의 b 접점을 사용하거나, 누름 버튼 스위치 모듈 중 세 번째에 있는 자기 유지형 스위치의 b 접점을 사용한다.

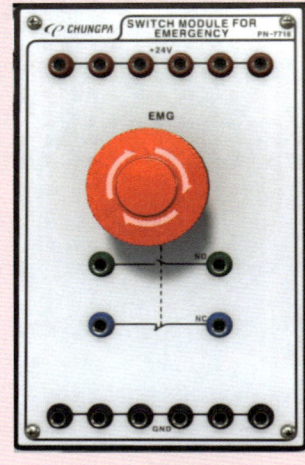
비상 스위치

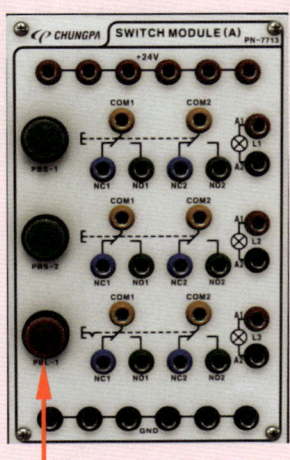
누름 버튼 스위치

⑬ 유지 보수 계획 작업 중 연속 운전과 비상 정지 및 램프 제어의 회로도를 실제로 배선할 때를 참고한다.

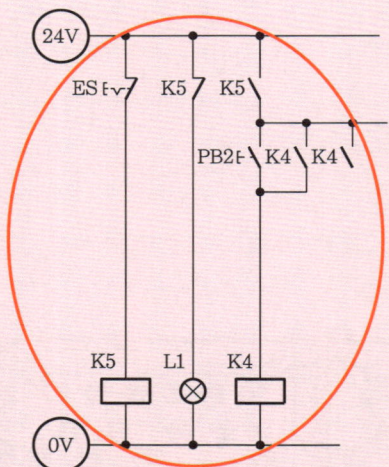
연속 운전, 비상 정지, 램프 제어 회로도

국가기술자격 실기시험문제 ⑦

| 자격종목 | 설비보전산업기사 | 과제명 | 공기압 시스템 설계 및 구성 |

3 도면

가. 공기압 회로도

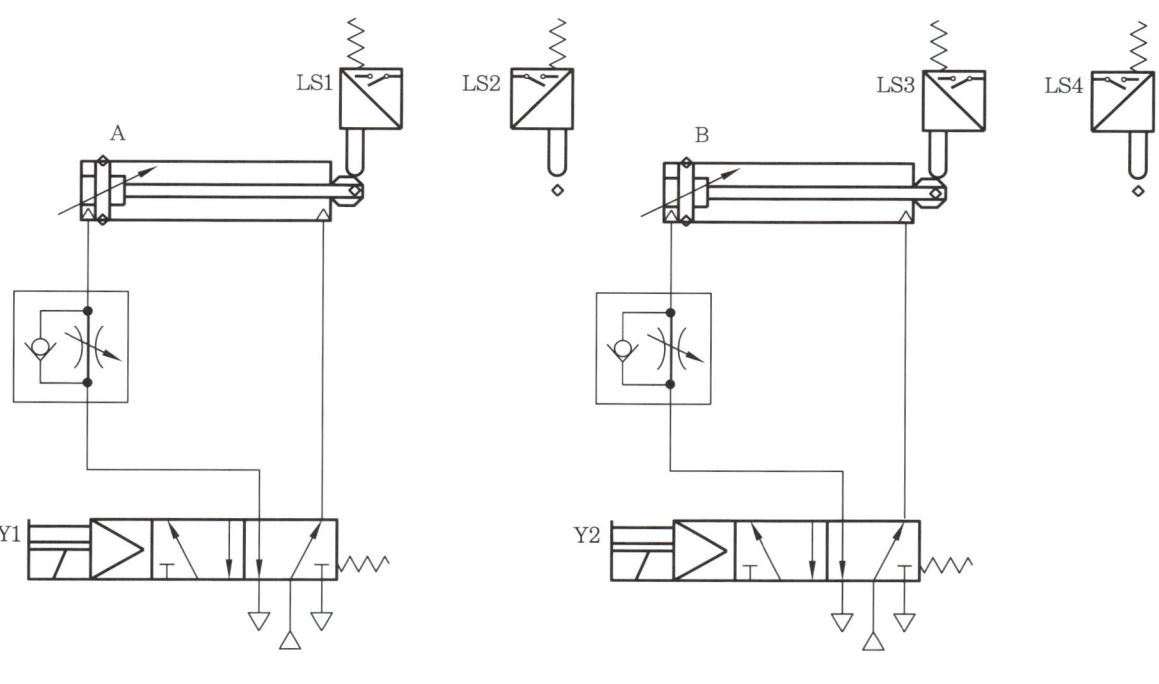

나. 변위 단계 선도

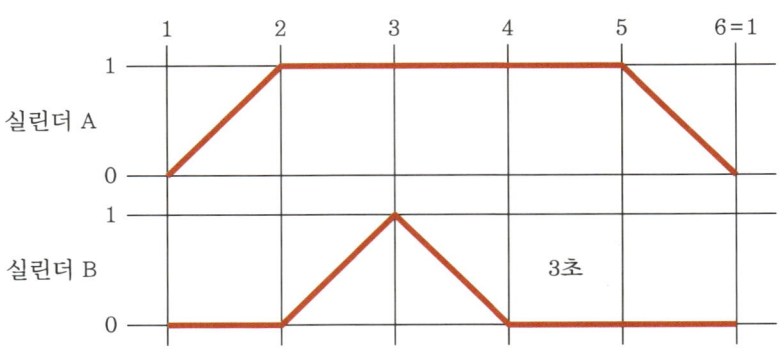

다. 유지 보수 계획

(1) 연속 스위치(PB2), 비상 정지 스위치(유지형 스위치 사용 가능), 램프를 추가하여 다음과 같이 동작하도록 회로를 변경하시오.
   ① PB2를 1회 ON-OFF하면, 기본 동작이 연속적으로 동작합니다.
   ② 연속 동작 중 비상 정지 스위치를 ON하면, 모든 실린더는 후진하며 램프가 점등됩니다.
   ③ 비상 정지 스위치를 OFF하면, 램프는 소등되고 시스템은 초기화됩니다.
   ④ 초기화 후 PB2를 1회 ON-OFF하면, 연속 동작이 재동작합니다.

(2) 실린더 B의 방향 제어 밸브를 양측 솔레노이드 밸브로 교체한 후 변위 단계 선도와 같은 동작을 수행할 수 있도록 회로를 변경하시오.

풀이

기본 동작

(1) 전기 회로도

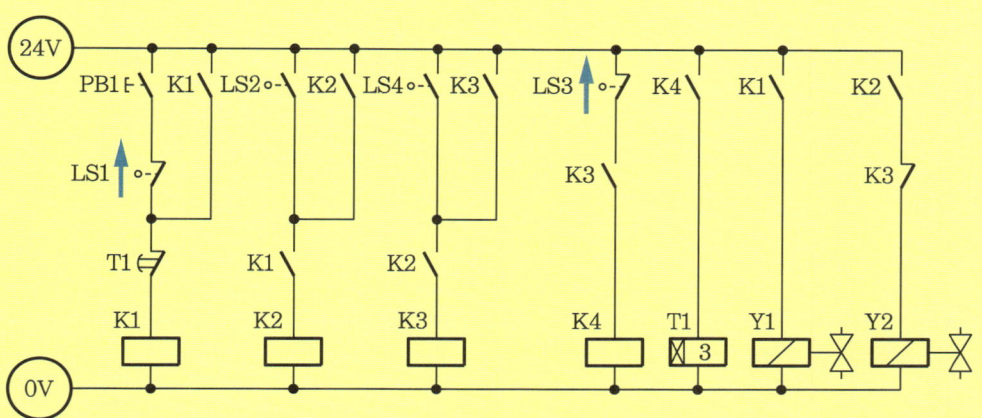

시스템 유지 보수

(1) 공기압 회로도

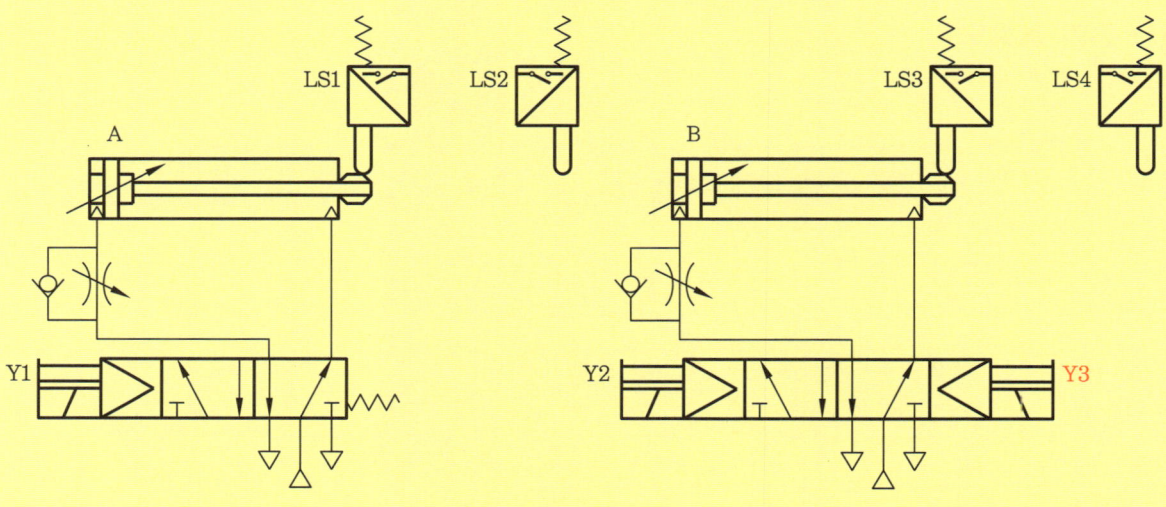

(2) 전기 회로도

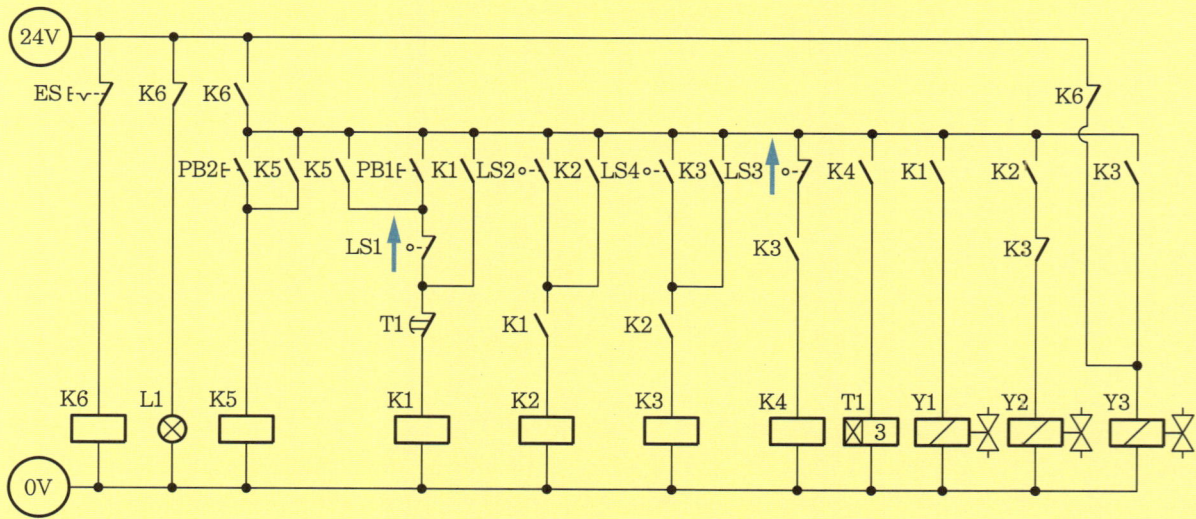

작업 중 Key point

① 서비스 유닛의 공급 공기압은 500kPa(0.5MPa, 5bar)로 조정한 후 검사받기 전 반드시 확인한다.
② 실린더 도그나 로드에 공기압 호스 및 리드선이 접촉되지 않도록 한다.
③ 리밋 스위치 접점 기호는 다음 그림을 참고하여 배선한다.

a 접점   b 접점

④ 기본 동작에서 누름 버튼 스위치 PB1과 유지 보수 계획에서 PB2, PB3는 반드시 자기 복귀형을 선택하여야 한다. 단, 비상 스위치는 자기 유지형을 사용한다.
⑤ 기본 동작 구성 중 리밋 스위치의 방향을 반드시 확인하여야 한다.

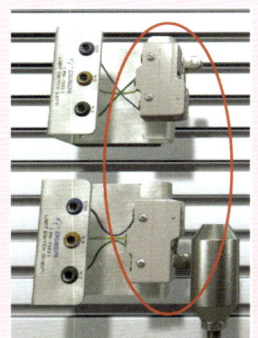 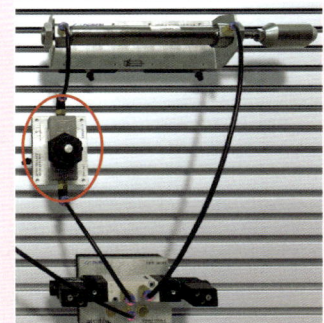

리밋 스위치의 방향   한 방향 유량 제어 밸브의 방향

⑥ 공기압을 공압 기기에 공급했을 때 공기의 누설이 없어야 한다.
⑦ 기본 동작 구성 중 미터 아웃 후진 제어용 한 방향 유량 제어 밸브의 방향을 반드시 확인하여야 한다. 방향이 잘못되었을 경우 실격될 수 있다.
⑧ 타이머 모듈의 주 제어선은 반드시 전원 공급기에서 전원을 공급해 주어야 한다. 그 이유는 비상 정지가 되더라도 타이머의 전원은 공급이 되어야 하기 때문이다.

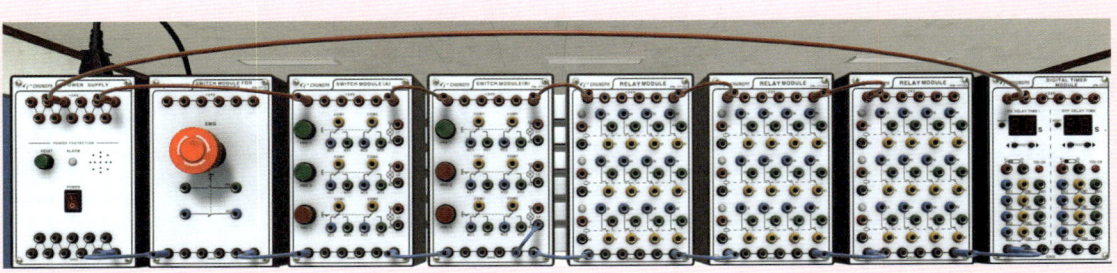

⑨ 유지 보수 계획에서 비상 스위치는 비상 스위치 모듈의 b 접점을 사용하거나, 누름 버튼 스위치 모듈 중 세 번째에 있는 자기 유지형 스위치의 b 접점을 사용한다.

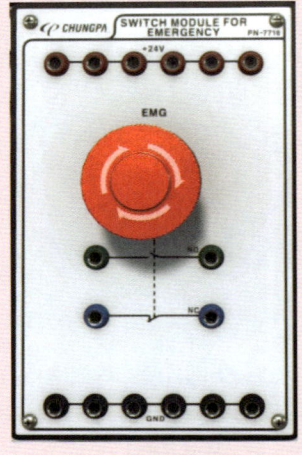

비상 스위치

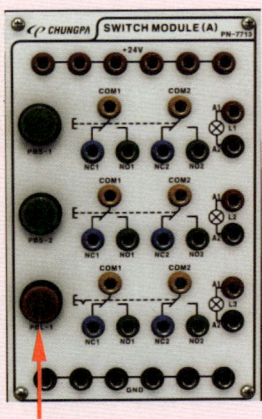

누름 버튼 스위치

⑩ 유지 보수 계획 작업 중 연속 운전과 비상 정지 및 램프 제어의 회로도를 실제로 배선할 때를 참고한다.

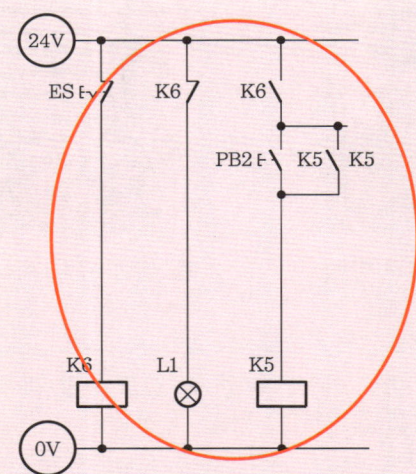

연속 운전, 비상 정지, 램프 제어 회로도

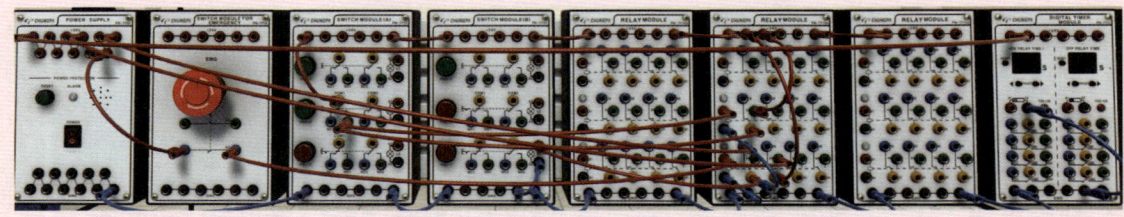

국가기술자격 실기시험문제 ⑧

| 자격종목 | 설비보전산업기사 | 과제명 | 공기압 시스템 설계 및 구성 |

3 도면

가. 공기압 회로도

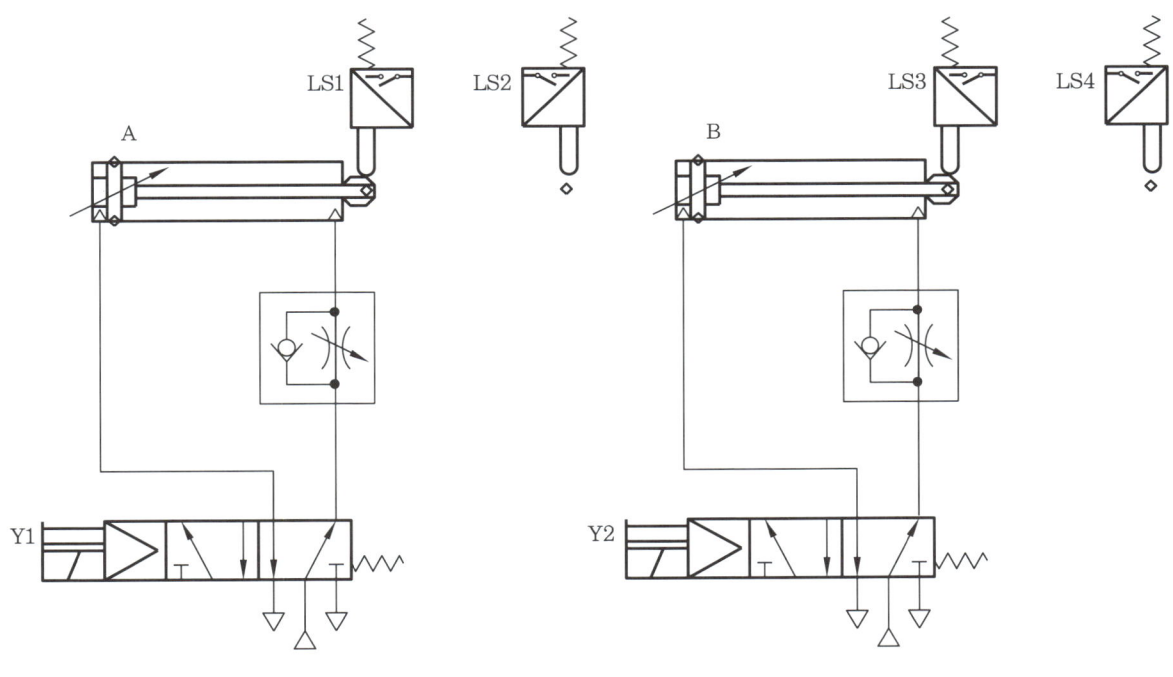

나. 변위 단계 선도

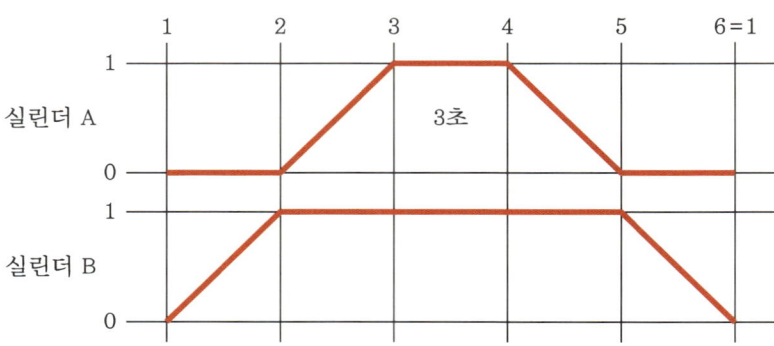

다. 유지 보수 계획

(1) 연속 스위치(PB2), 비상 정지 스위치(유지형 스위치 사용 가능), 램프를 추가하여 다음과 같이 동작하도록 회로를 변경하시오.

① PB2를 1회 ON-OFF하면, 기본 동작이 연속적으로 동작합니다.
② 연속 동작 중 비상 정지 스위치를 ON하면, 모든 실린더는 후진하며 램프가 점등됩니다.
③ 비상 정지 스위치를 OFF하면, 램프는 소등되고 시스템은 초기화됩니다.
④ 초기화 후 PB2를 1회 ON-OFF하면, 연속 동작이 재동작합니다.

(2) 실린더 B의 방향 제어 밸브를 양측 솔레노이드 밸브로 교체한 후 변위 단계 선도와 같은 동작을 수행할 수 있도록 회로를 변경하시오.

풀이

기본 동작

(1) 전기 회로도

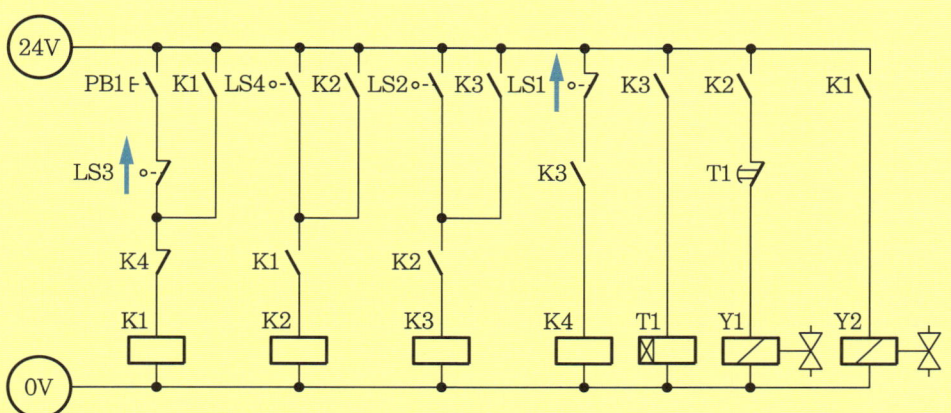

시스템 유지 보수

(1) 공기압 회로도

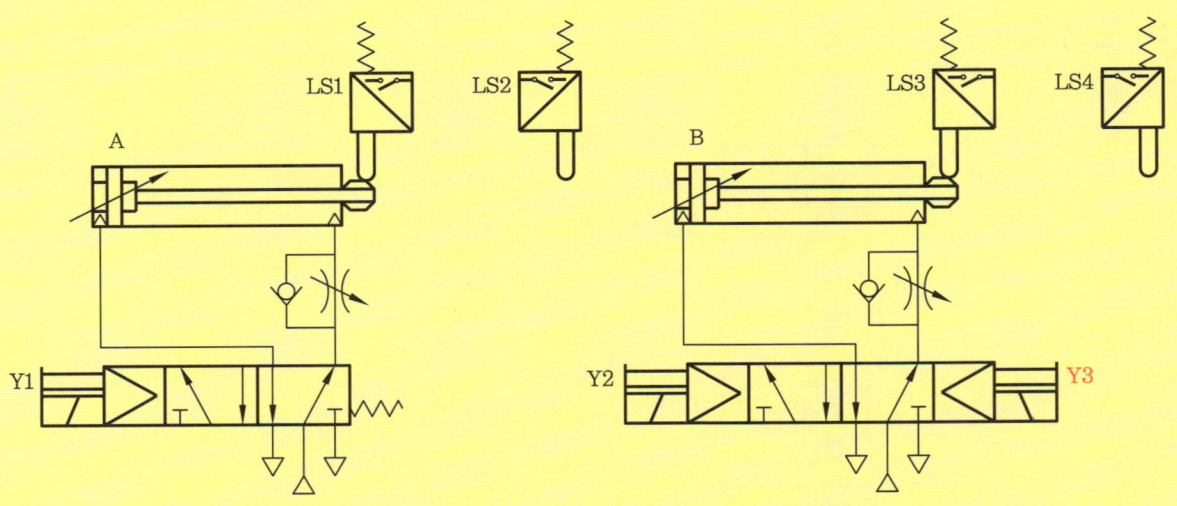

(2) 전기 회로도

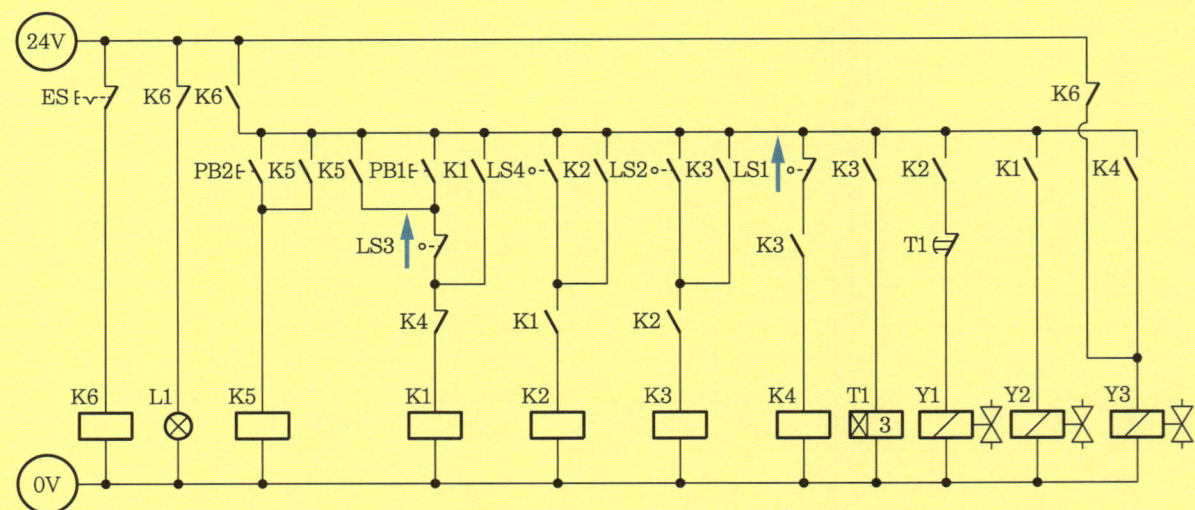

작업 중 Key point

① 서비스 유닛의 공급 공기압은 500kPa(0.5MPa, 5bar)로 조정한 후 검사받기 전 반드시 확인한다.
② 실린더 도그나 로드에 공기압 호스 및 리드선이 접촉되지 않도록 한다.
③ 리밋 스위치 접점 기호는 우측 그림을 참고하여 배선한다.

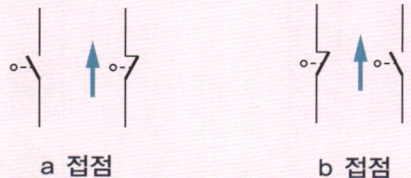

④ 기본 동작에서 누름 버튼 스위치 PB1과 유지 보수 계획에서 PB2, PB3는 반드시 자기 복귀형을 선택하여야 한다. 단, 비상 스위치는 자기 유지형을 사용한다.
⑤ 기본 동작 구성 중 리밋 스위치의 방향을 반드시 확인하여야 한다.

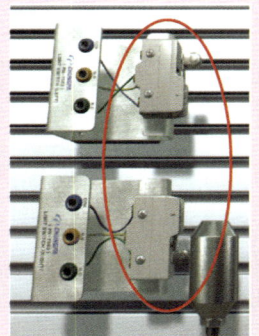
리밋 스위치의 방향

한 방향 유량 제어 밸브의 방향

⑥ 공기압을 공압 기기에 공급했을 때 공기의 누설이 없어야 한다.
⑦ 기본 동작 구성 중 미터 아웃 후진 제어용 한 방향 유량 제어 밸브의 방향을 반드시 확인하여야 한다. 방향이 잘못되었을 경우 실격될 수 있다.
⑧ 타이머 모듈의 주 제어선은 반드시 전원 공급기에서 전원을 공급해 주어야 한다. 그 이유는 비상 정지가 되더라도 타이머의 전원은 공급이 되어야 하기 때문이다.

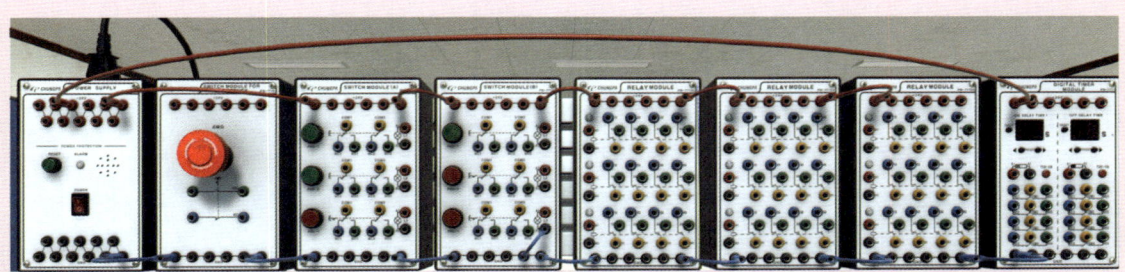

⑨ 유지 보수 계획에서 비상 스위치는 비상 스위치 모듈의 b 접점을 사용하거나, 누름 버튼 스위치 모듈 중 세 번째에 있는 자기 유지형 스위치의 b 접점을 사용한다.

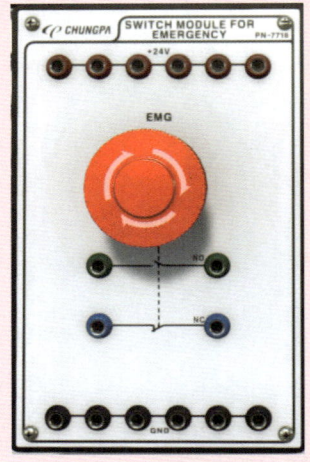
비상 스위치

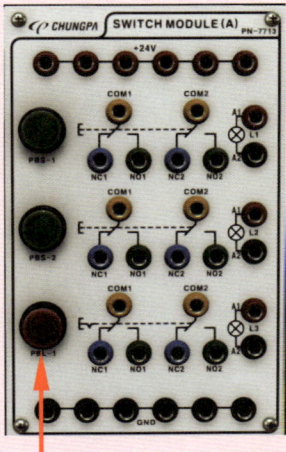
누름 버튼 스위치

⑩ 유지 보수 계획 작업 중 연속 운전과 비상 정지 및 램프 제어의 회로도를 실제로 배선할 때를 참고한다.

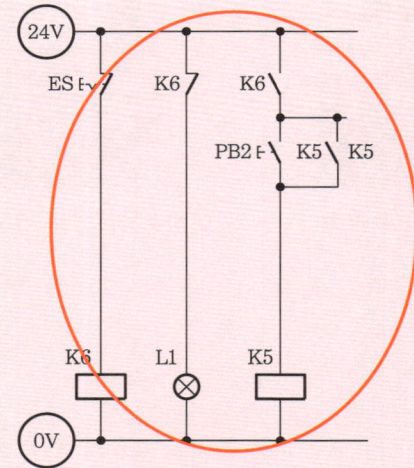
연속 운전, 비상 정지, 램프 제어 회로도

설비보전산업기사
PART 3

제 2 과제

유압 시스템 설계 및 구성

• 국가기술자격 실기시험문제 ① ~ ⑧

국가기술자격 실기시험문제

| 자격종목 | 설비보전산업기사 | 과제명 | 유압 시스템 설계 및 구성 |

※ 문제지는 시험 종료 후 본인이 가져갈 수 있습니다.

| 비번호 | | 시험일시 | | 시험장명 | |

※ 시험시간 : [제2과제] 50분

1 요구사항

※ 지급된 재료 및 시설을 사용하여 아래 작업을 완성하시오.
※ 한 번 제출한 작품의 재작업은 허용되지 않습니다.

가. 유압 회로도 구성

(1) **유압 회로도**와 같이 기기를 선정하여 고정판에 배치하시오.
   (가) 기기는 수평 또는 수직 방향으로 수험자가 임의로 배치하고, 리밋 스위치는 방향성을 고려하여 설치하시오.
(2) 유압 호스를 사용하여 기기를 연결하시오.
   (가) 유압 호스가 시스템 동작에 영향을 주지 않도록 정리하시오.
(3) 유압 회로 내 최고 압력을 4±0.2MPa로 설정하시오.

나. 기본 동작

(1) PB1을 1회 ON-OFF하면, **변위 단계 선도**와 같이 1사이클 단속 동작되도록 전기 회로도를 설계하여 시스템을 구성하고 시험감독위원에게 확인받으시오.
   (가) 전기 배선은 +는 적색으로, -는 청색 또는 흑색으로 연결하고, 전선이 시스템 동작에 영향을 주지 않도록 정리하시오.
   (나) 지정되지 않은 누름 버튼 스위치는 자동 복귀형 스위치를 사용하시오.

다. 시스템 유지 보수

(1) 동작 확인 후 **유지 보수 계획**과 같이 시스템을 변경하고 시험감독위원에게 확인받으시오.

라. 정리 정돈

(1) 평가 종료 후 작업한 자리의 부품 정리, 기름 제거, 유압 배관 정리, 전선 정리 등 모든 상태를 초기 상태로 정리하시오.

2 수험자 유의사항

※ 다음의 유의사항을 고려하여 요구사항을 완성하시오.
※ 작업형 과제별 배점은 [공기압 시스템 설계 및 구성 30점, 유압 시스템 설계 및 구성 30점, 가스 절단 및 용접 40점]이며, 이외 세부항목 배점은 비공개입니다.

(1) 시험 시작 전 장비의 이상 유무를 확인합니다.
(2) 시험 중 반드시 시험감독위원의 지시에 따라야 하며, 시험감독위원의 지시가 없는 한 시험장을 임의로 이탈할 수 없습니다.
(3) 시험에 필요한 기기 이외의 부품이나 장비에 임의로 접촉하지 않도록 주의하시기 바랍니다.
(4) 유압 배관의 제거는 공급 압력을 차단한 후 실시하시기 바랍니다.
(5) 유압 펌프는 OFF 상태를 기본으로 하고, 회로 검증 등 필요한 경우에만 동작시키시기 바랍니다.
(6) 유압 회로가 무부하 회로일 경우 압력 설정에 주의하시기 바랍니다.
(7) 전기 합선 시에는 즉시 전원공급 장치의 전원을 차단하시기 바랍니다.
(8) 실린더의 작동 부분에는 전선 및 호스가 접촉되지 않도록 주의하여야 합니다.
(9) "기본 동작 → 시스템 유지 보수" 순서대로 시험감독위원에게 평가받습니다. (단, 각 동작의 평가는 전원이 유지된 상태에서 2회 이상 시도하여 동일하게 정상 동작이 되어야 하며, 1회만 동작하고 정상적으로 재동작하지 않으면 인정하지 않습니다.)
(10) 평가 기회는 한 번만 부여되오니, 이점 유의하여 평가를 요청하시기 바랍니다. (단, 평가가 불명확하여 재확인이 필요한 경우 시험감독위원의 판단에 따라 다시 동작시킬 수 있습니다. 회로를 변경 또는 수정할 수 없고, 동작만 재시도합니다.)
(11) 평가 종료 후 정리 정돈 상태에 따라 감점될 수 있음을 유의하시기 바랍니다.
(12) 시험 중 작업복 및 안전보호구를 착용하여 안전수칙을 준수하여야 하며, 안전수칙 미준수로 인해 감점될 수 있음을 유의하시기 바랍니다. (단, 슬리퍼, 샌들 착용 등 복장이 작업에 부적합할 경우 응시가 불가능합니다.)
(13) 다음 사항은 실격에 해당하여 채점 대상에서 제외됩니다.
  (가) 수험자 본인이 수험 도중 시험에 대한 기권 의사를 표현하는 경우
  (나) 실기시험 과정 중 1개 과정이라도 불참한 경우
  (다) 시설·장비의 조작 또는 재료의 취급이 미숙하여 위해를 일으킬 것으로 시험감독위원 전원이 합의하여 판단한 경우
  (라) 기능이 해당 등급 수준에 전혀 도달하지 못한 것으로 시험감독위원이 판단할 경우
  (마) 부정행위를 한 경우
  (바) 시험시간 내에 작품을 제출하지 못한 경우
  (사) 유압 회로도와 다른 부품을 사용하거나 부품을 누락한 경우
  (아) 기본 동작이 변위 단계 선도와 일치하지 않는 경우

국가기술자격 실기시험문제 ①

| 자격종목 | 설비보전산업기사 | 과제명 | 유압 시스템 설계 및 구성 |

3 도면

가. 유압 회로도

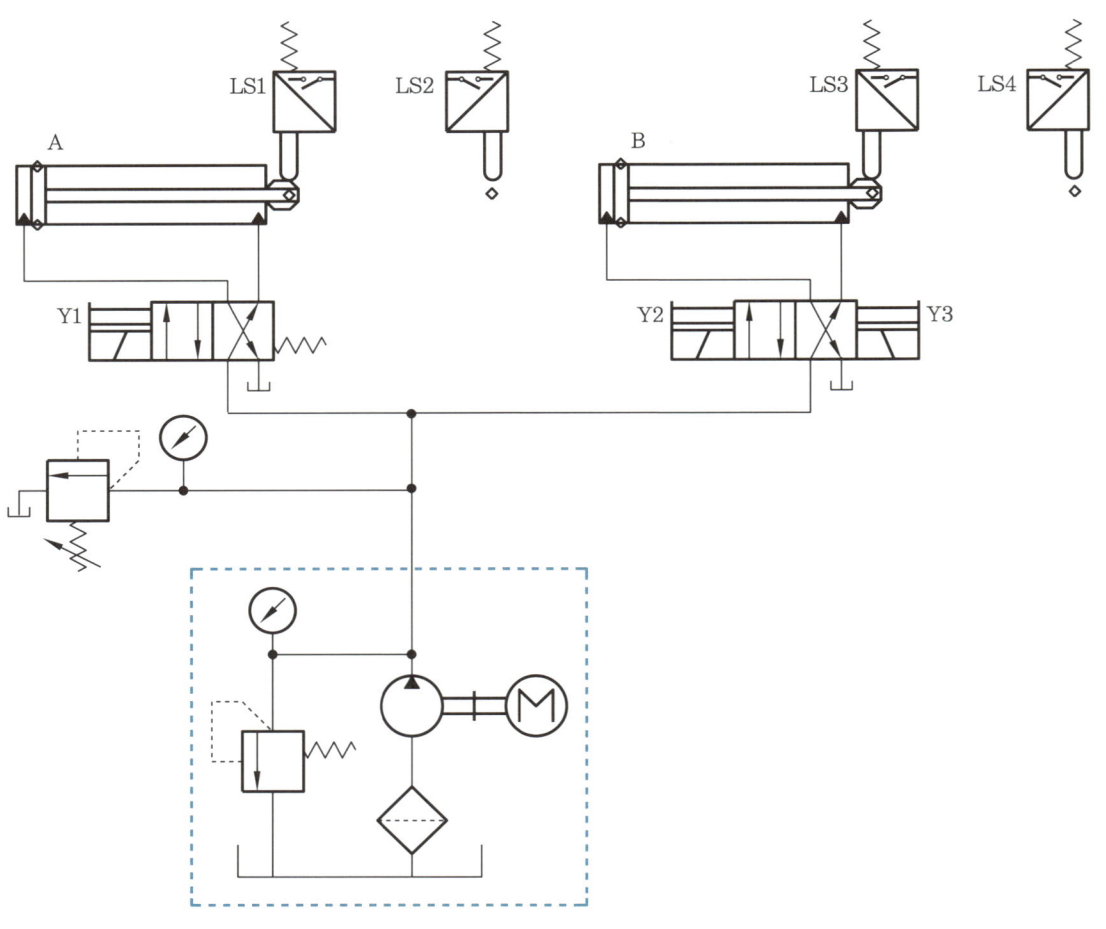

나. 변위 단계 선도

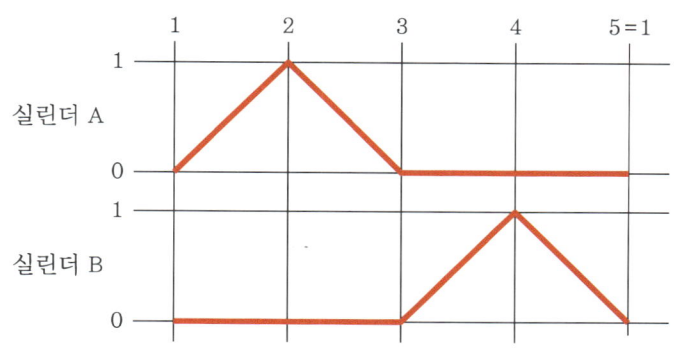

다. 유지 보수 계획

(1) 실린더 A 전진 시 일방향 유량 조절 밸브를 사용하여 미터 인 회로를 구성하고, 실린더 로드측에 카운터 밸런스 밸브와 압력계를 사용하여 자중 낙하 방지 회로를 구성하시오. (단, 속도는 약 50% 정도로, 압력은 3±0.5MPa이 되도록 설정하시오.)

(2) 실린더 B의 압력 라인(P)에 감압 밸브와 압력계를 설치하여 유압 회로도를 변경하고, 2차측의 압력이 2±0.5MPa이 되도록 조정하시오.

(3) 유압유의 역류를 방지하기 위해 파워 유닛의 토출구에 체크 밸브를 추가하여 구성하시오.

166 PART 3 제2과제 유압 시스템 설계 및 구성

풀이

기본 동작

(1) 전기 회로도

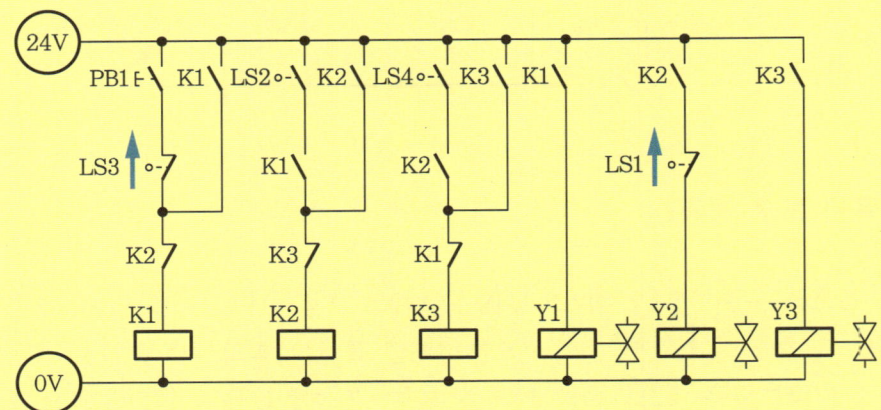

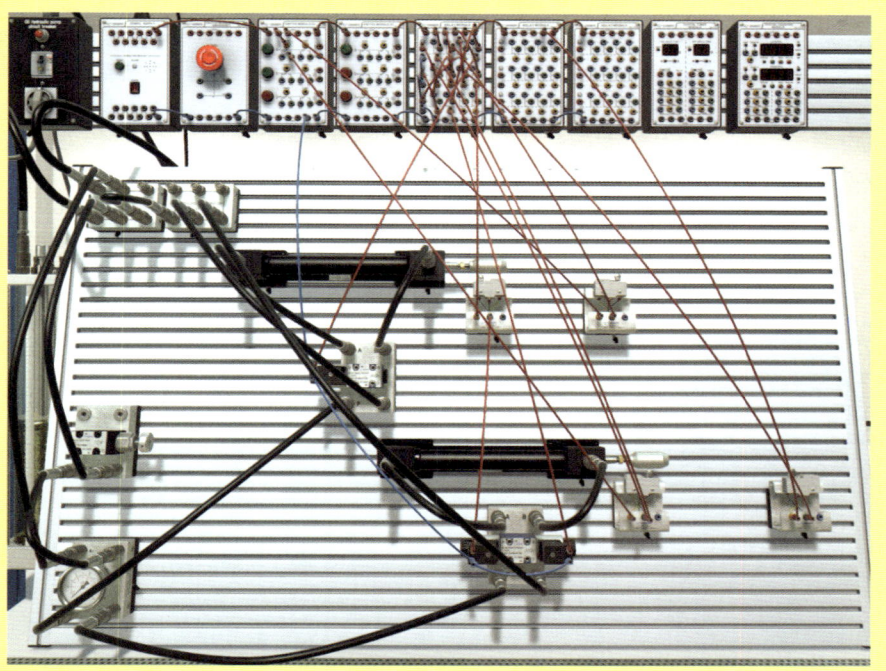

완성된 수평 배치 기본 동작

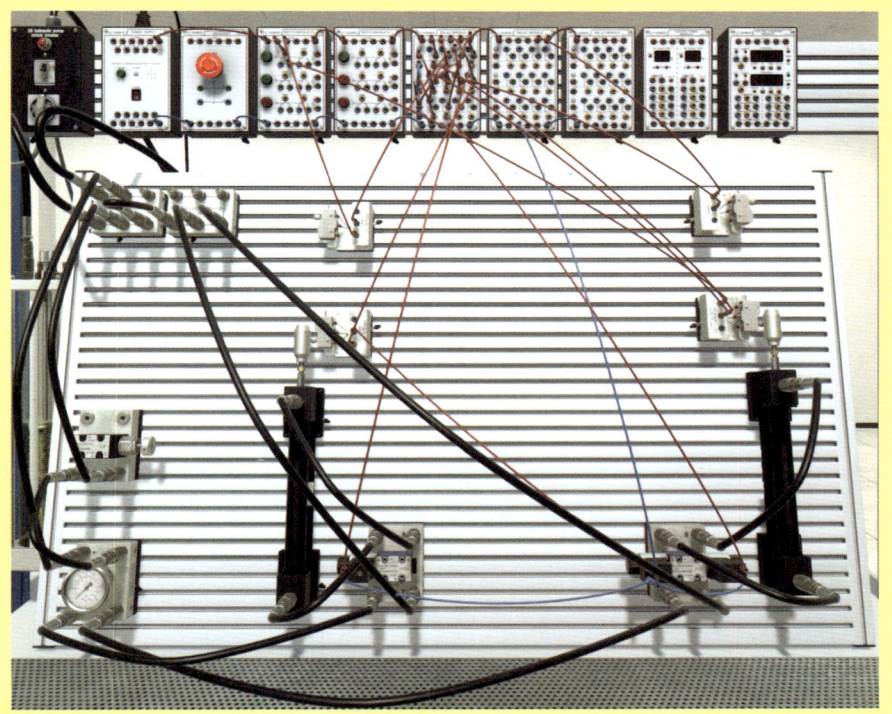

완성된 수직 배치 기본 동작

시스템 유지 보수

(1) 유압 회로도

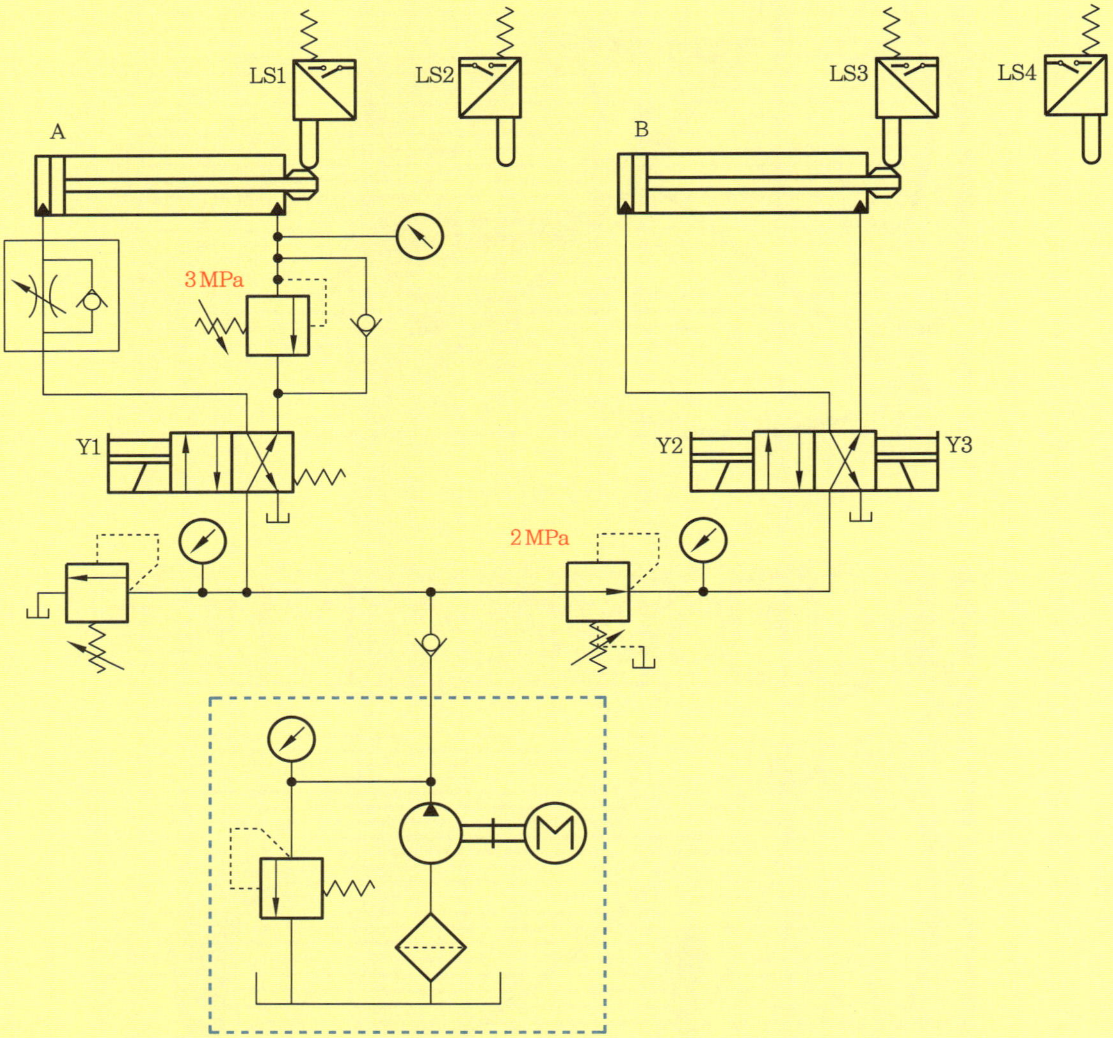

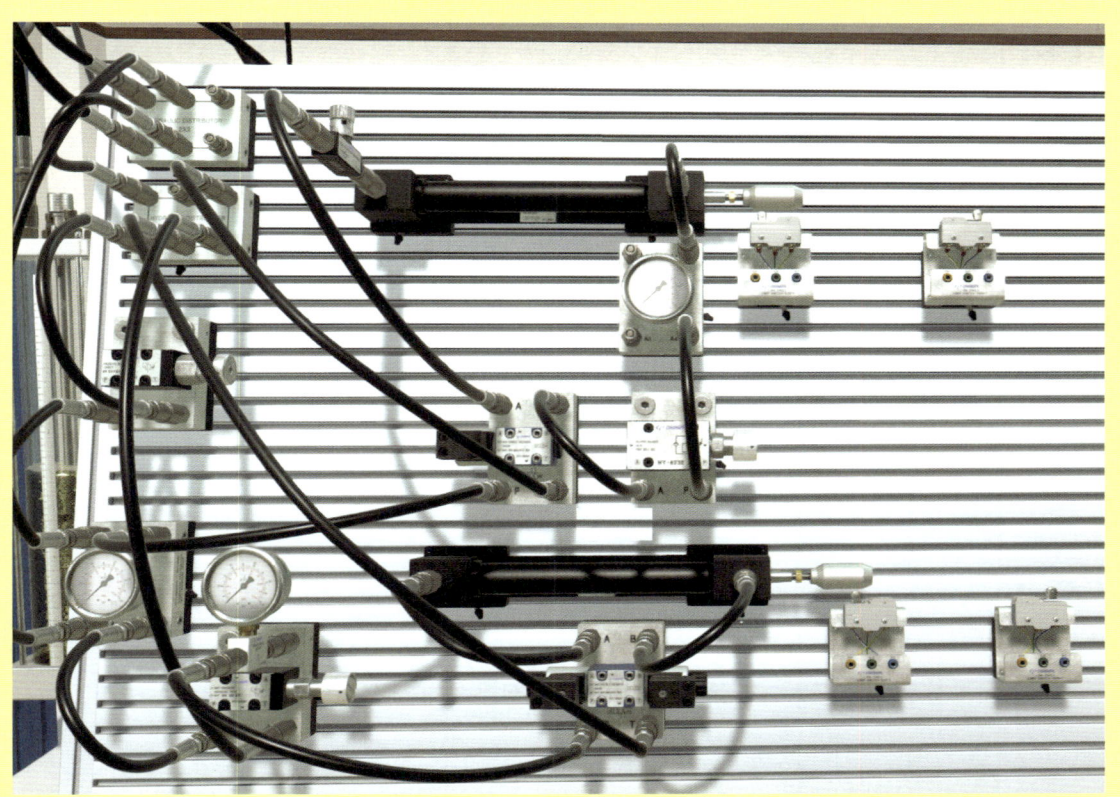

유지 보수 수평 유압 회로 구성

유지 보수 수직 유압 회로 구성

작업 중 Key point

① 기본 동작에서 릴리프 밸브의 설정압을 4MPa로 설정한다.
② 실린더 도그나 로드에 유압 호스 및 리드선이 접촉되지 않도록 한다.
③ 리밋 스위치 접점 기호는 우측 그림을 참고하여 배선한다.
④ 누름 버튼 스위치 PB1은 반드시 자기 복귀형을 선택하여야 한다.
⑤ 기본 동작 구성 중 리밋 스위치의 방향을 반드시 확인하여야 한다.

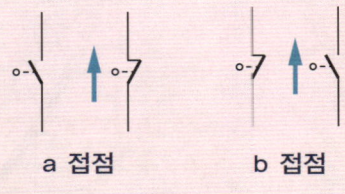

a 접점   b 접점

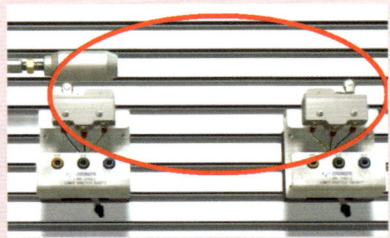

리밋 스위치의 방향

⑥ 유지 보수 작업에서 일방향 유량 조절 밸브를 사용하는 미터 인 방식의 회로는 유량 조절 밸브의 체크(조리개) 방향이 매우 중요하며, 이 미터 인 방식의 속도 제어는 라인형 일방향 유량 제어 밸브를 실린더 피팅에 설치, 배관한다.

⑦ 유지 보수 작업에서 카운터 밸런스 회로는 다음 순서에 따라 작업한다.
  (가) 기본 작업을 확인받은 후 2차 압력 게이지 부착 분배기와 카운터 밸런스 밸브를 설치한다.
  (나) 펌프와 1차 압력 게이지 부착 분배기의 포트에 연결되어 있는 호스를 분해하여 2차 압력 게이지 부착 분배기의 포트에 연결, 배관한다.
  (다) 카운터 밸런스 밸브의 P 포트와 2차 압력 게이지 부착 분배기의 포트에 연결, 배관한다.
  (라) 카운터 밸런스 밸브의 A 포트를 유압 호스로 탱크에 연결한다.

⑺ 펌프를 가동시켜 2차 압력 게이지가 3MPa이 되도록 조정한다.
⑻ 호스를 해체하여 도면과 같이 배관한다.

⑧ 유지 보수 작업에서 감압 회로는 다음 순서에 따라 작업한다.
㈎ 펌프에서 4/2 WAY 복동 솔레노이드 밸브의 P 포트에 연결되어 있는 호스만을 분리한다.
㈏ 감압 밸브 ➔ 2차 압력 게이지 부착 분배기 순으로 설치한다.
㈐ 펌프 파워 ➔ 압력 게이지 부착 분배기에 연결되어 있는 호스를 감압 밸브의 P 포트에 배관한다.

㈑ 감압 밸브의 T 포트를 반드시 유압 호스로 탱크에 연결해야 한다.
㈒ 감압 밸브의 A 포트를 2차 압력 게이지 부착 분배기에 배관한다.
㈓ 2차 압력 게이지 부착 분배기 포트와 4/2 WAY 복동 솔레노이드 밸브의 P 포트를 배관하여 연결한다.

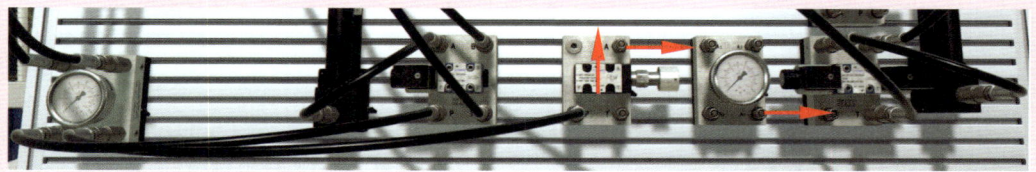

㈔ 펌프를 가동시킨 후 감압 밸브 출구에 있는 압력 게이지가 2MPa이 되도록 감압 밸브의 조정 손잡이를 조정한다.

⑨ 유지 보수 작업에서 유압유의 역류를 방지하기 위해 파워 유닛의 토출구에 체크 밸브를 다음 그림과 같이 설치한다.

국가기술자격 실기시험문제 ②

| 자격종목 | 설비보전산업기사 | 과제명 | 유압 시스템 설계 및 구성 |

3 도면

가. 유압 회로도

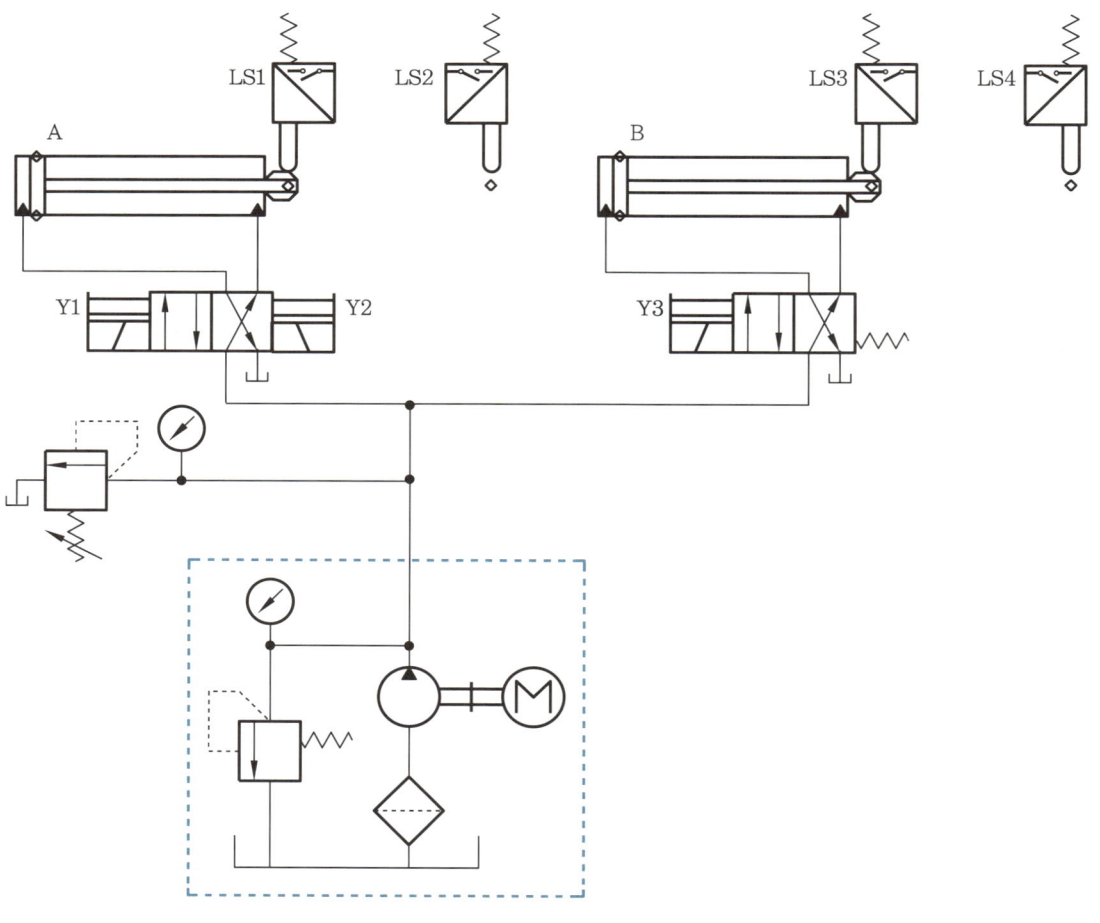

나. 변위 단계 선도

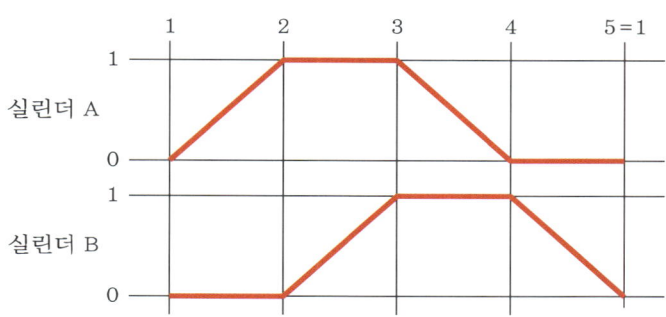

다. 유지 보수 계획

(1) 실린더 B 전진 시 일방향 유량 조절 밸브를 사용하여 미터 인 회로를 구성하고, 실린더 로드측에 카운터 밸런스 밸브와 압력계를 사용하여 자중 낙하 방지 회로를 구성하시오. (단, 속도는 약 50% 정도로, 압력은 3±0.5MPa이 되도록 설정하시오.)

(2) 실린더 A의 전진 속도가 제어되도록 블리드 오프 회로를 구성하시오.

(3) 유압유의 역류를 방지하기 위해 파워 유닛의 토출구에 체크 밸브를 추가하여 구성하시오.

기본 동작

(1) 전기 회로도

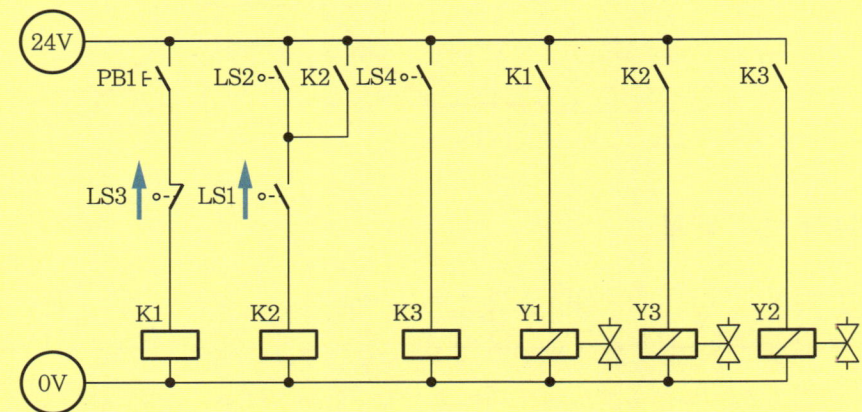

시스템 유지 보수

(1) 유압 회로도

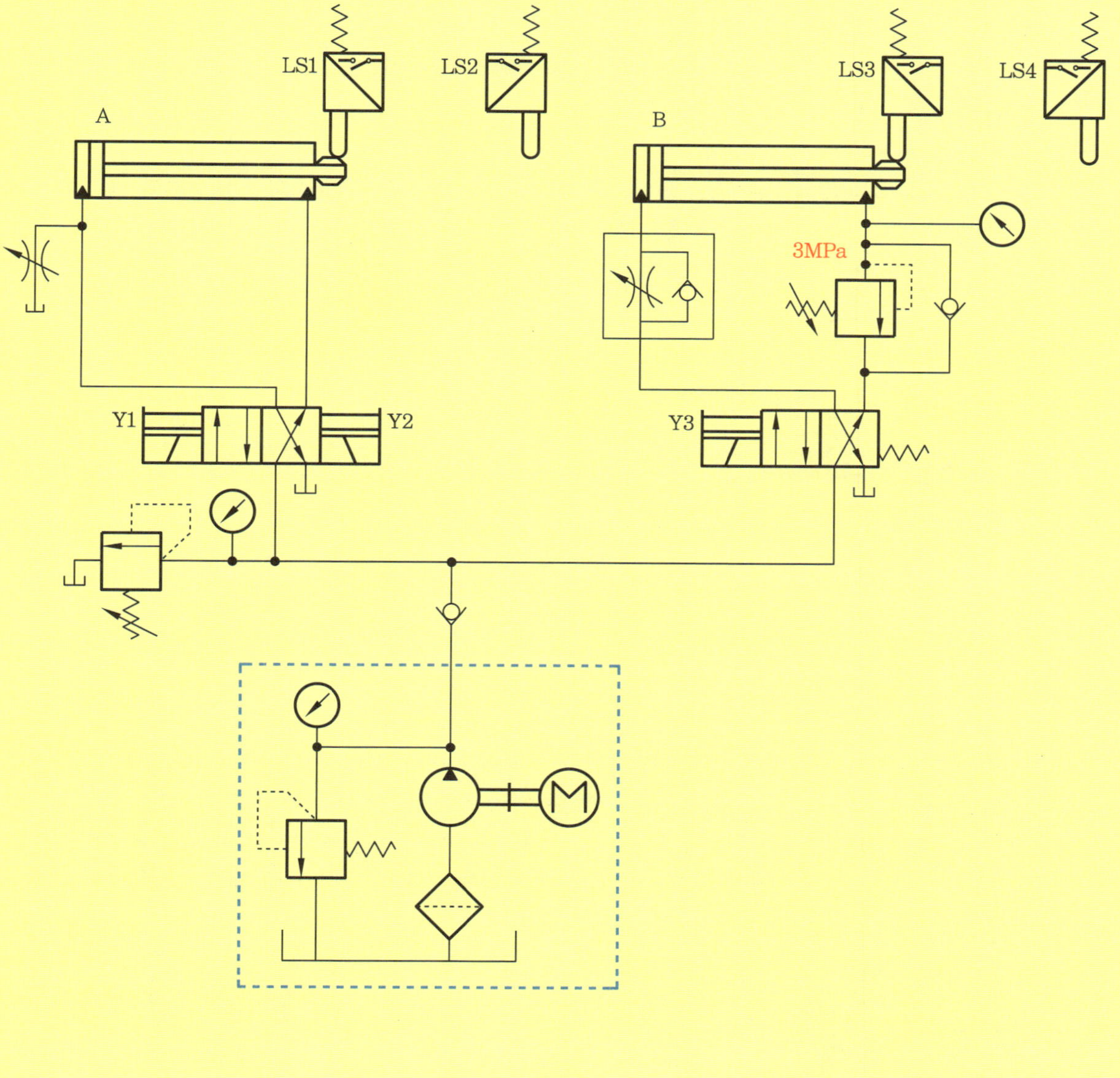

유지 보수 수평 유압 회로 구성

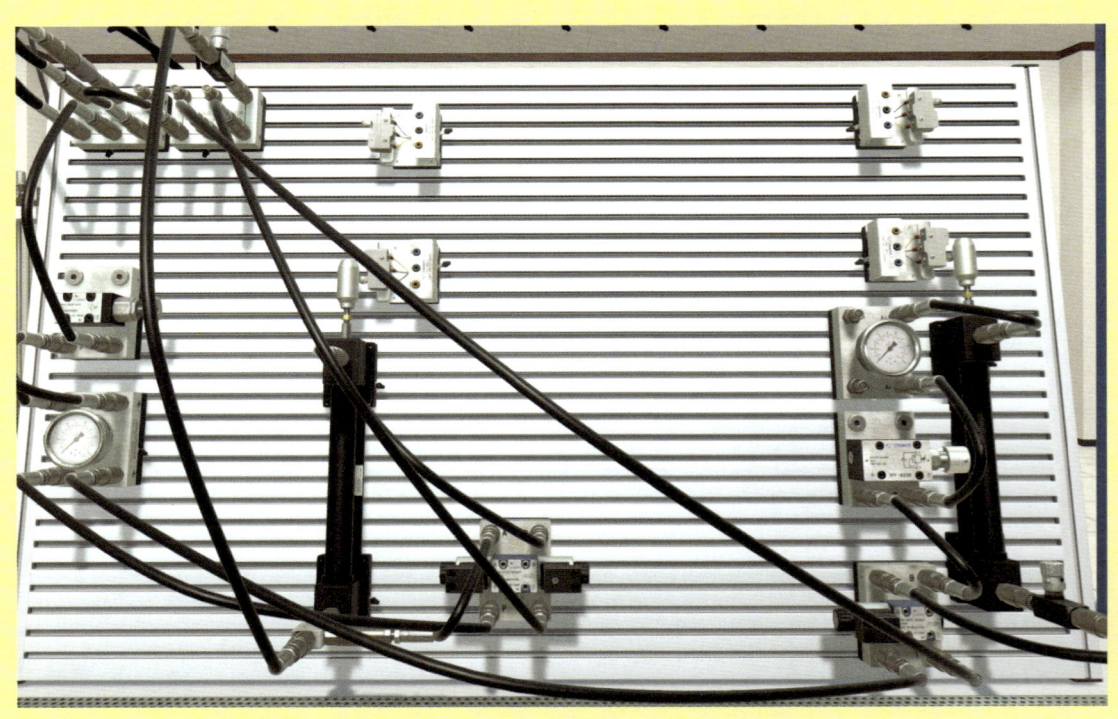

유지 보수 수직 유압 회로 구성

작업 중 Key point

① 기본 동작에서 릴리프 밸브의 설정압을 4MPa로 설정한다.
② 실린더 도그나 로드에 유압 호스 및 리드선이 접촉되지 않도록 한다.
③ 리밋 스위치 접점 기호는 우측 그림을 참고하여 배선한다.
④ 누름 버튼 스위치 PB1은 반드시 자기 복귀형을 선택하여야 한다.
⑤ 기본 동작 구성 중 리밋 스위치의 방향을 반드시 확인하여야 한다.

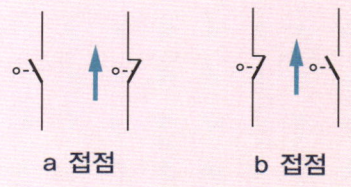
a 접점   b 접점

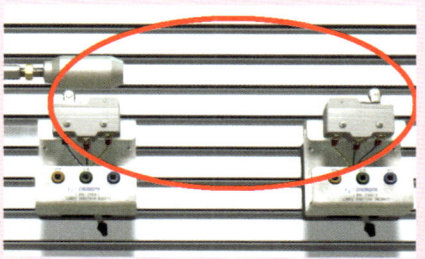

리밋 스위치의 방향

⑥ 유지 보수 작업에서 일방향 유량 조절 밸브를 사용하는 미터 인 방식의 회로는 유량 조절 밸브의 체크(조리개) 방향이 매우 중요하며, 이 미터 인 방식의 속도 제어는 라인형 일방향 유량 제어 밸브를 실린더 피팅에 설치, 배관한다.

⑦ 유지 보수 작업에서 카운터 밸런스 회로는 다음 순서에 따라 작업한다.
　(가) 기본 작업을 확인받은 후 2차 압력 게이지 부착 분배기와 카운터 밸런스 밸브를 설치한다.
　(나) 펌프와 1차 압력 게이지 부착 분배기의 포트에 연결되어 있는 호스를 분해하여 2차 압력 게이지 부착 분배기의 포트에 연결, 배관한다.

(다) 카운터 밸런스 밸브의 P 포트와 2차 압력 게이지 부착 분배기의 포트에 연결, 배관한다.
(라) 카운터 밸런스 밸브의 A 포트를 유압 호스로 탱크에 연결한다.
(마) 펌프를 가동시켜 2차 압력 게이지가 3MPa이 되도록 조정한다.
(바) 호스를 해체하여 도면과 같이 배관한다.

⑧ 유지 보수 작업에서 블리드 오프 회로는 실린더 A의 피스톤 헤드측 피팅에 T 커넥터를 설치하고, 한 쪽은 4/2 WAY 복동 실린더의 A 포트, 또 다른 한 쪽은 양방향 유량 제어 밸브를 설치한 후 유량 제어 밸브 피팅과 탱크를 호스로 연결한다.

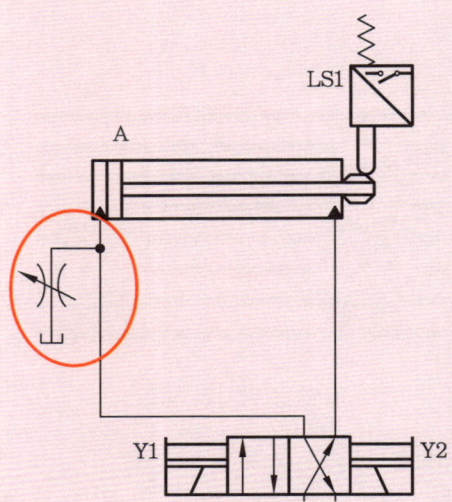

⑨ 유지 보수 작업에서 유압유의 역류를 방지하기 위해 파워 유닛의 토출구에 체크 밸브를 다음 그림과 같이 설치한다.

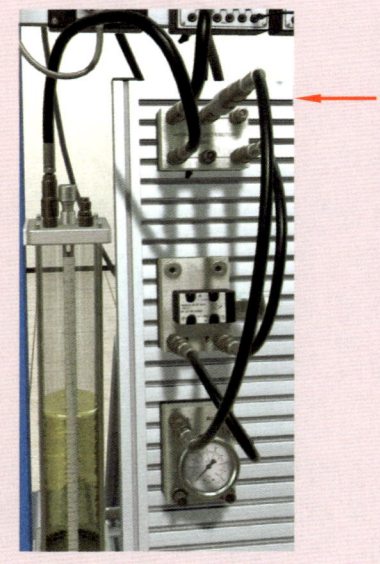

국가기술자격 실기시험문제 ③

| 자격종목 | 설비보전산업기사 | 과제명 | 유압 시스템 설계 및 구성 |

3 도면

가. 유압 회로도

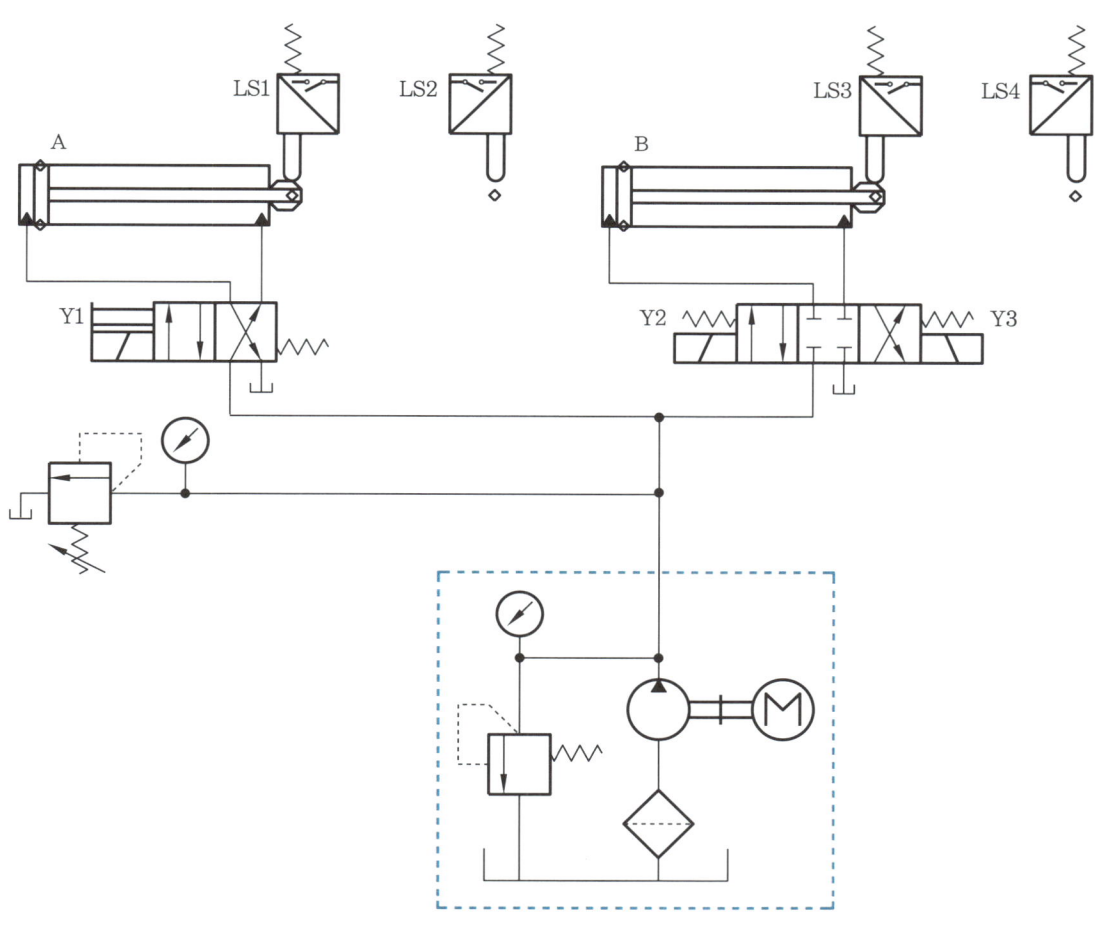

나. 변위 단계 선도

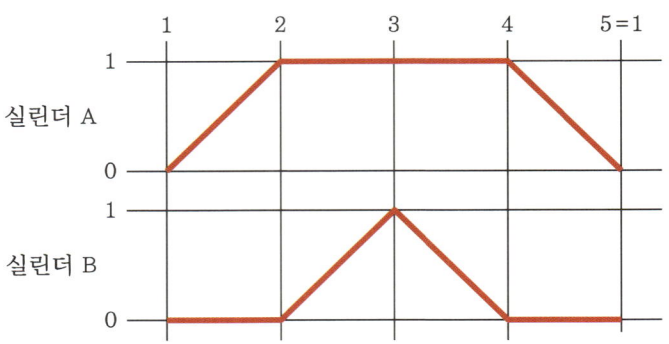

다. 유지 보수 계획

(1) 실린더 A 전진 시 일방향 유량 조절 밸브를 사용하여 미터 인 회로를 구성하고, 실린더 로드측에 카운터 밸런스 밸브와 압력계를 사용하여 자중 낙하 방지 회로를 구성하시오. (단, 속도는 약 50% 정도로, 압력은 3±0.5MPa이 되도록 설정하시오.)

(2) 실린더 B의 방향 제어 밸브를 4포트 3위치 A-B-T 접속형 밸브로 교체하고, 로드측에 파일럿 조작 체크 밸브를 사용하여 로킹 회로가 되도록 변경하시오.

(3) 실린더 B의 전·후진 속도가 제어되도록 공급 라인에 양방향 유량 조절 밸브를 사용하여 회로를 구성하시오. (단, 속도는 약 50% 정도가 되도록 설정하시오.)

풀이

기본 동작

(1) 전기 회로도

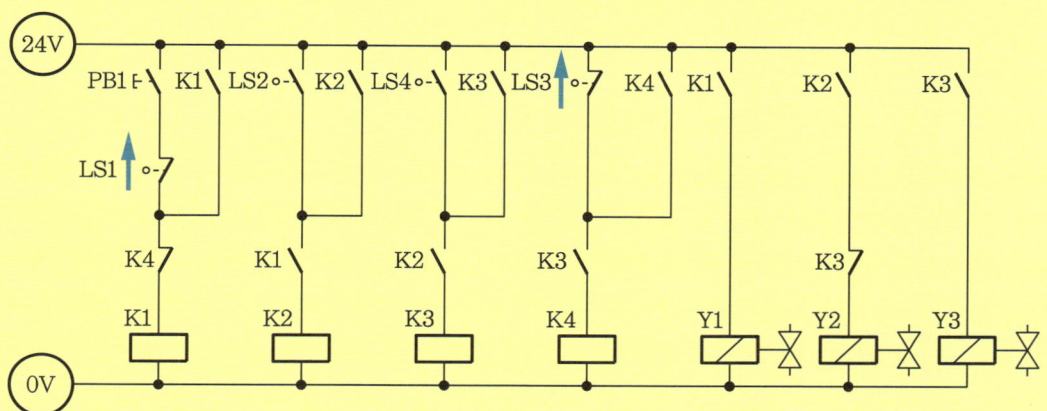

시스템 유지 보수

(1) 유압 회로도

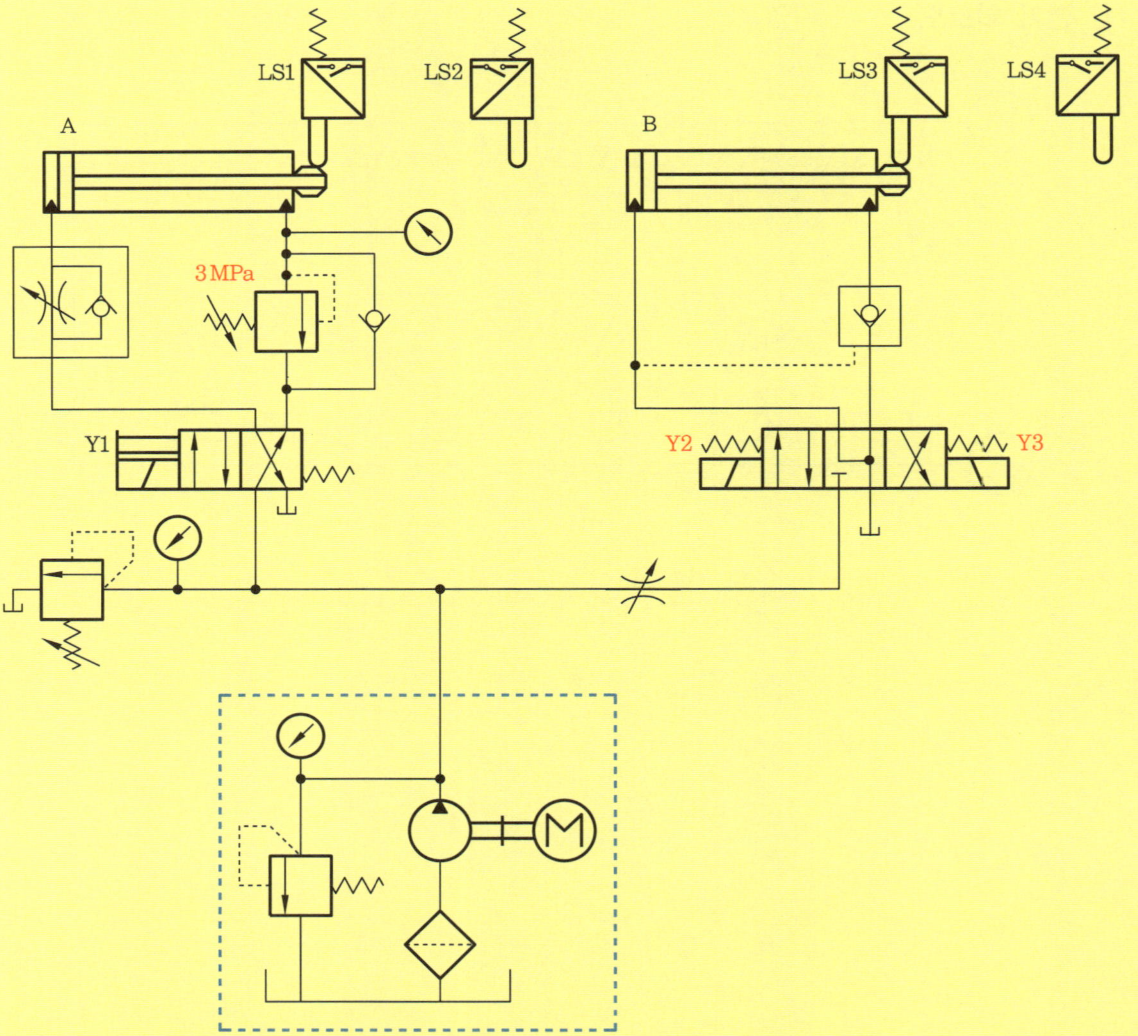

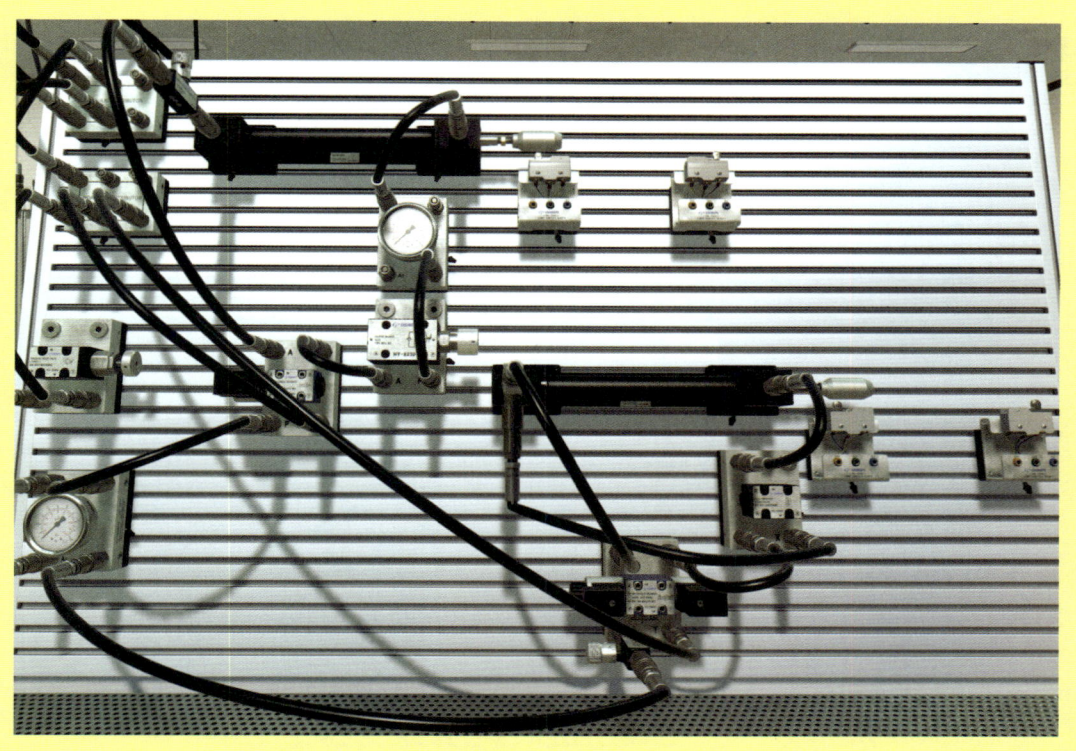

유지 보수 수평 유압 회로 구성

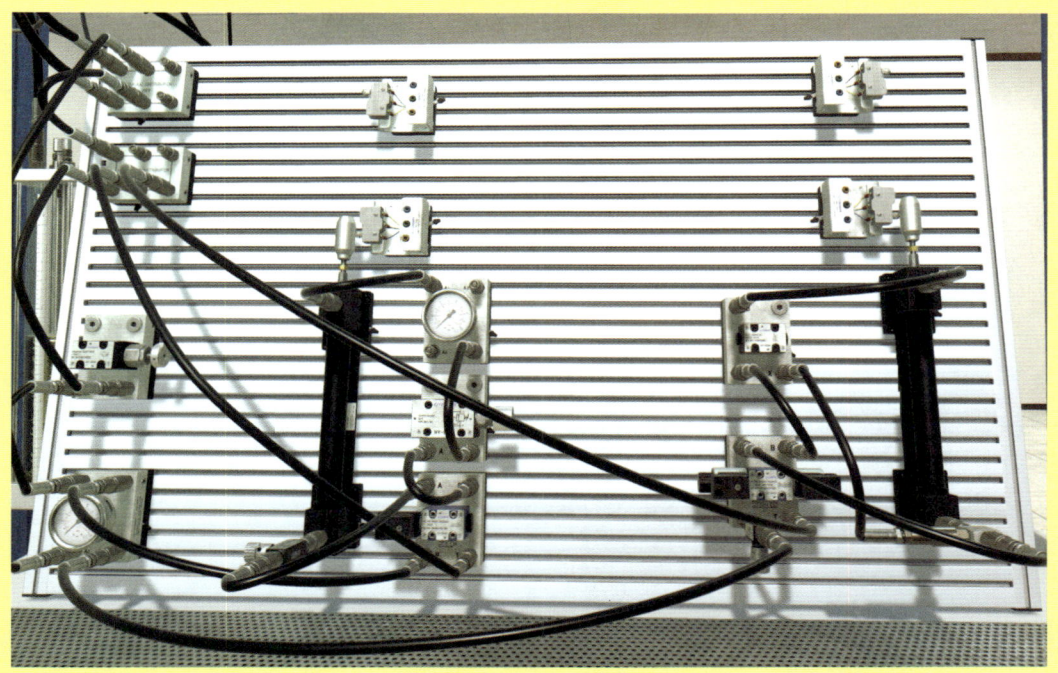

유지 보수 수직 유압 회로 구성

작업 중 Key point

① 기본 동작에서 릴리프 밸브의 설정압을 4MPa로 설정한다.

② 실린더 도그나 로드에 유압 호스 및 리드선이 접촉되지 않도록 한다.

③ 리밋 스위치 접점 기호는 다음 그림을 참고하여 배선한다.

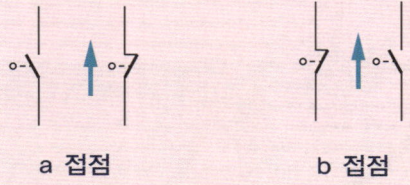

a 접점　　　　　　　　b 접점

④ 누름 버튼 스위치 PB1은 반드시 자기 복귀형을 선택하여야 한다.

⑤ 기본 동작 구성 중 리밋 스위치의 방향을 반드시 확인하여야 한다.

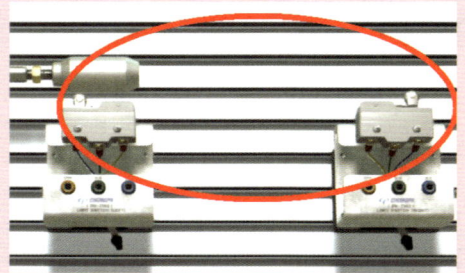

리밋 스위치의 방향

⑥ 유지 보수 작업에서 4포트 3위치 A-B-T 접속형 솔레노이드 밸브를 다음의 그림과 동일한 것을 선택하여 교체한다.

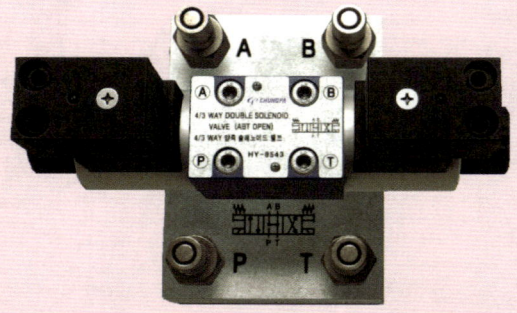 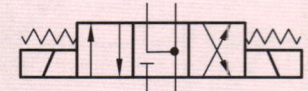

4/3 WAY A-B-T 접속형 복동 솔레노이드 밸브의 외형과 기호

⑦ 유지 보수 작업에서 일방향 유량 조절 밸브를 사용하는 미터 인 방식의 회로는 유량 조절 밸브의 체크(조리개) 방향이 매우 중요하며, 이 미터 인 방식의 속도 제어는 라인형 일방향 유량 제어 밸브를 실린더 피팅에 설치, 배관한다.

⑧ 유지 보수 작업에서 카운터 밸런스 회로는 다음 순서에 따라 작업한다.
 (개) 기본 작업을 확인받은 후 2차 압력 게이지 부착 분배기와 카운터 밸런스 밸브를 설치한다.
 (내) 펌프와 1차 압력 게이지 부착 분배기의 포트에 연결되어 있는 호스를 분해하여 2차 압력 게이지 부착 분배기의 포트에 연결, 배관한다.
 (대) 카운터 밸런스 밸브의 P 포트와 2차 압력 게이지 부착 분배기의 포트에 연결, 배관한다.
 (래) 카운터 밸런스 밸브의 A 포트를 유압 호스로 탱크에 연결한다.
 (매) 펌프를 가동시켜 2차 압력 게이지가 3MPa이 되도록 조정한다.
 (배) 호스를 해체하여 도면과 같이 배관한다.

⑨ 유지 보수 작업 중 카운터 밸런스 밸브와 양방향 유량 조절 밸브를 사용하는 회로는 다음 그림과 같이 구성한다.

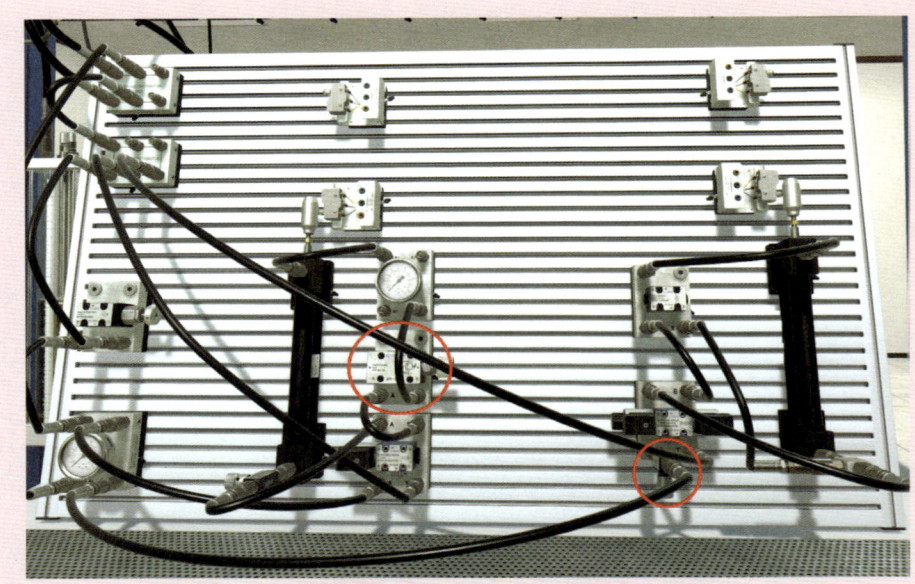

카운터 밸런스 밸브와 양방향 유량 조절 밸브 설치

⑩ 유지 보수 작업 중 로킹 회로의 파일럿 조작 체크 밸브와 T 커넥터는 다음 그림과 같이 구성한다.

로킹 회로

국가기술자격 실기시험문제 ④

| 자격종목 | 설비보전산업기사 | 과제명 | 유압 시스템 설계 및 구성 |

3 도면

가. 유압 회로도

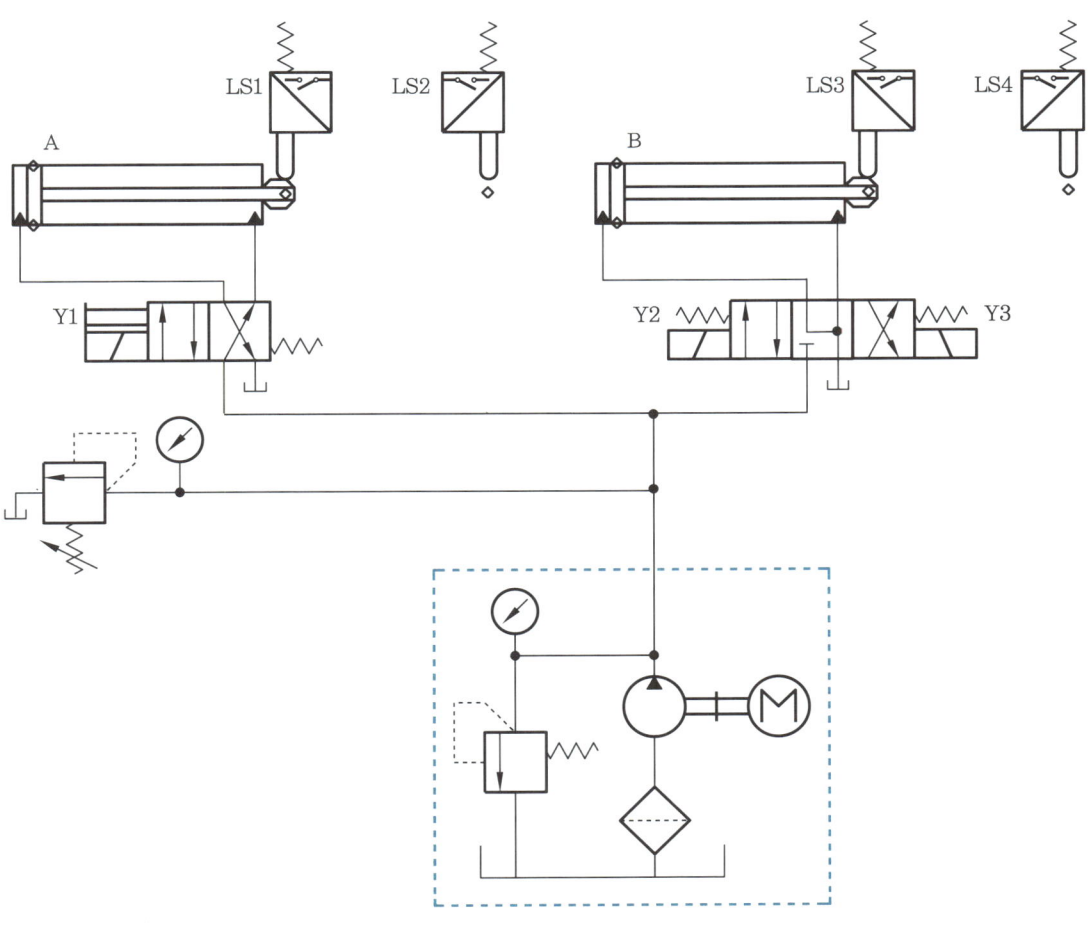

나. 변위 단계 선도

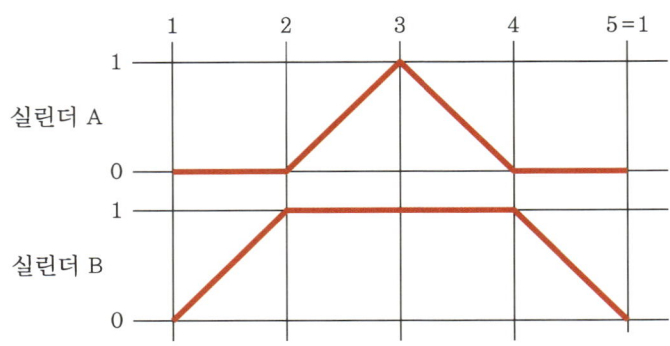

다. 유지 보수 계획

(1) 실린더 A 전진 시 일방향 유량 조절 밸브를 사용하여 미터 인 회로를 구성하고, 실린더 로드측에 카운터 밸런스 밸브와 압력계를 사용하여 자중 낙하 방지 회로를 구성하시오. (단, 속도는 약 50% 정도로, 압력은 3±0.5MPa이 되도록 설정하시오.)

(2) 실린더 B의 압력 라인(P)에 감압 밸브와 압력계를 설치하여 유압 회로도를 변경하고, 2차측의 압력이 2±0.5MPa이 되도록 조정하시오.

(3) 유압유의 역류를 방지하기 위해 파워 유닛의 토출구에 체크 밸브를 추가하여 구성하시오.

풀이

기본 동작

(1) 전기 회로도

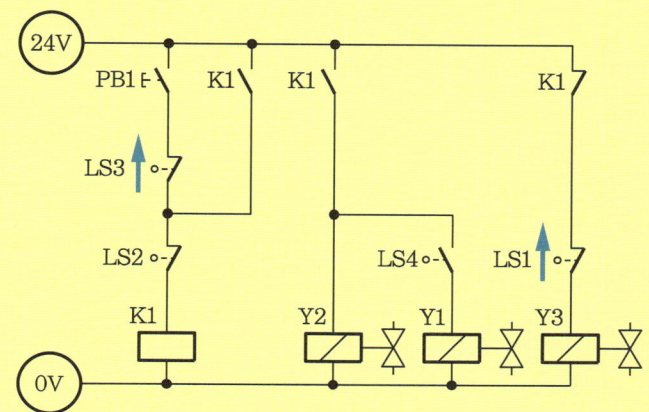

시스템 유지 보수

(1) 유압 회로도

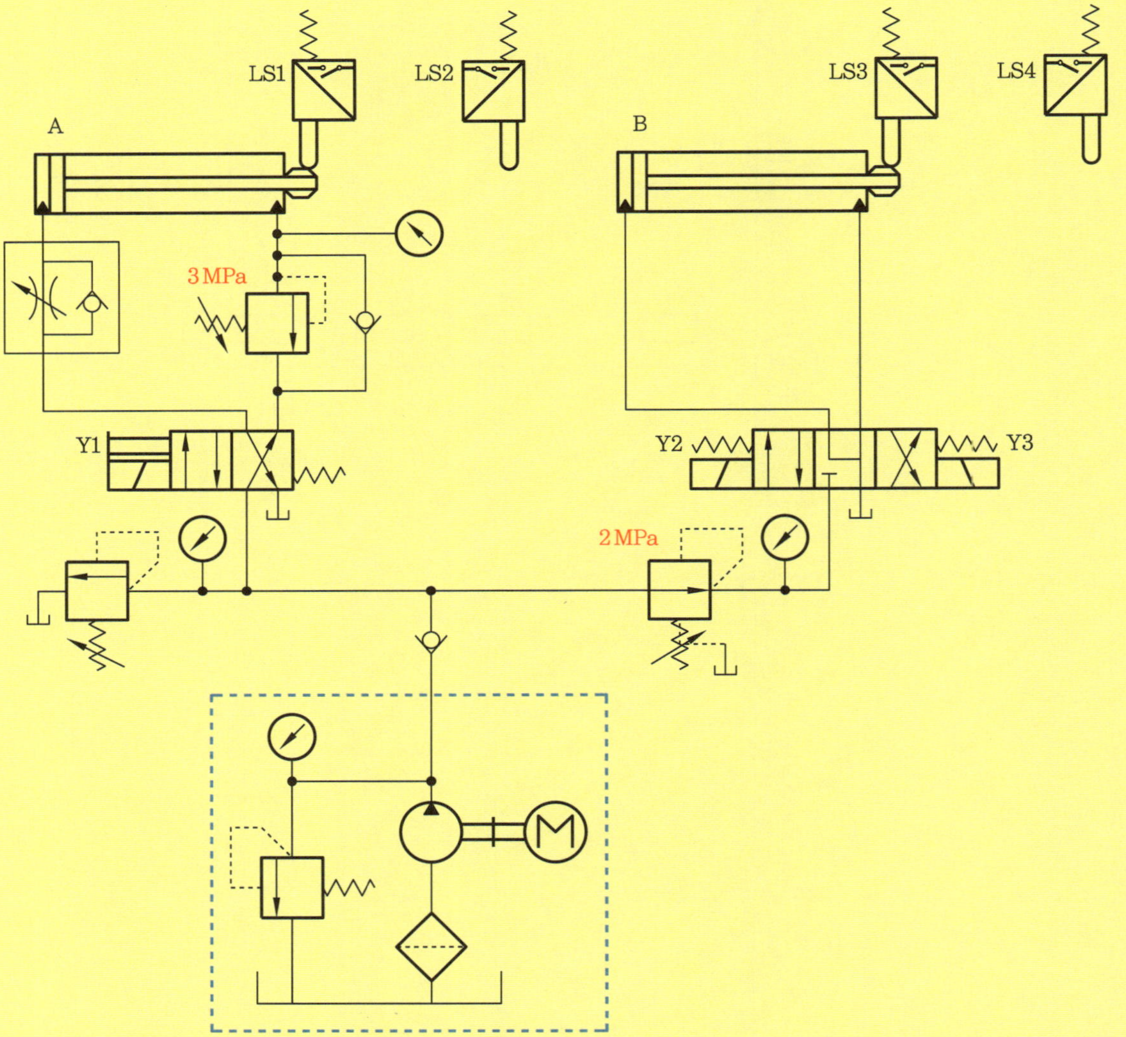

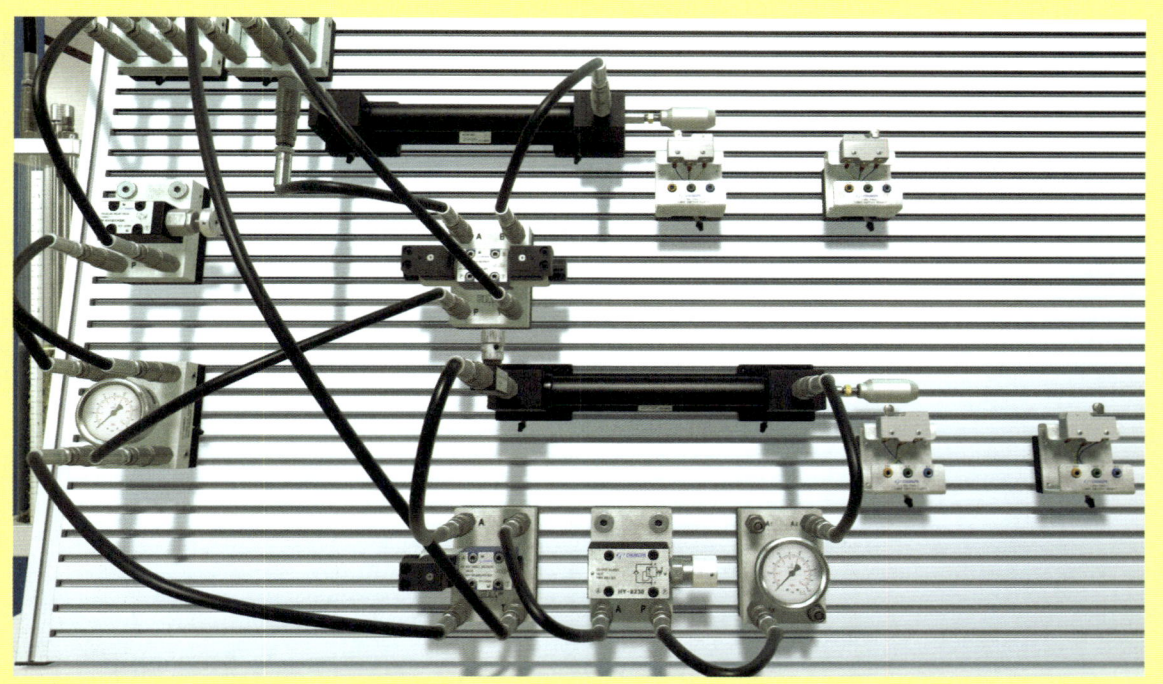

유지 보수 수평 유압 회로 구성

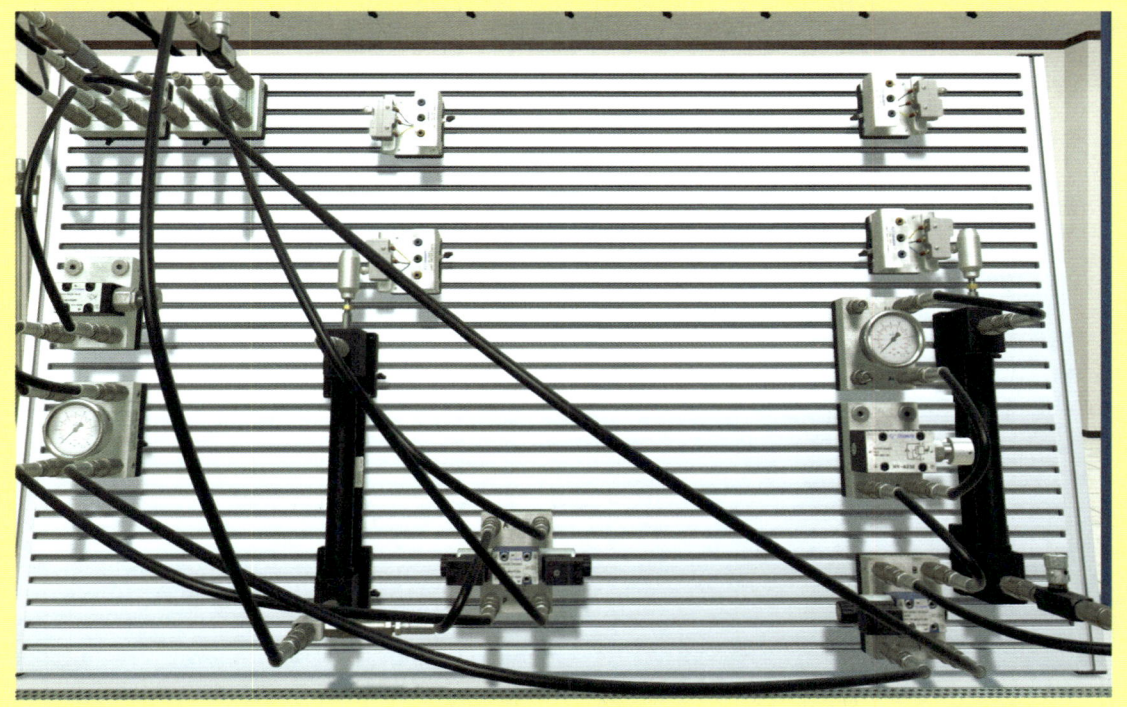

유지 보수 수직 유압 회로 구성

작업 중 Key point

① 기본 동작에서 릴리프 밸브의 설정압을 4MPa로 설정한다.
② 실린더 도그나 로드에 유압 호스 및 리드선이 접촉되지 않도록 한다.
③ 리밋 스위치 접점 기호는 우측 그림을 참고하여 배선한다.
④ 누름 버튼 스위치 PB1은 반드시 자기 복귀형을 선택하여야 한다.
⑤ 기본 동작 구성 중 리밋 스위치의 방향을 반드시 확인하여야 한다.

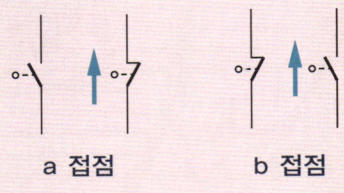

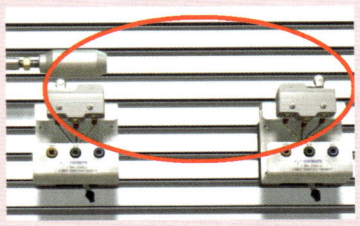

리밋 스위치의 방향

⑥ 유지 보수 작업에서 일방향 유량 조절 밸브를 사용하는 미터 인 방식의 회로는 유량 조절 밸브의 체크(조리개) 방향이 매우 중요하며, 이 미터 인 방식의 속도 제어는 라인형 일방향 유량 제어 밸브를 실린더 피팅에 설치, 배관한다.

⑦ 리밋 스위치 LS2는 b 접점으로 배선한다.
⑧ 실린더 B의 제어 밸브 3/4 WAY 복동 솔레노이드 밸브는 ABT 접속 밸브이므로 밸브 선택에 유의한다.
⑨ 유지 보수 작업에서 카운터 밸런스 회로는 다음 순서에 따라 작업한다.
  (가) 기본 작업을 확인받은 후 2차 압력 게이지 부착 분배기와 카운터 밸런스 밸브를 설치한다.
  (나) 펌프와 1차 압력 게이지 부착 분배기의 포트에 연결되어 있는 호스를 분해하여 2차 압력 게이지 부착 분배기의 포트에 연결, 배관한다.

(다) 카운터 밸런스 밸브의 P 포트와 2차 압력 게이지 부착 분배기의 포트에 연결, 배관한다.
(라) 카운터 밸런스 밸브의 A 포트를 유압 호스로 탱크에 연결한다.
(마) 펌프를 가동시켜 2차 압력 게이지가 3MPa이 되도록 조정한다.
(바) 호스를 해체하여 시스템 유지 보수 유압 회로도 도면과 같이 배관한다.
⑩ 유지 보수 작업에서 감압 회로는 다음 순서에 따라 작업한다.
(가) 펌프에서 4/3 WAY 복동 솔레노이드 밸브의 P 포트에 연결되어 있는 호스만을 분리한다.
(나) 감압 밸브 ➔ 2차 압력 게이지 부착 분배기 순으로 설치한다.
(다) 펌프 파워 ➔ 압력 게이지 부착 분배기에 연결되어 있는 호스를 감압 밸브의 P 포트에 배관한다.

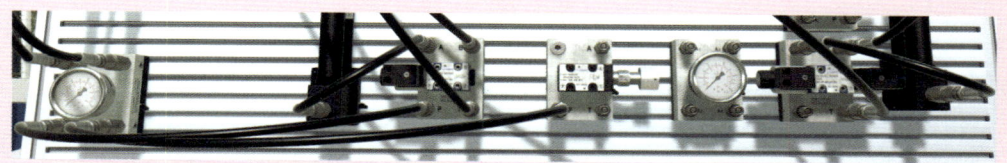

(라) 감압 밸브의 T 포트를 반드시 유압 호스로 탱크에 연결해야 한다.
(마) 감압 밸브의 A 포트를 2차 압력 게이지 부착 분배기에 배관한다.
(바) 2차 압력 게이지 부착 분배기 포트와 4/3 WAY 복동 솔레노이드 밸브의 P 포트를 배관하여 연결한다.

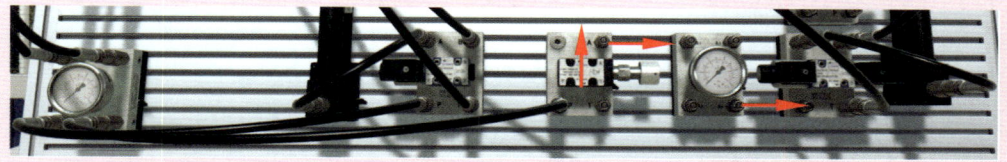

(사) 펌프를 가동시킨 후 감압 밸브 출구에 있는 압력 게이지가 2MPa이 되도록 감압 밸브의 조정 손잡이를 조정한다.
⑪ 유지 보수 작업에서 유압유의 역류를 방지하기 위해 파워 유닛의 토출구에 체크 밸브를 다음 그림과 같이 설치한다.

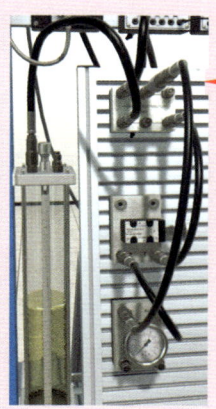

국가기술자격 실기시험문제 ⑤

| 자격종목 | 설비보전산업기사 | 과제명 | 유압 시스템 설계 및 구성 |

3 도면

가. 유압 회로도

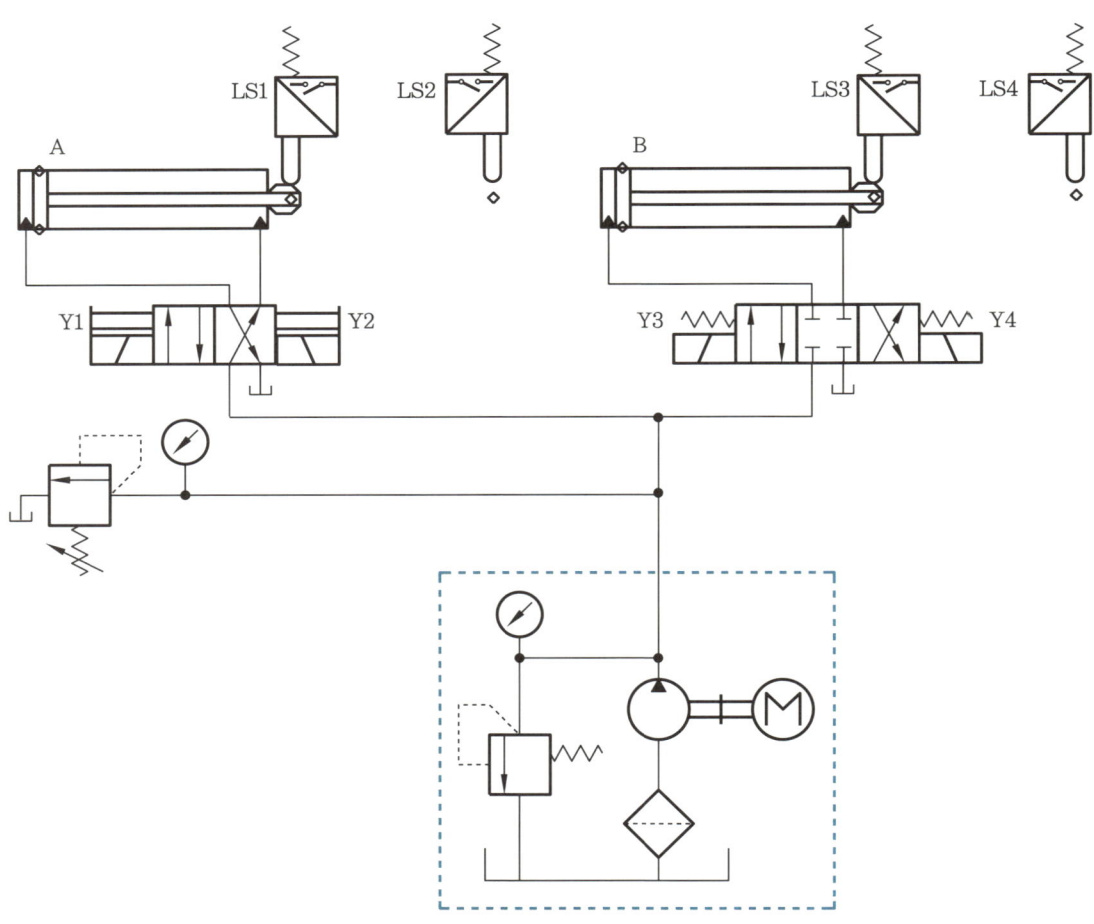

나. 변위 단계 선도

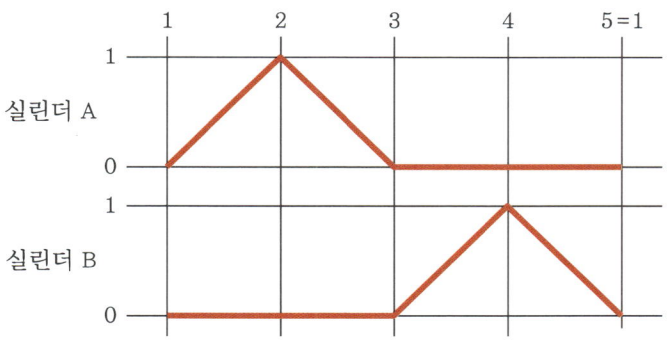

다. 유지 보수 계획

(1) 실린더 A의 전진 리밋 스위치 LS2를 제거하고 압력 스위치와 압력 게이지를 설치하여 전진 완료 후 압력 스위치의 설정 압력에 도달했을 때 실린더 A가 후진하도록 회로를 변경하시오. (단, 압력은 3±0.5MPa이 되도록 설정하시오.)

(2) 실린더 B의 압력 라인(P)에 감압 밸브와 압력계를 설치하여 유압 회로도를 변경하고, 2차측의 압력이 2±0.5MPa이 되도록 조정하시오.

(3) 실린더 A, B의 전진 속도를 조절하기 위하여 일방향 유량 조절 밸브를 사용하여 미터 인 방식으로 회로를 구성하시오. (단, 속도는 약 50% 정도가 되도록 설정하시오.)

풀이

기본 동작

(1) 전기 회로도

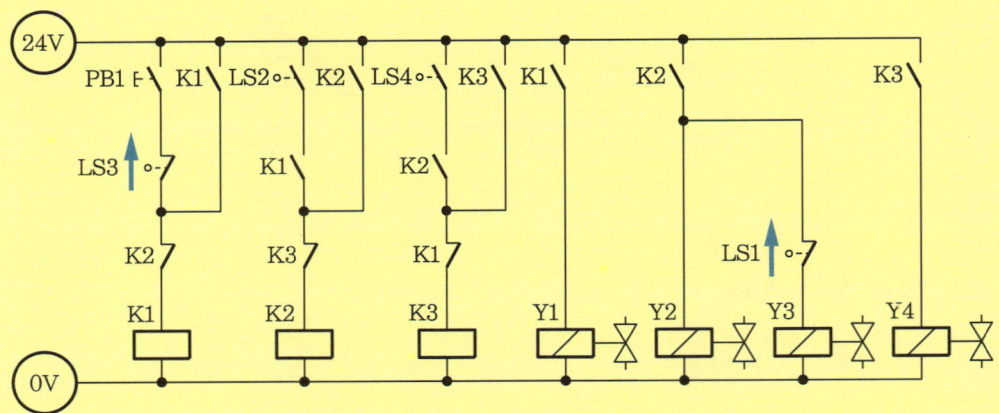

시스템 유지 보수

(1) 유압 회로도

(2) 전기 회로도

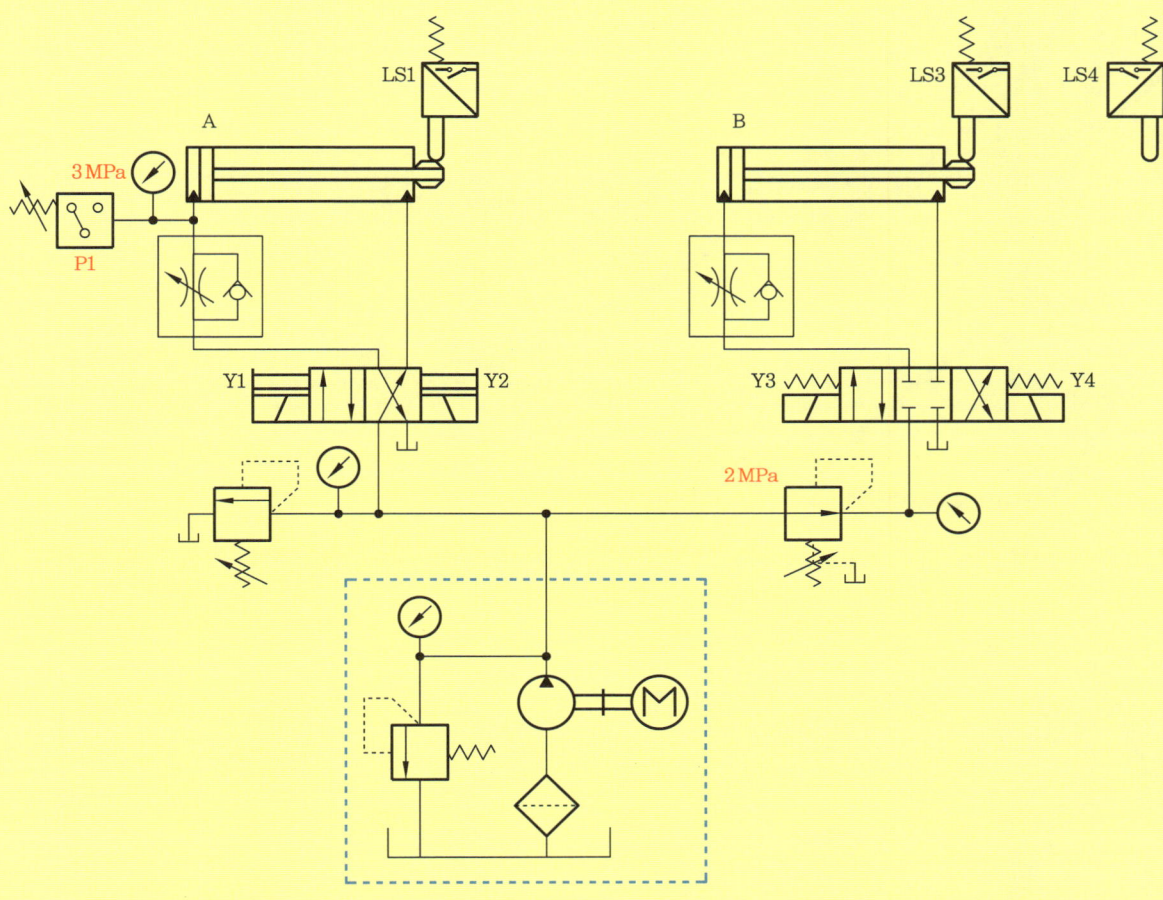
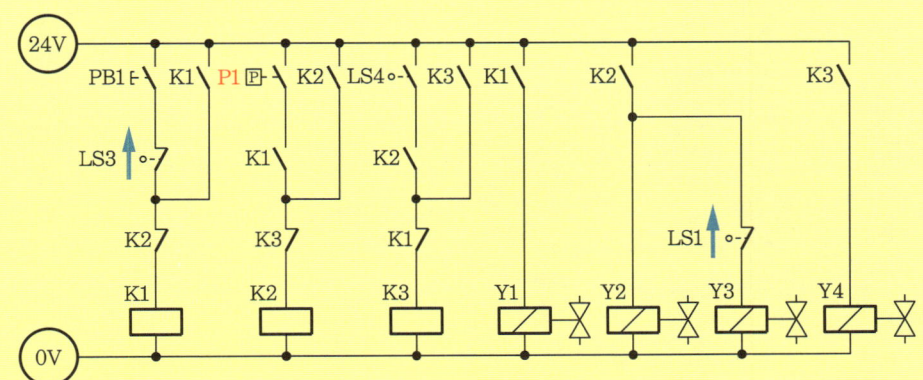

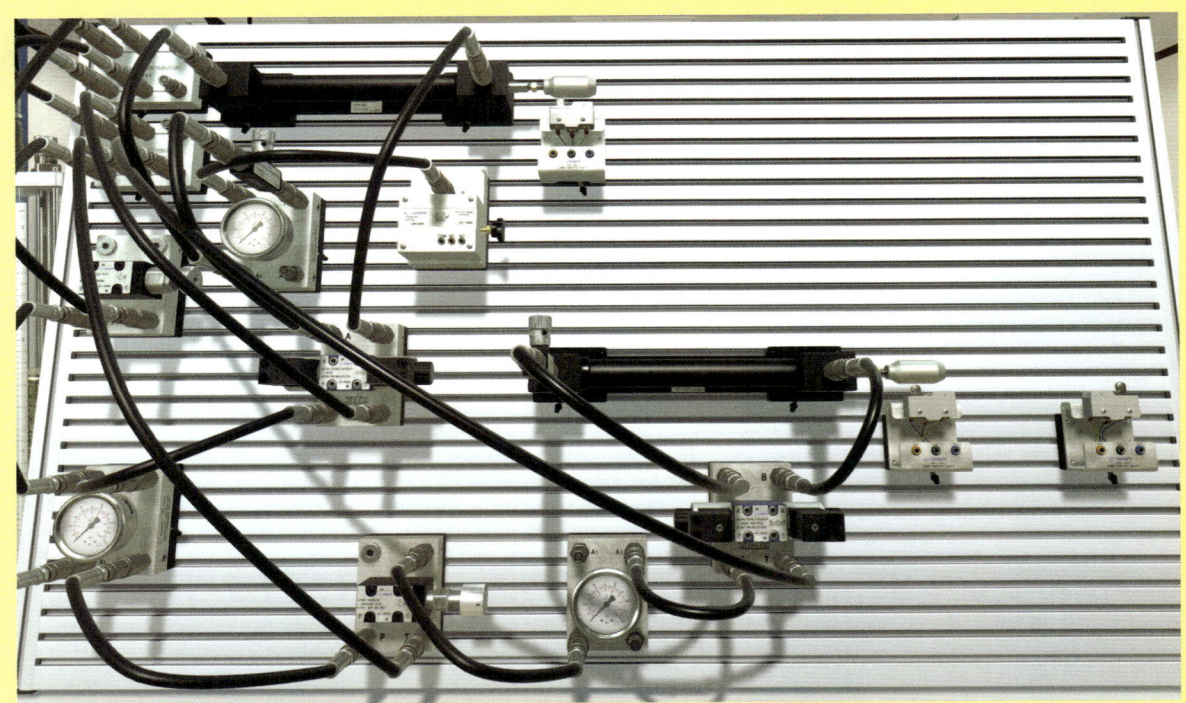

유지 보수 수평 유압 회로 구성

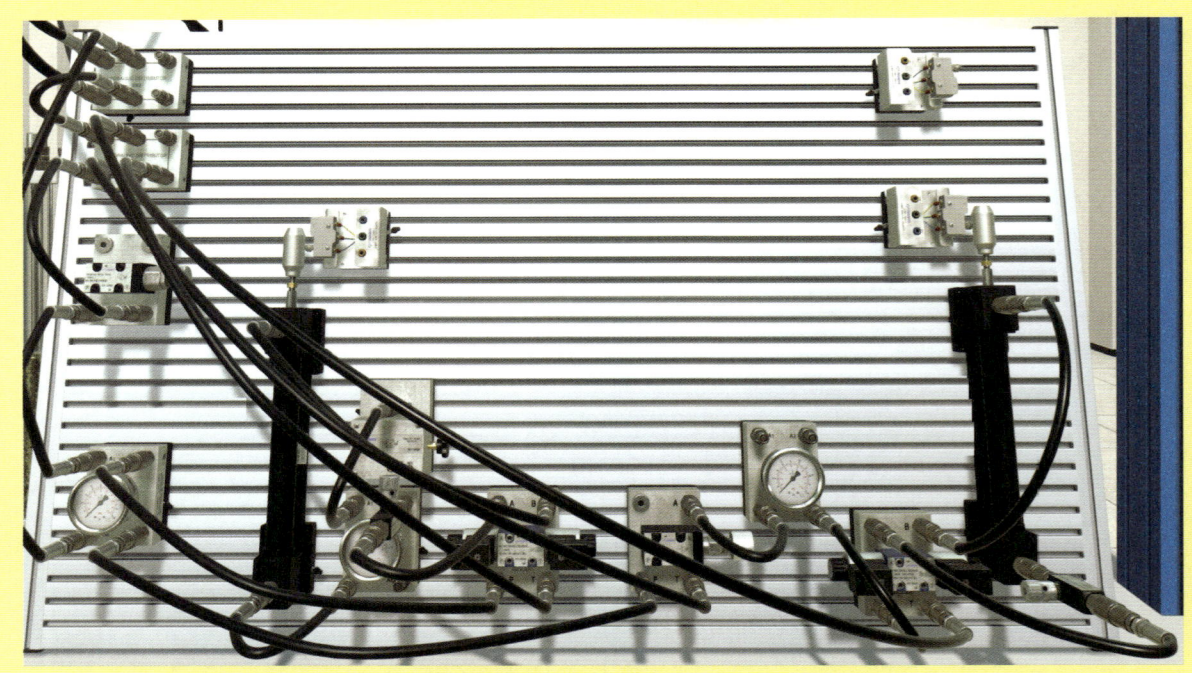

유지 보수 수직 유압 회로 구성

작업 중 Key point

① 기본 동작에서 릴리프 밸브의 설정압을 4MPa로 설정한다.
② 실린더 도그나 로드에 유압 호스 및 리드선이 접촉되지 않도록 한다.
③ 리밋 스위치 접점 기호는 우측 그림을 참고하여 배선한다.
④ 누름 버튼 스위치 PB1은 반드시 자기 복귀형을 선택하여야 한다.
⑤ 기본 동작 구성 중 리밋 스위치의 방향을 반드시 확인하여야 한다.

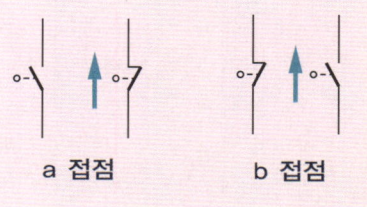
a 접점   b 접점

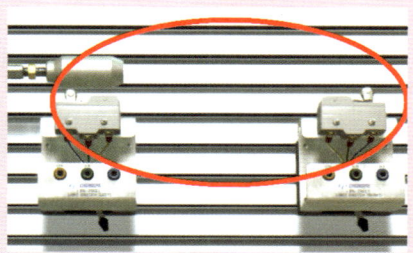

리밋 스위치의 방향

⑥ 유지 보수 작업에서 리밋 스위치 LS2를 제거하고 압력 스위치와 압력 게이지를 설치하여 압력 스위치의 신호에 의한 제어는 다음 순서와 같은 방법으로 작업한다.
　㈎ 기본 동작 작업 후 릴리프 밸브를 3MPa로 수정하고, 압력 게이지에 압력 스위치를 다음 그림과 같이 설치한다.

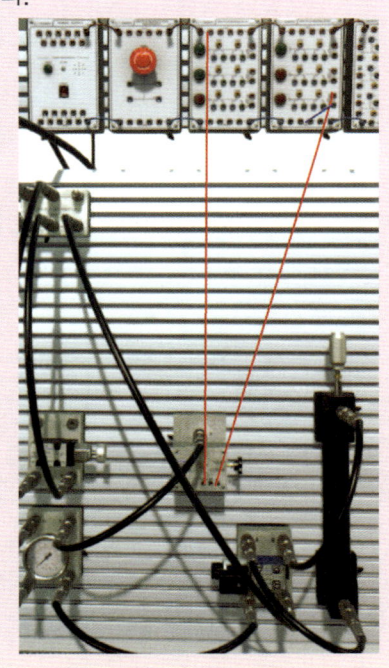

(나) 유압 펌프를 가동하고, 전원 공급기에 전원을 공급한 후 압력 스위치의 손잡이를 회전시킨다.
(다) 램프에 점등이 되지 않으면 시계 반대 방향으로 회전시켜 점등이 되도록 하고, 점등이 되면 시계 방향으로 회전시켜 소등이 되도록 한다.
(라) 점등된 곳과 소등된 곳의 위치에서의 중간 위치로 손잡이를 회전시킨다.
(마) 압력 스위치의 배관과 배선을 해체한다.
(바) 유지 보수 회로도와 같이 압력 스위치와 압력 게이지 부착 분배기를 설치, 배관한다.
(사) 릴리프 밸브를 40MPa로 재설정한다.
(아) 전기 배선은 다음 전기 회로도의 P1을 압력 스위치에 배선하면 된다.

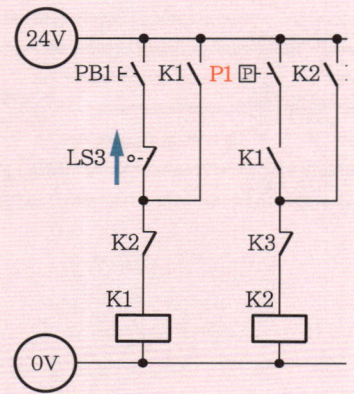

압력 스위치 접점

⑦ 유지 보수 작업에서 감압 회로는 다음 순서에 따라 작업한다.
   (가) 펌프에서 4/3 WAY 복동 솔레노이드 밸브의 P 포트에 연결되어 있는 호스만을 분리한다.
   (나) 감압 밸브 ➡ 2차 압력 게이지 부착 분배기 순으로 설치한다.
   (다) 펌프 파워 ➡ 압력 게이지 부착 분배기에 연결되어 있는 호스를 감압 밸브의 P 포트에 배관한다.

   (라) 감압 밸브의 T 포트를 반드시 유압 호스로 탱크에 연결해야 한다.
   (마) 감압 밸브의 A 포트를 2차 압력 게이지 부착 분배기에 배관한다.

(바) 2차 압력 게이지 부착 분배기 포트와 4/3 WAY 복동 솔레노이드 밸브의 P 포트를 배관하여 연결한다.

(사) 펌프를 가동시킨 후 감압 밸브 출구에 있는 압력 게이지가 2MPa이 되도록 감압 밸브의 조정 손잡이를 조정한다.

⑧ 유지 보수 작업에서 일방향 유량 조절 밸브를 사용하는 미터 인 방식의 회로는 유량 조절 밸브의 체크(조리개) 방향이 매우 중요하며, 이 미터 인 방식의 속도 제어는 라인형 일방향 유량 제어 밸브를 실린더 피팅에 설치, 배관한다.

국가기술자격 실기시험문제 ⑥

| 자격종목 | 설비보전산업기사 | 과제명 | 유압 시스템 설계 및 구성 |

3 도면

가. 유압 회로도

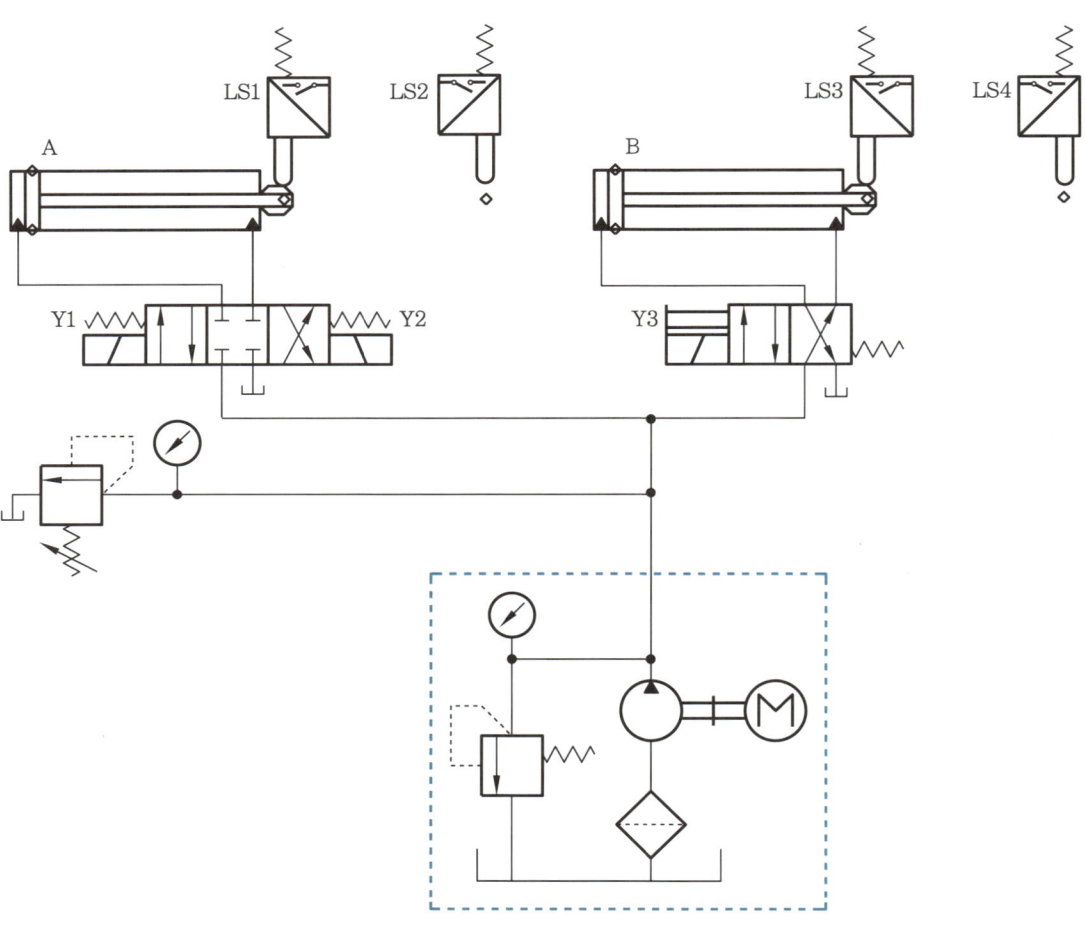

나. 변위 단계 선도

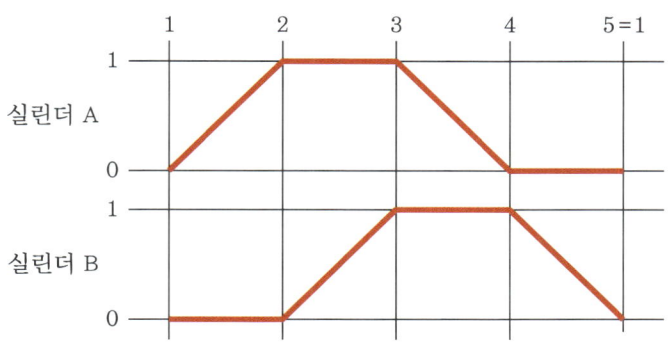

다. 유지 보수 계획

(1) 실린더 A의 전진 리밋스위치 LS2를 제거하고 압력 스위치와 압력 게이지를 설치하여 전진 완료 후 압력 스위치의 설정 압력에 도달했을 때 실린더 B가 전진하도록 회로를 변경하시오. (단, 압력은 3±0.5MPa이 되도록 설정하시오.)

(2) 실린더 B의 압력 라인(P)에 감압 밸브와 압력계를 설치하여 유압 회로도를 변경하고, 2차측의 압력이 2±0.5MPa이 되도록 조정하시오.

(3) 실린더 A, B의 전진 속도를 조절하기 위하여 일방향 유량 조절 밸브를 사용하여 미터 인 방식으로 회로를 구성하시오. (단, 속도는 약 50% 정도가 되도록 설정하시오.)

풀이

기본 동작

(1) 전기 회로도

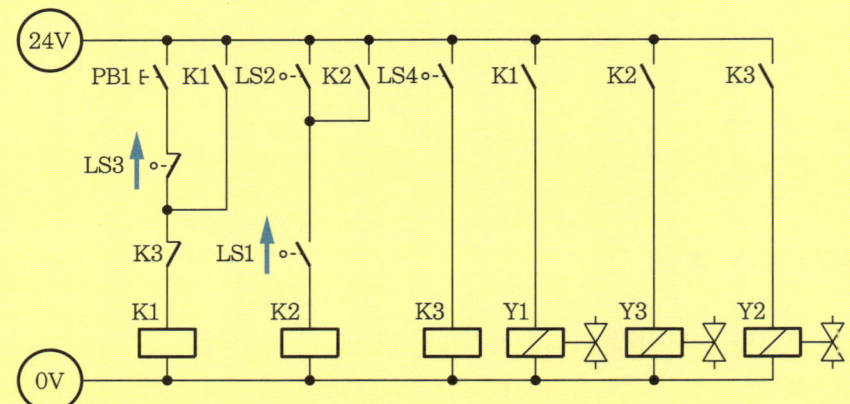

시스템 유지 보수

(1) 유압 회로도

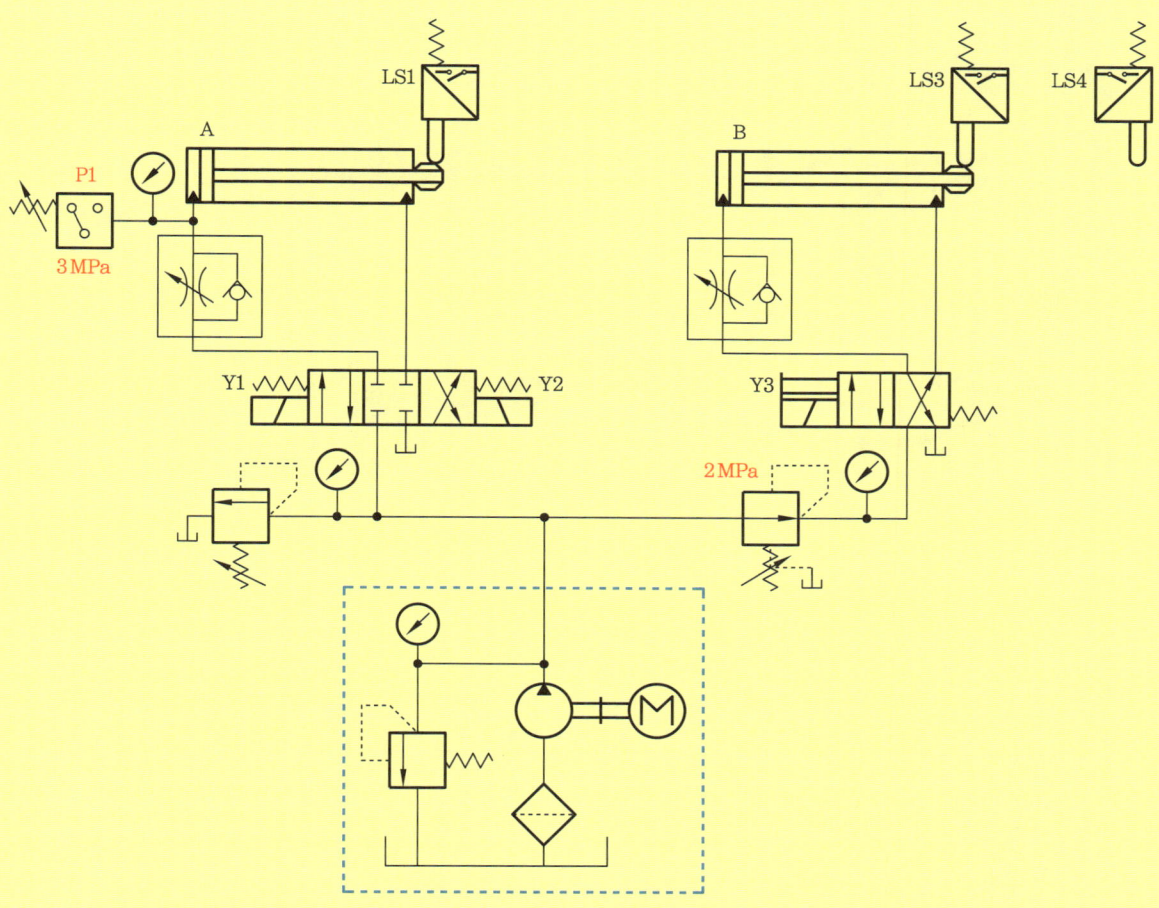

(2) 전기 회로도

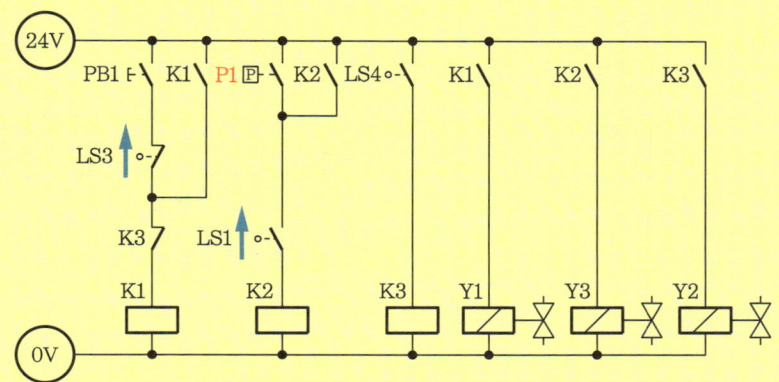

유지 보수 수평 유압 회로 구성

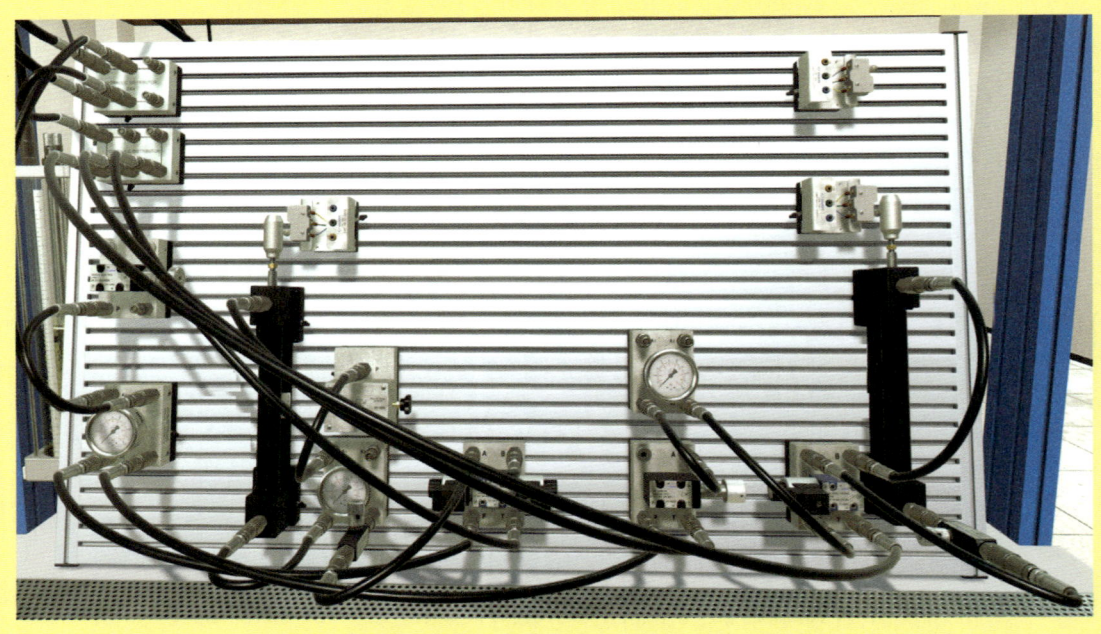

유지 보수 수직 유압 회로 구성

작업 중 Key point

① 기본 동작에서 릴리프 밸브의 설정압을 4MPa로 설정한다.
② 실린더 도그나 로드에 유압 호스 및 리드선이 접촉되지 않도록 한다.
③ 리밋 스위치 접점 기호는 우측 그림을 참고하여 배선한다.
④ 누름 버튼 스위치 PB1은 반드시 자기 복귀형을 선택하여야 한다.
⑤ 기본 동작 구성 중 리밋 스위치의 방향을 반드시 확인하여야 한다.

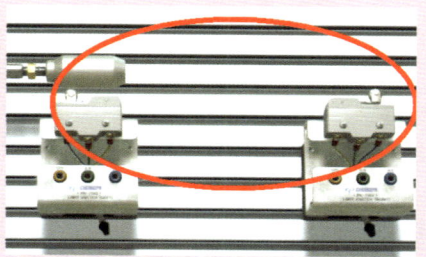

리밋 스위치의 방향

⑥ 유지 보수 작업에서 리밋 스위치 LS2를 제거하고, 압력 스위치와 압력 게이지를 설치하여 압력 스위치의 신호에 의한 제어는 다음 순서와 같은 방법으로 작업한다.
　(가) 기본 동작 작업 후 릴리프 밸브를 3MPa로 수정하고, 압력 게이지에 압력 스위치를 다음 그림과 같이 설치한다.

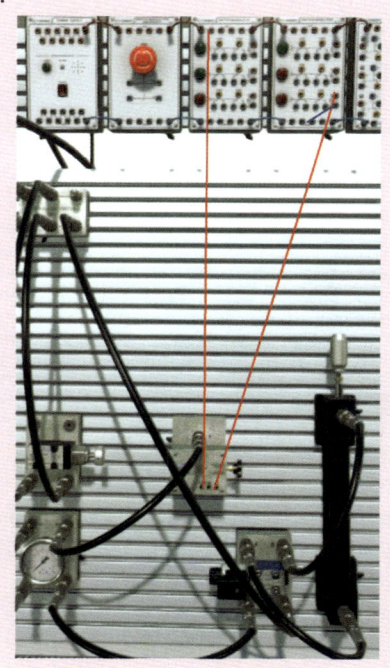

(나) 유압 펌프를 가동하고, 전원 공급기에 전원을 공급한 후 압력 스위치의 손잡이를 회전시킨다.
(다) 램프에 점등이 되지 않으면 시계 반대 방향으로 회전시켜 점등이 되도록 하고, 점등이 되면 시계 방향으로 회전시켜 소등이 되도록 한다.
(라) 점등된 곳과 소등된 곳의 위치에서의 중간 위치로 손잡이를 회전시킨다.
(마) 압력 스위치의 배관과 배선을 해체한다.
(바) 유지 보수 회로도와 같이 압력 스위치와 압력 게이지 부착 분배기를 설치, 배관한다.
(사) 릴리프 밸브를 40MPa로 재설정한다.
(아) 전기 배선은 다음 전기 회로도의 P1을 압력 스위치에 배선하면 된다.

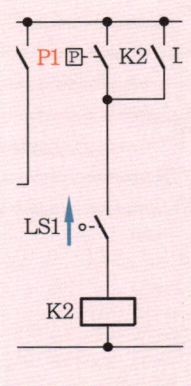

압력 스위치 접점

⑦ 유지 보수 작업에서 감압 회로는 다음 순서에 따라 작업한다.
  (가) 펌프에서 4/2 WAY 단동 솔레노이드 밸브의 P 포트에 연결되어 있는 호스만을 분리한다.
  (나) 감압 밸브 ➔ 2차 압력 게이지 부착 분배기 순으로 설치한다.
  (다) 펌프 파워 ➔ 압력 게이지 부착 분배기에 연결되어 있는 호스를 감압 밸브의 P 포트에 배관한다.

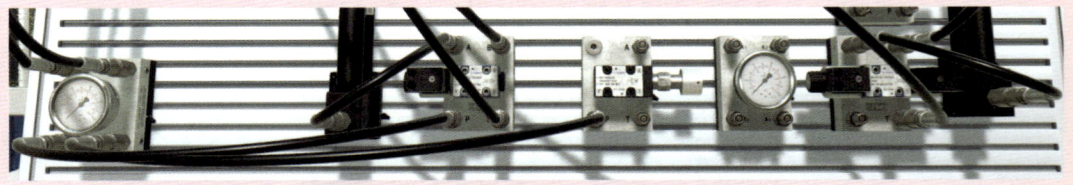

  (라) 감압 밸브의 T 포트를 반드시 유압 호스로 탱크에 연결해야 한다.
  (마) 감압 밸브의 A 포트를 2차 압력 게이지 부착 분배기에 배관한다.

(바) 2차 압력 게이지 부착 분배기 포트와 4/2 WAY 단동 솔레노이드 밸브의 P 포트를 배관하여 연결한다.

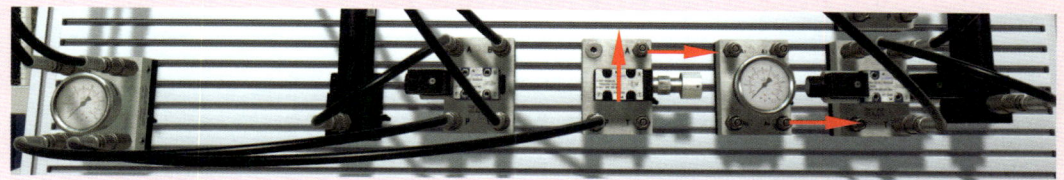

(사) 펌프를 가동시킨 후 감압 밸브 출구에 있는 압력 게이지가 2MPa이 되도록 감압 밸브의 조정 손잡이를 조정한다.

⑧ 유지 보수 작업에서 일방향 유량 조절 밸브를 사용하는 미터 인 방식의 회로는 유량 조절 밸브의 체크(조리개) 방향이 매우 중요하며, 이 미터 인 방식의 속도 제어는 라인형 일방향 유량 제어 밸브를 실린더 피팅에 설치, 배관한다.

국가기술자격 실기시험문제 ⑦

| 자격종목 | 설비보전산업기사 | 과제명 | 유압 시스템 설계 및 구성 |

3 도면

가. 유압 회로도

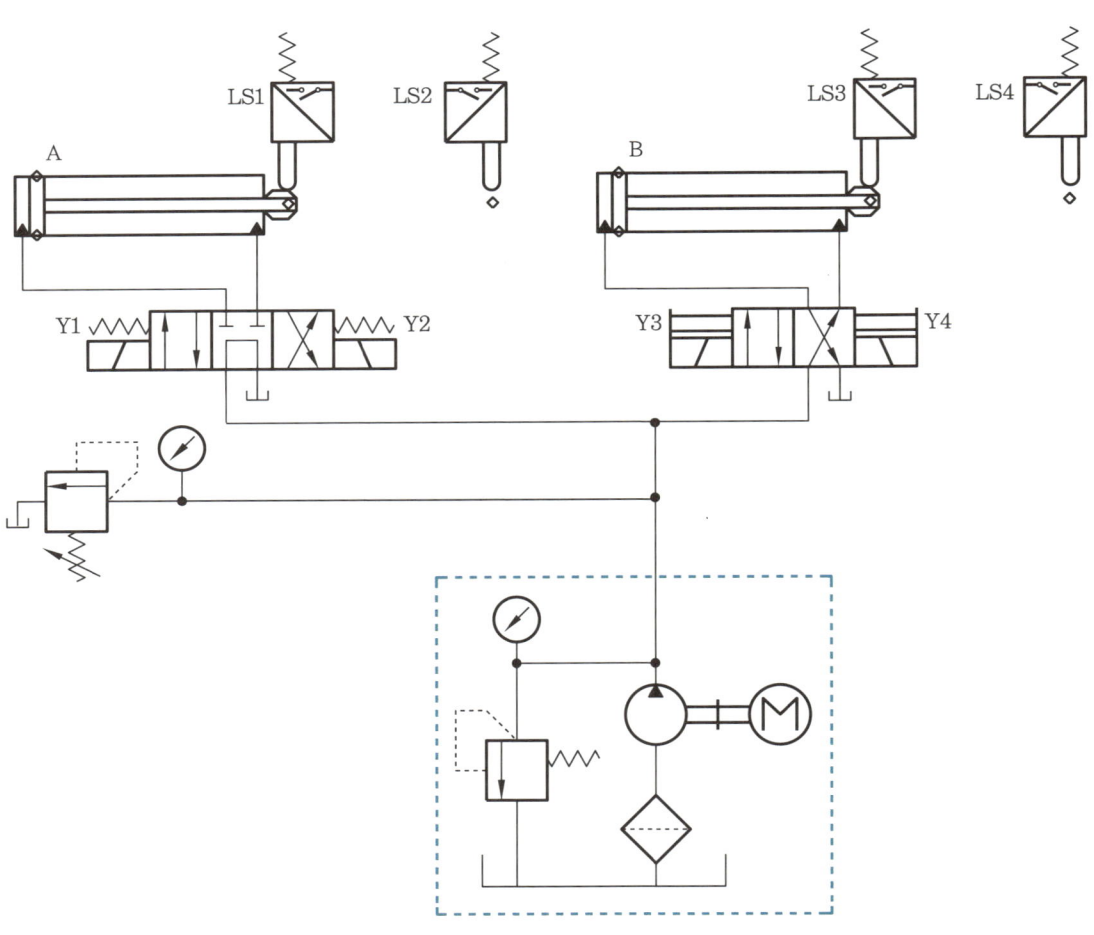

나. 변위 단계 선도

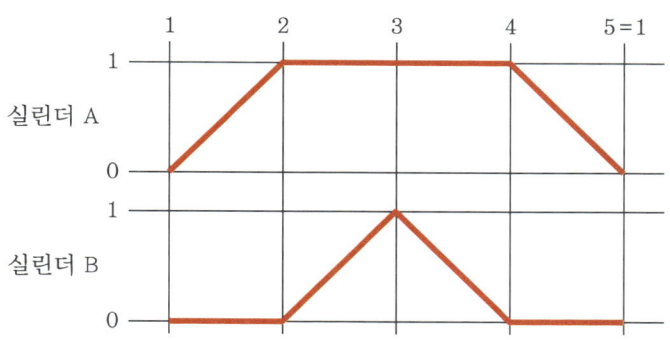

다. 유지 보수 계획

(1) 실린더 B의 전진 리밋 스위치 LS4를 제거하고 압력 스위치와 압력 게이지를 설치하여 전진 완료 후 압력 스위치의 설정 압력에 도달했을 때 실린더 B가 후진하도록 회로를 변경하시오. (단, 압력은 3±0.5MPa이 되도록 설정하시오.)

(2) 실린더 A의 방향 제어 밸브를 4포트 3위치 A-B-T 접속형 밸브로 교체하고, 로드측에 파일럿 조작 체크 밸브를 사용하여 로킹 회로가 되도록 변경하시오.

(3) 실린더 B의 전·후진 속도가 제어되도록 공급 라인에 양방향 유량 조절 밸브를 사용하여 회로를 구성하시오. (단, 속도는 약 50% 정도가 되도록 설정하시오.)

풀이

기본 동작

(1) 전기 회로도

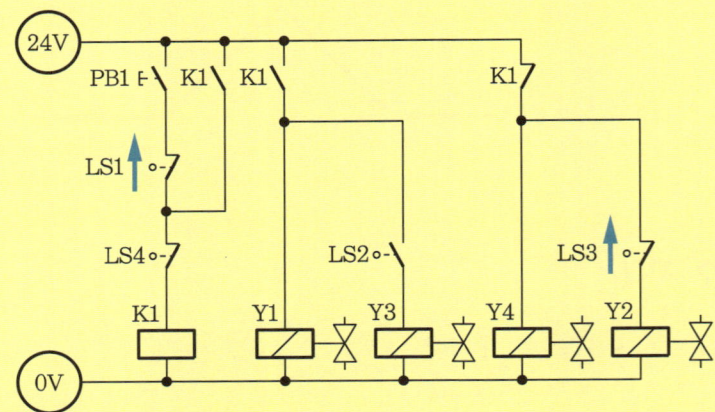

시스템 유지 보수

(1) 유압 회로도

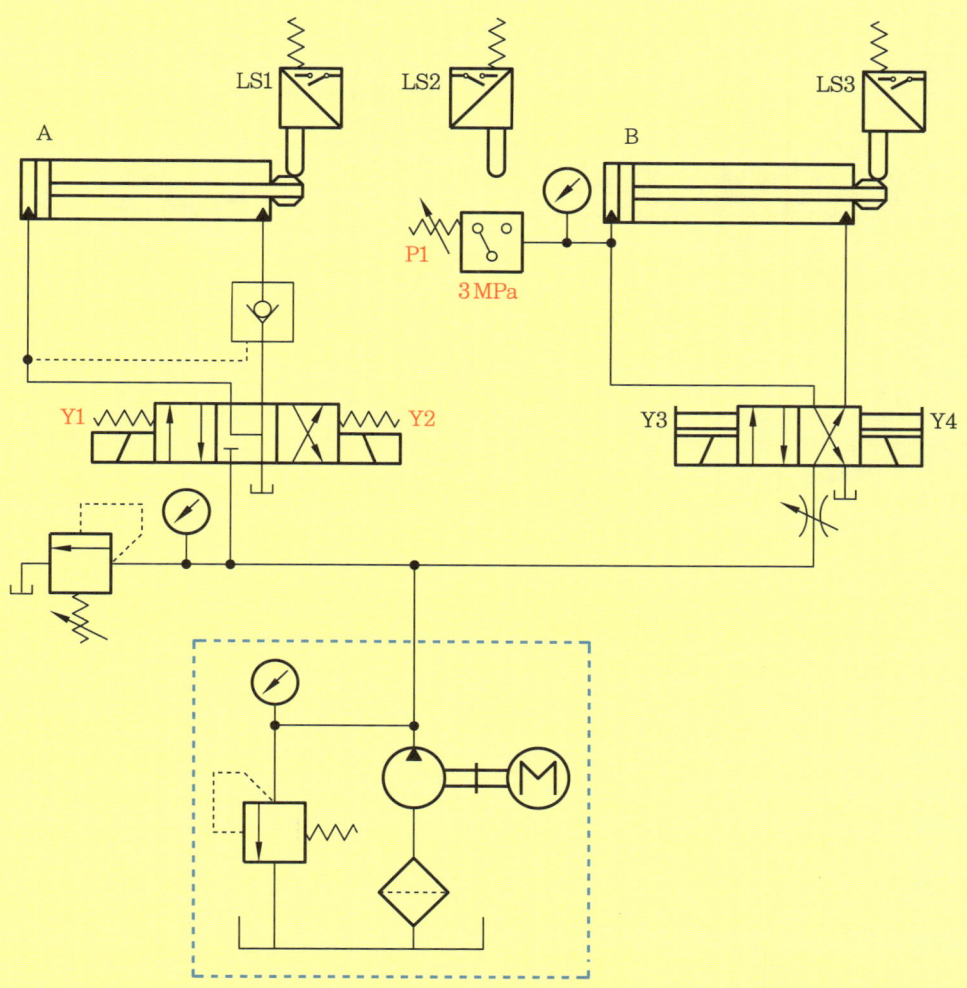

(2) 전기 회로도

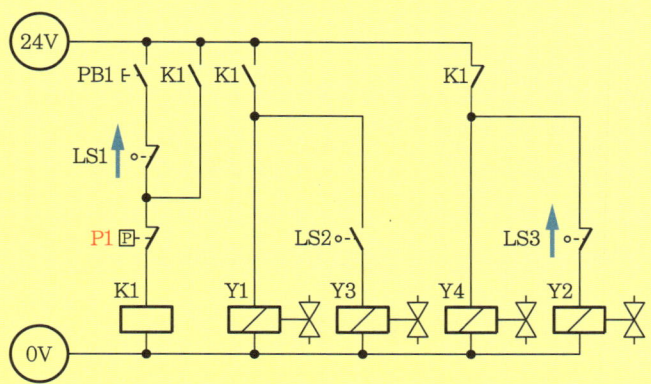

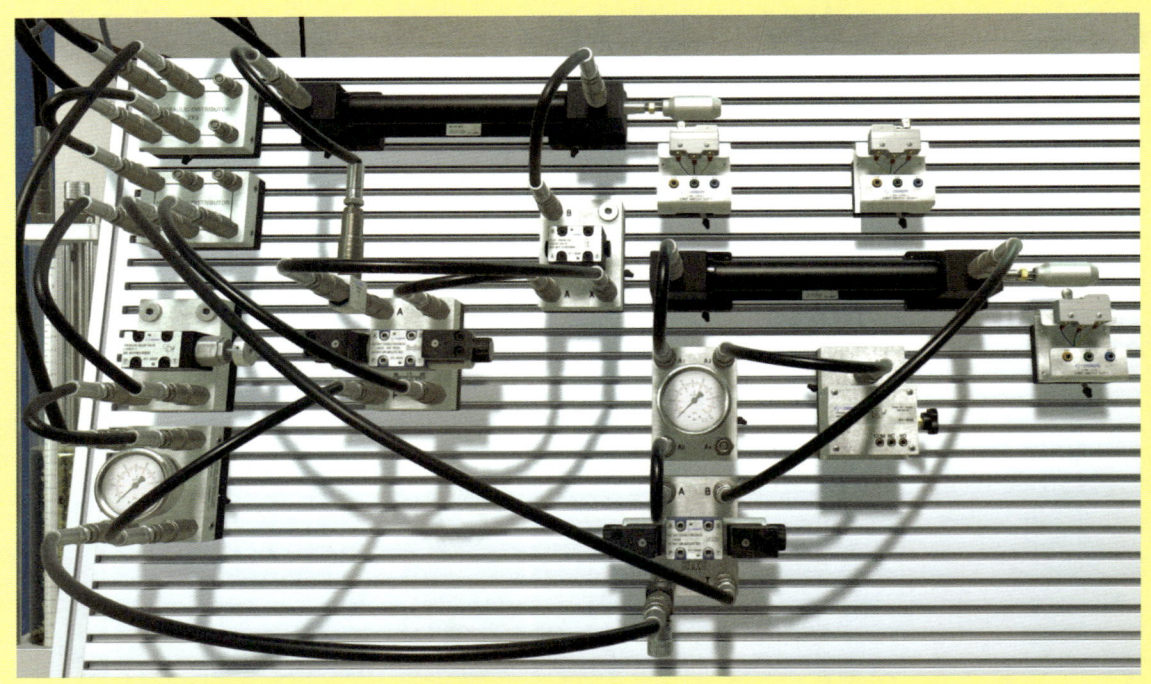

유지 보수 수평 유압 회로 구성

유지 보수 수직 유압 회로 구성

작업 중 Key point

① 기본 동작에서 릴리프 밸브의 설정압을 4MPa로 설정한다.
② 실린더 도그나 로드에 유압 호스 및 리드선이 접촉되지 않도록 한다.
③ 리밋 스위치 접점 기호는 우측 그림을 참고하여 배선한다.
④ 누름 버튼 스위치 PB1은 반드시 자기 복귀형을 선택하여야 한다.
⑤ 기본 동작 구성 중 리밋 스위치의 방향을 반드시 확인하여야 한다.

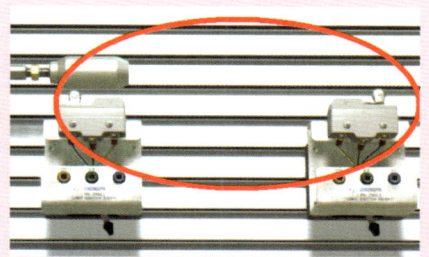

리밋 스위치의 방향

⑥ 유지 보수 작업에서 리밋 스위치 LS4를 제거하고, 압력 스위치와 압력 게이지를 설치하여 압력 스위치의 신호에 의한 제어는 다음 순서와 같은 방법으로 작업한다.
　㈎ 기본 동작 작업 후 릴리프 밸브를 3MPa로 수정하고, 압력 게이지에 압력 스위치를 다음 그림과 같이 설치한다.

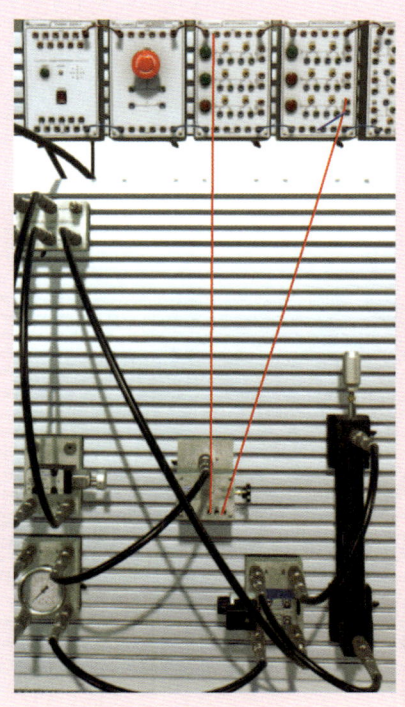

(나) 유압 펌프를 가동하고, 전원 공급기에 전원을 공급한 후 압력 스위치의 손잡이를 회전시킨다.
(다) 램프에 점등이 되지 않으면 시계 반대 방향으로 회전시켜 점등이 되도록 하고, 점등이 되면 시계 방향으로 회전시켜 소등이 되도록 한다.
(라) 점등된 곳과 소등된 곳의 위치에서의 중간 위치로 손잡이를 회전시킨다.
(마) 압력 스위치의 배관과 배선을 해체한다.
(바) 유지 보수 회로도와 같이 압력 스위치와 압력 게이지 부착 분배기를 설치, 배관한다.
(사) 릴리프 밸브를 40MPa로 재설정한다.
(아) 전기 배선은 다음 전기 회로도의 P1을 압력 스위치에 배선하면 된다.

압력 스위치 접점

⑦ 주어진 유압 회로도에서 실린더 A를 제어하는 밸브는 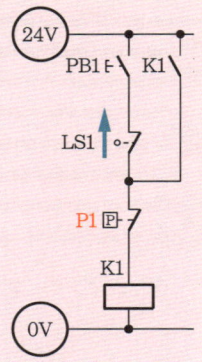 이며, 이 밸브는 탠덤 센터형, 즉 무부하 밸브이다. 이 밸브는 각 기기들이 설치, 배관되어 있는 상태에서 압력을 공급하여도 압력 게이지로 설정압을 확인할 수 없으나 전원을 공급하면 솔레노이드 밸브 Y2가 여자되어 압력을 확인할 수 있다.

⑧ 유지 보수 작업 중 로킹 회로의 파일럿 조작 체크 밸브와 T 커넥터는 다음 그림과 같이 구성한다.

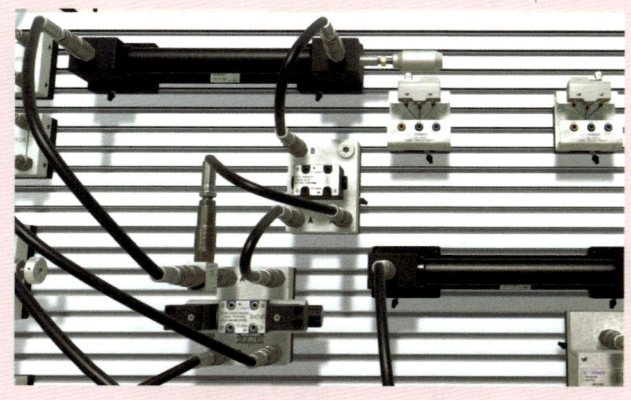

로킹 회로

⑨ 유지 보수 작업 중 4포트 3위치 A-B-T 접속형 솔레노이드 밸브는 다음의 사진과 동일한 것을 선택하여 교체한다.

4/3 WAY A-B-T 접속형 복동 솔레노이드 밸브의 외형과 기호

⑩ 유지 보수 작업 중 양방향 유량 조절 밸브를 사용하는 회로는 다음 그림과 같이 구성한다.

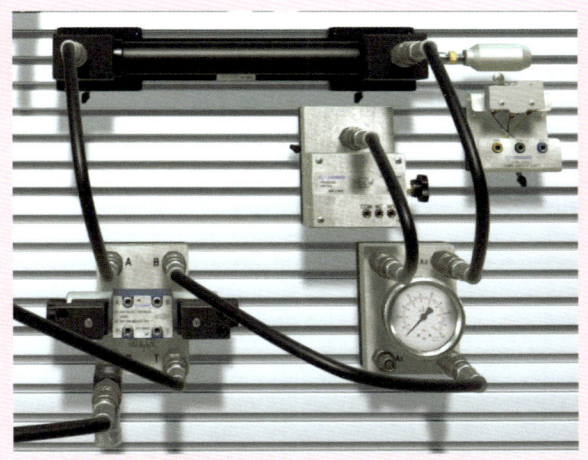

압력 스위치 회로와 양방향 유량 조절 밸브 설치

국가기술자격 실기시험문제 ⑧

| 자격종목 | 설비보전산업기사 | 과제명 | 유압 시스템 설계 및 구성 |

3 도면

가. 유압 회로도

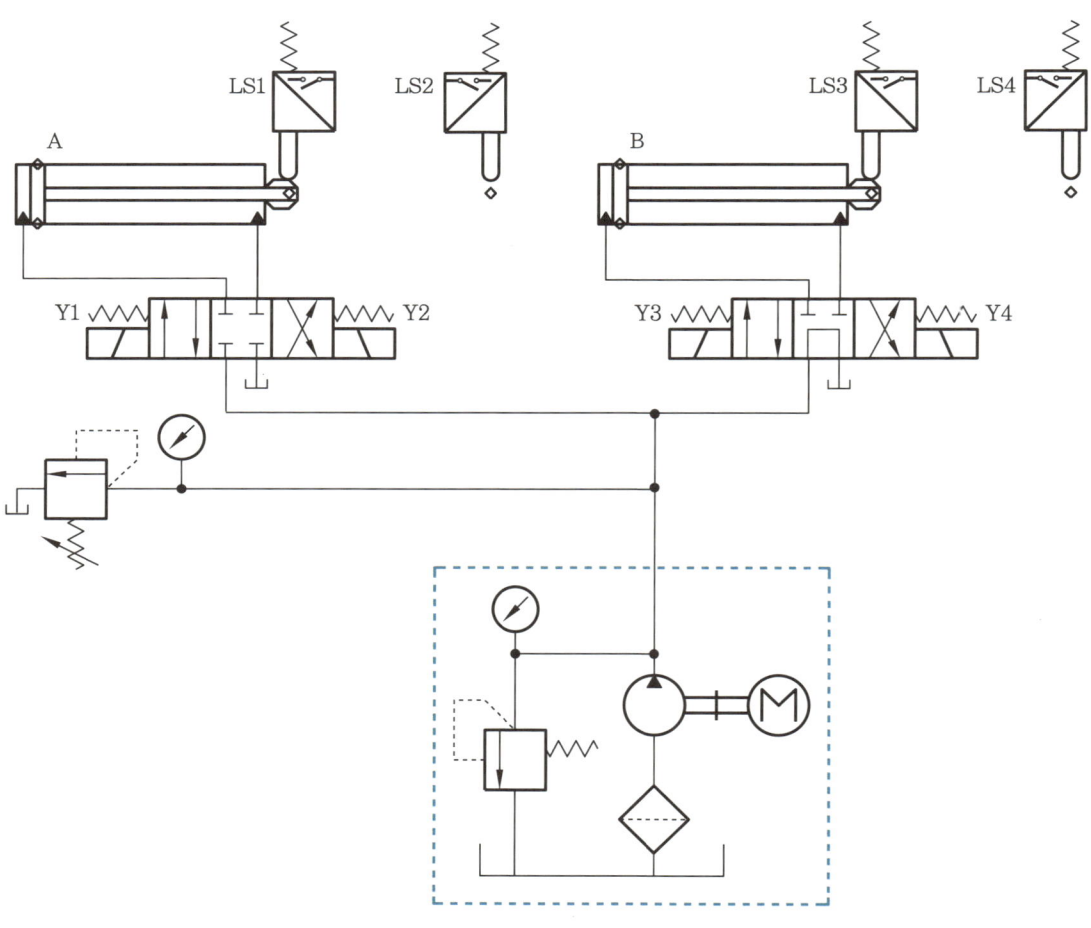

나. 변위 단계 선도

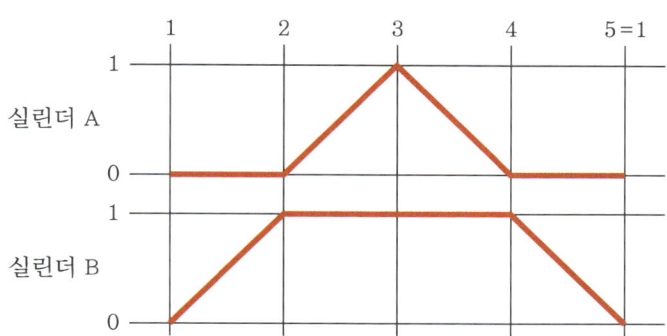

다. 유지 보수 계획

(1) 실린더 A의 전진 리밋 스위치 LS2를 제거하고 압력 스위치와 압력 게이지를 설치하여 전진 완료 후 압력 스위치의 설정 압력에 도달했을 때 실린더 A가 후진하도록 회로를 변경하시오. (단, 압력은 3±0.5MPa이 되도록 설정하시오.)

(2) 실린더 B의 방향 제어 밸브를 4포트 3위치 A-B-T 접속형 밸브로 교체하고, 로드측에 파일럿 조작 체크 밸브를 사용하여 로킹 회로가 되도록 변경하시오.

(3) 실린더 A의 전·후진 속도가 제어되도록 공급 라인에 양방향 유량 조절 밸브를 사용하여 회로를 구성하시오. (단, 속도는 약 50% 정도가 되도록 설정하시오.)

풀이

기본 동작

(1) 전기 회로도

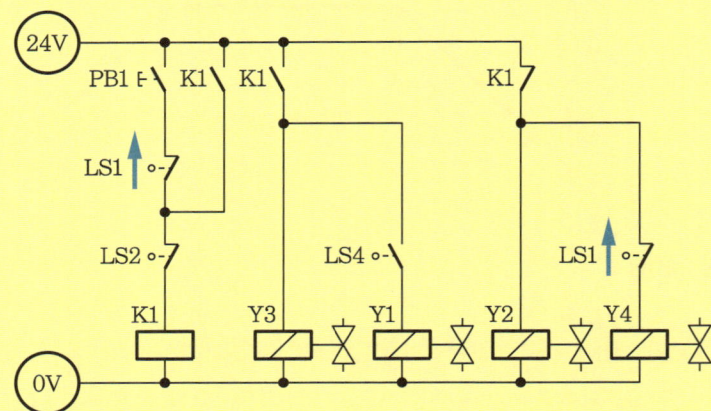

시스템 유지 보수

(1) 유압 회로도

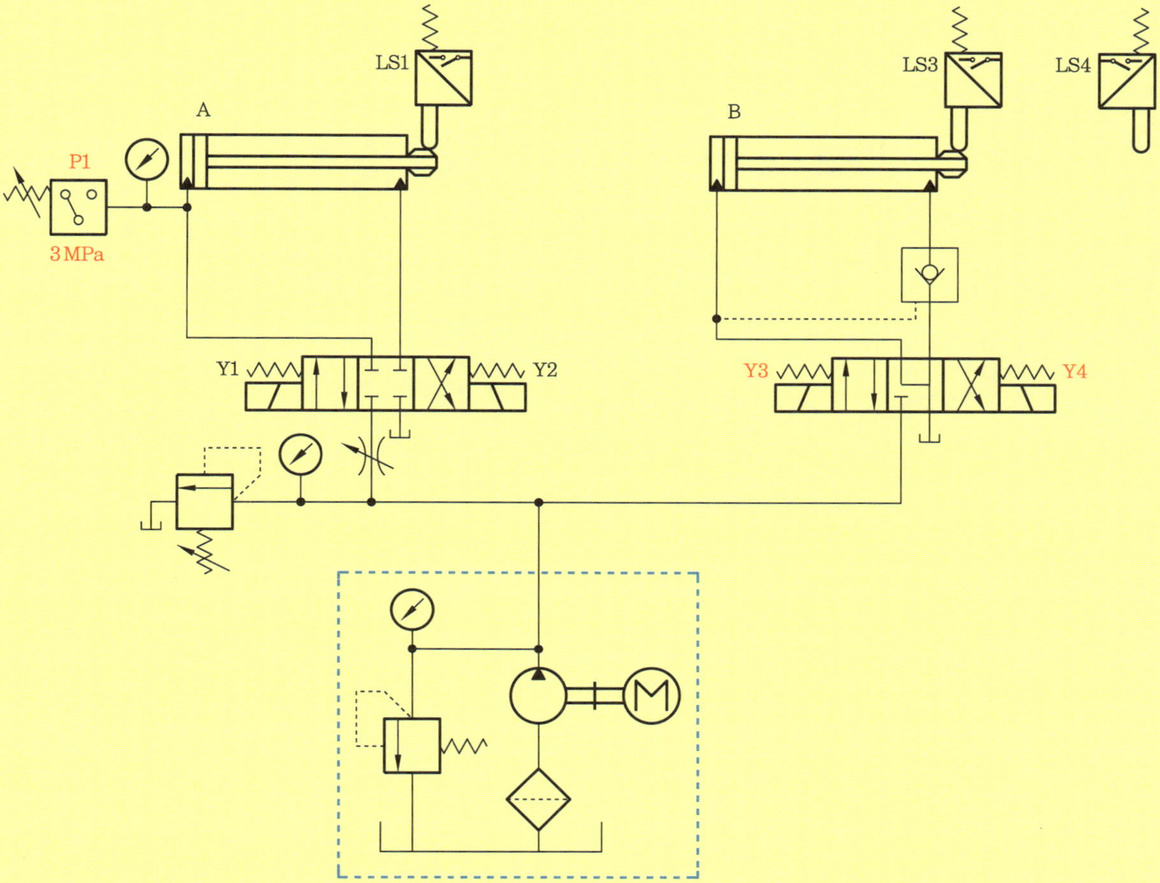

(2) 전기 회로도

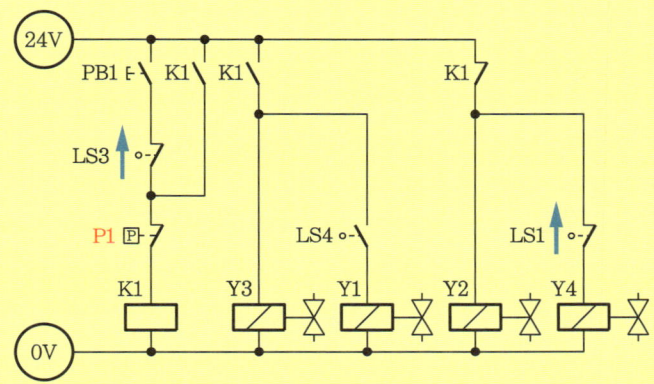

유지 보수 수평 유압 회로 구성

유지 보수 수직 유압 회로 구성

작업 중 Key point

① 기본 동작에서 릴리프 밸브의 설정압을 4MPa로 설정한다.
② 실린더 도그나 로드에 유압 호스 및 리드선이 접촉되지 않도록 한다.
③ 리밋 스위치 접점 기호는 우측 그림을 참고하여 배선한다.
④ 누름 버튼 스위치 PB1은 반드시 자기 복귀형을 선택하여야 한다.
⑤ 기본 동작 구성 중 리밋 스위치의 방향을 반드시 확인하여야 한다.

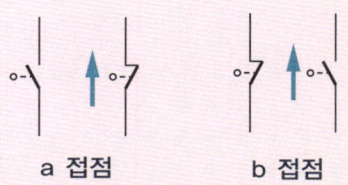
a 접점   b 접점

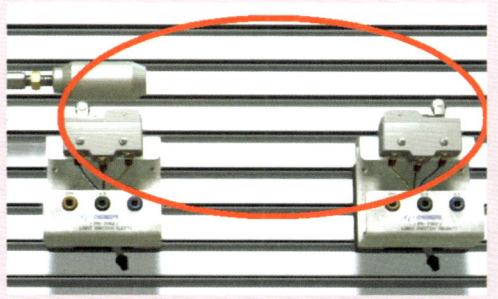

리밋 스위치의 방향

⑥ 기본 동작 중 리밋 스위치 LS2는 b 접점이다.
⑦ 주어진 유압 회로도에서 실린더 B를 제어하는 밸브는  이며, 이 밸브는 탠덤 센터형, 즉 무부하 밸브이다. 이 밸브는 각 기기들이 설치, 배관되어 있는 상태에서 압력을 공급하여도 압력 게이지로 설정압을 확인할 수 없으나 전원을 공급하면 솔레노이드 밸브 Y2와 Y4가 여자되어 압력을 확인할 수 있다.
⑧ 유지 보수 작업 중 4포트 3위치 A-B-T 접속형 솔레노이드 밸브는 다음의 사진과 동일한 것을 선택하여 교체한다.

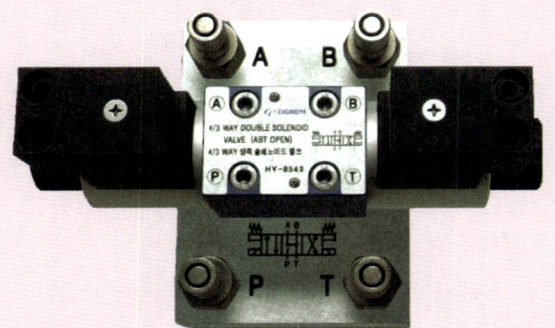

4/3 WAY A-B-T 접속형 복동 솔레노이드 밸브의 외형과 기호

⑨ 유지 보수 작업에서 리밋 스위치 LS2를 제거하고 압력 스위치와 압력 게이지를 설치하여 압력 스위치의 신호에 의한 제어는 다음 순서와 같은 방법으로 작업한다.

(가) 기본 동작 작업 후 릴리프 밸브를 3MPa로 수정하고, 압력 게이지에 압력 스위치를 다음 그림과 같이 설치한다.

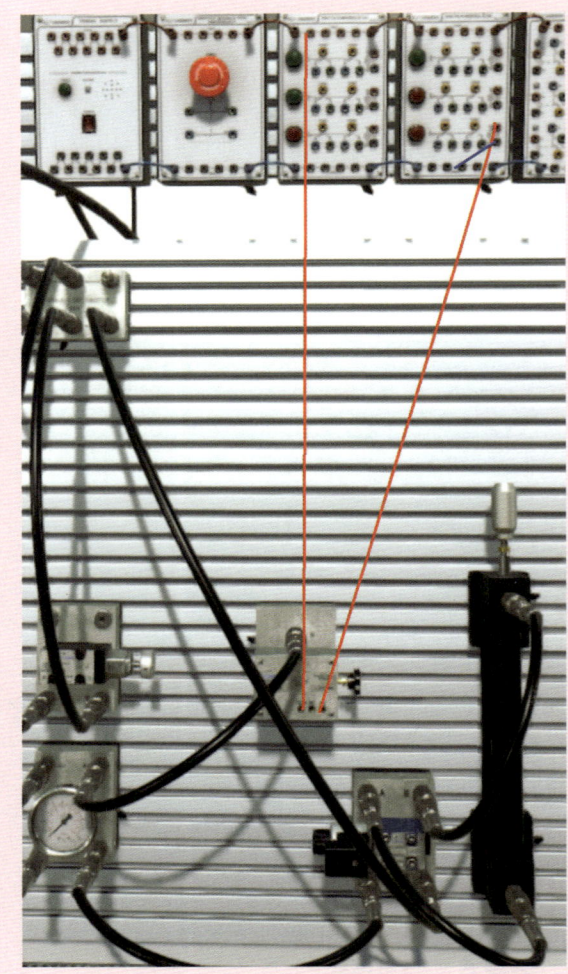

(나) 유압 펌프를 가동하고, 전원 공급기에 전원을 공급한 후 압력 스위치의 손잡이를 회전시킨다.

(다) 램프에 점등이 되지 않으면 시계 반대 방향으로 회전시켜 점등이 되도록 하고, 점등이 되면 시계 방향으로 회전시켜 소등이 되도록 한다.

(라) 점등된 곳과 소등된 곳의 위치에서의 중간 위치로 손잡이를 회전시킨다.

(마) 압력 스위치의 배관과 배선을 해체한다.

(바) 유지 보수 회로도와 같이 압력 스위치와 압력 게이지 부착 분배기를 설치, 배관한다.

(사) 릴리프 밸브를 40MPa로 재설정한다.

(아) 전기 배선은 다음 전기 회로도의 P1을 압력 스위치에 배선하면 된다.

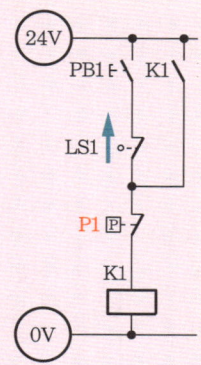

압력 스위치 접점

⑩ 유지 보수 작업 중 로킹 회로의 파일럿 조작 체크 밸브와 T 커넥터는 다음 그림과 같이 구성한다.

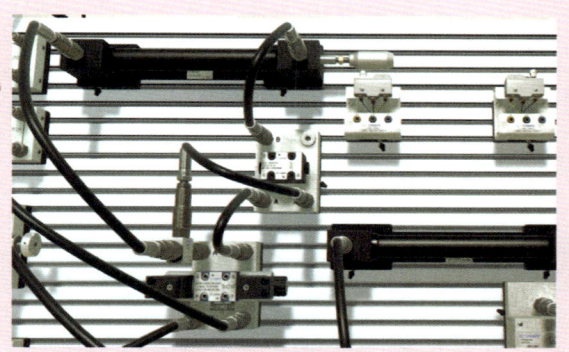

로킹 회로

⑪ 유지 보수 작업 중 양방향 유량 조절 밸브를 사용하는 회로는 다음 그림과 같이 구성한다.

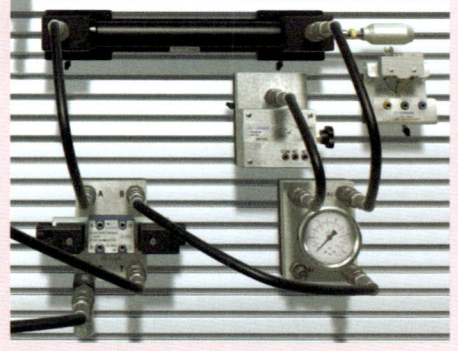

압력 스위치 회로와 양방향 유량 조절 밸브 설치

설비보전산업기사
PART 4

제 3 과제

가스 절단 및 용접

• 국가기술자격 실기시험문제 ① ~ ⑧

국가기술자격 실기시험문제

자격종목	설비보전산업기사	과제명	가스 절단 및 용접

※ 문제지는 시험 종료 후 본인이 가져갈 수 있습니다.

비번호		시험일시		시험장명	

※ 시험시간 : [제3과제] 1시간

1 요구사항

※ 지급된 재료 및 시설을 사용하여 아래 작업을 완성하시오.

※ 한 번 제출한 작품의 재작업은 허용되지 않습니다.

※ 작업 시작 전 지급된 연강판에 각인 여부를 반드시 확인하시오.

※ 가스 절단 → 구멍 가공 → 용접 → 보수 용접 → 조립 → 정리 정돈 순서로 작업하시오.

가. 가스 절단 및 구멍 가공

※ 가스 절단 작업은 **10분 이내**에 완료하여야 합니다.

(1) 주어진 연강판을 **절단 및 가공 도면**과 같이 절단하시오. (단, 작업 후 절단면 외관을 채점하므로 줄이나 그라인더 가공을 금합니다.)

 (가) 가스 절단 장치 또는 가스 집중 장치의 가스 누설 여부를 확인하시오.
 (나) 각 압력 조정기의 핸들을 조정하여 절단 작업에 사용 가능한 적정 압력으로 조절하시오.
 (다) 점화 후 가스 불꽃을 조정하여 도면과 같이 작업 수행 후 소화하시오.
 (라) 각 호스의 내부 잔류 가스를 배출시킨 후 작업 전의 상태로 정리하시오.

(2) 절단된 연강판을 **절단 및 가공 도면**과 같이 Drilling 및 Tapping 하시오.

나. 용접

(1) 절단 및 가공된 연강판을 **용접 및 조립 도면**과 같이 피복 아크 용접하시오.
   (가) 용접 전류 등 작업에 필요한 조건은 수험자가 직접 결정하여 설정하시오.
   (나) **가용접은 2곳 이하, 가용접 길이는 10mm 이내**로 용접하시오.
   (다) 도면에서 지시하는 본 용접 구간 모두 필릿 용접하시오. (단, 비드 폭과 높이가 각각 요구된 **목 길이(각 장)의 -20 ~ +50%** 범위에서 용접하시오.)

다. 보수 용접

(1) 도면에 지시된 보수 용접 HOLE의 상단을 빈틈없이 메우기 위해 모두 용접하시오. (단, HOLE에 지급된 용접봉 외에 보충물을 임의로 추가하여 용접하지 않습니다.)
(2) 보수 용접 판재 후면에 용락(처짐)이 없도록 용접하시오.

라. 조립

(1) 주어진 볼트(M10)를 이용하여 **용접 및 조립 도면**과 같이 조립하여 제출하시오.

마. 정리 정돈

(1) 평가 종료 후 작업한 자리의 장비, 부품, 공기구 등을 초기 상태로 정리하시오.

2 수험자 유의사항

※ 다음의 유의사항을 고려하여 요구사항을 완성하시오.

※ 작업형 과제별 배점은 [공기압 시스템 설계 및 구성 30점, 유압 시스템 설계 및 구성 30점, 가스 절단 및 용접 40점]이며, 이외 세부항목 배점은 비공개입니다.

(1) 시험 시작 전 장비 이상 유무를 확인합니다.
(2) 작업 중 안전수칙 준수 여부를 평가하므로, 안전수칙을 준수하여 작업합니다.
(3) 전기 용접 작업 시 감전 및 화상 등의 재해가 발생하지 않도록 전기 케이블 및 안전보호구를 사전에 점검하여 사용하며, 필요한 안전수칙을 반드시 준수하시기 바랍니다. (단, 슬리퍼·샌들 착용, 보안경 미착용 등 복장이 작업에 부적합할 경우 응시가 불가능합니다.)
(4) 구멍 가공 시 보안경을 반드시 착용하시기 바랍니다.
(5) 시험 중에는 반드시 시험감독위원의 지시에 따라야 하며, 시험시간 동안 시험감독위원의 지시가 없는 한 시험장을 임의로 이탈할 수 없습니다.

(6) 시험에 필요한 기기 이외에 임의로 접촉하지 않도록 주의하시기 바랍니다.
(7) 가스 절단 작업 후 절단면 외관을 평가하므로 줄이나 그라인더 가공을 금합니다.
(8) 공단에서 지정한 각인이 날인된 강판으로 작업하여야 합니다.
(9) 수험자는 작업이 완료되면 시험감독위원의 확인을 받아야 합니다.
(10) 다음 사항은 실격에 해당하여 채점 대상에서 제외됩니다.
  ㈎ 수험자 본인이 수험 도중 시험에 대한 기권 의사를 표현하는 경우
  ㈏ 실기시험 과정 중 1개 과정이라도 불참한 경우
  ㈐ 시설·장비의 조작 또는 재료의 취급이 미숙하여 위해를 일으킬 것으로 시험감독위원 전원이 합의하여 판단한 경우
  ㈑ 기능이 해당 등급 수준에 전혀 도달하지 못한 것으로 시험감독위원이 판단할 경우
  ㈒ 부정행위를 한 경우
  ㈓ 시험시간 내에 작품을 제출하지 못한 경우
  ㈔ 용접봉을 포함한 지급된 재료 이외의 재료를 사용한 경우
  ㈕ 강판에 각인이 날인되지 않은 경우
  ㈖ 결과물이 주어진 도면과 상이한 작품
  ㈗ 결과물의 직각도가 ±10mm, 치수 및 단차가 한 부분이라도 ±10mm를 초과한 경우
  ㈘ 필릿 용접부의 비드 폭과 높이가 각각 요구된 목 길이(각 장)의 범위를 벗어나는 작품
  ㈙ 용접구간 내에 10mm 이상 용접되지 않았거나, 완전히 절단되지 않은 경우
  ㈚ 시험감독위원이 판단하여 더 이상 가스 절단 작업을 수행할 수 없다고 인정하는 경우
  ㈛ 시험감독위원이 판단하여 전원 합의 하에 용접의 상태(언더컷, 오버랩, 비드 상태 등 구조상의 결함 등)가 채점기준에서 제시한 항목 이외의 사항과 관련하여 용접 작품으로 인정할 수 없는 경우
  ㈜ 용접 시 비드 내에서 전진법이나 후진법을 혼용하여 작업한 경우(용접 시점과 종점은 모두 동일해야 함)
  ㈝ 외관 평가 전에 줄이나 그라인더 등으로 후가공한 경우
  ㈞ 보수 용접 후 표면 비드의 높이가 10mm를 초과하거나 용락(처짐)이 발생한 작품
  ㈟ 볼트 미체결 및 볼트를 훼손한 경우

국가기술자격 실기시험문제 ①

| 자격종목 | 설비보전산업기사 | 과제명 | 가스 절단 및 용접 |

3 도면

구분	재료명	규격	수량	비고
1	연강판	200×80, 6t	1개	
2	연강판	100×80, 6t	1개	
3	절단 가스	LPG 또는 아세틸렌	–	
4	드릴	$\phi 8.5$, $\phi 12$	각 1개	
5	핸드탭	M10×1.5	1세트	
6	육각머리 볼트	M10×20	2개	
7	전기 용접봉	E4316, $\phi 3.2$	3개	
8	용접기	직류 또는 교류	–	개인 지참 불가

가. 절단 및 가공 도면

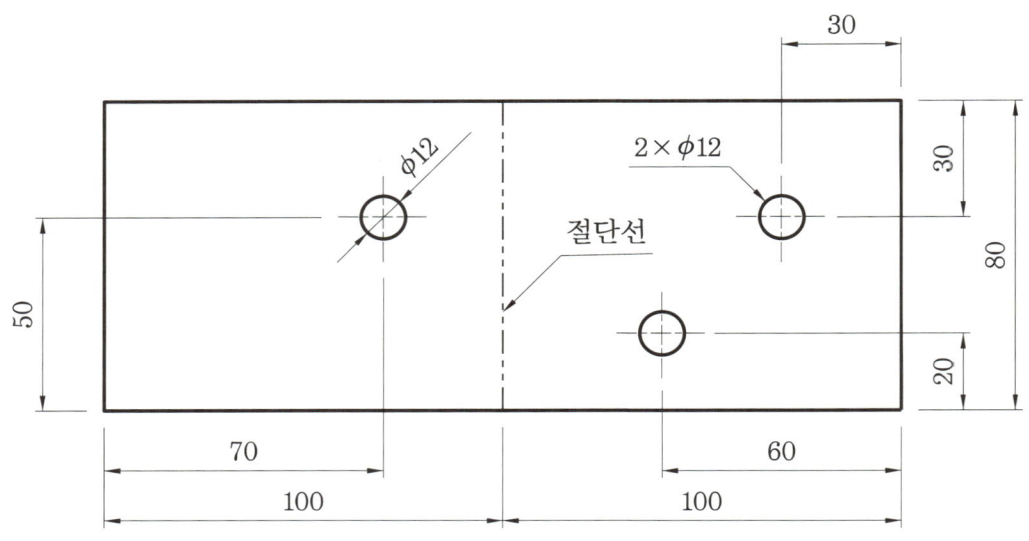

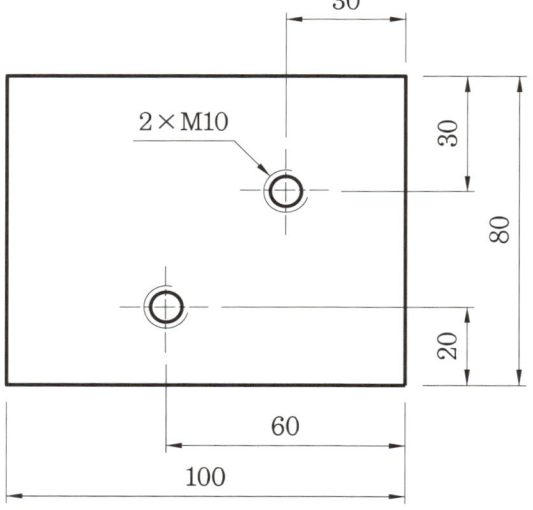

나. 용접 및 조립 도면

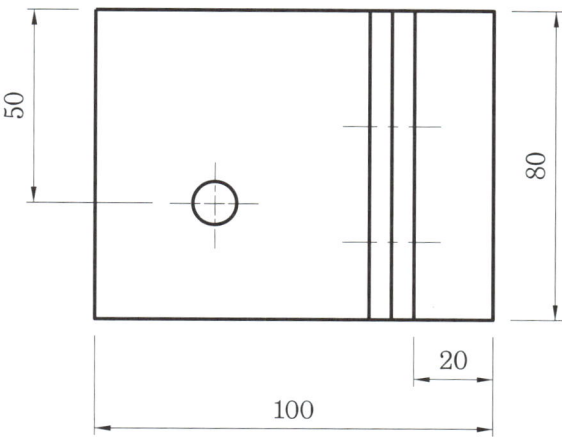

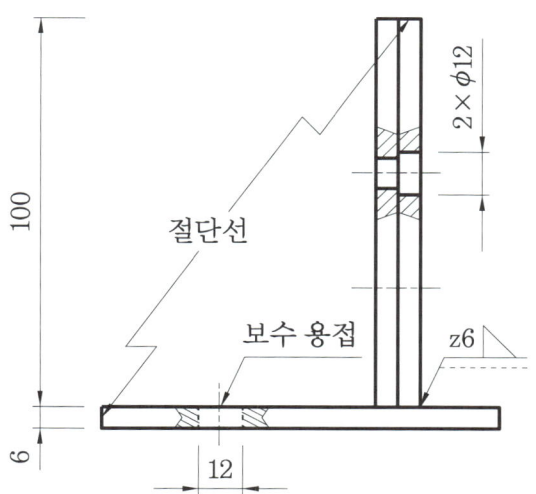

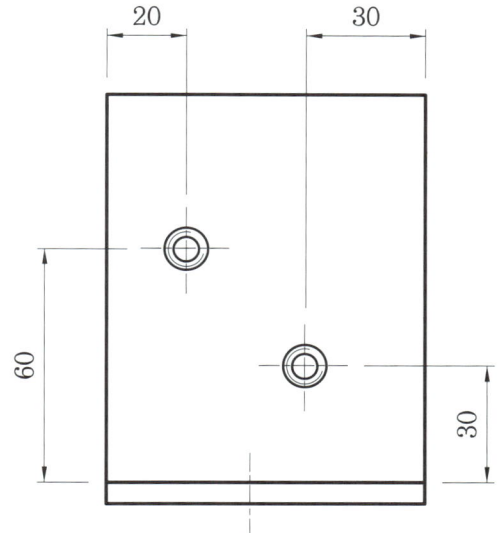

| 자격종목 | 설비보전산업기사 | 과제명 | 가스 절단 및 용접 |

3 도면

구분	재료명	규격	수량	비고
1	연강판	200×80, 6t	1개	
2	연강판	100×80, 6t	1개	
3	절단 가스	LPG 또는 아세틸렌	–	
4	드릴	$\phi 8.5$, $\phi 12$	각 1개	
5	핸드탭	M10×1.5	1세트	
6	육각머리 볼트	M10×20	2개	
7	전기 용접봉	E4316, $\phi 3.2$	3개	
8	용접기	직류 또는 교류	–	개인 지참 불가

가. 절단 및 가공 도면

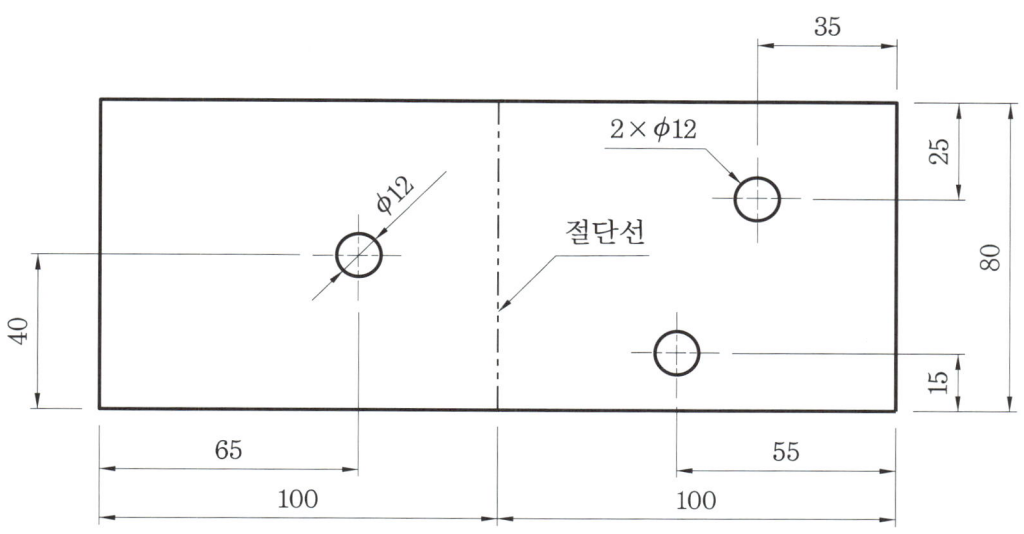

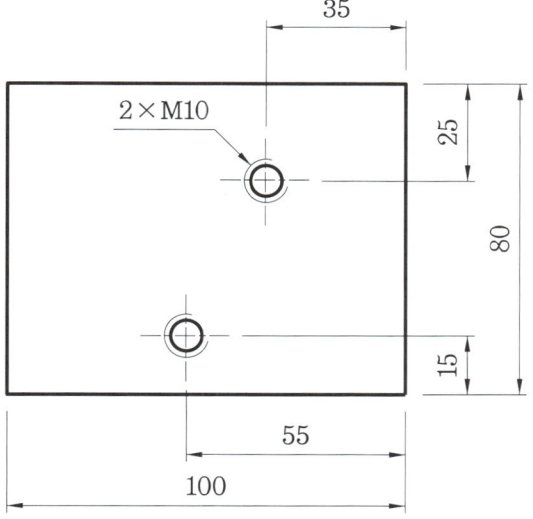

나. 용접 및 조립 도면

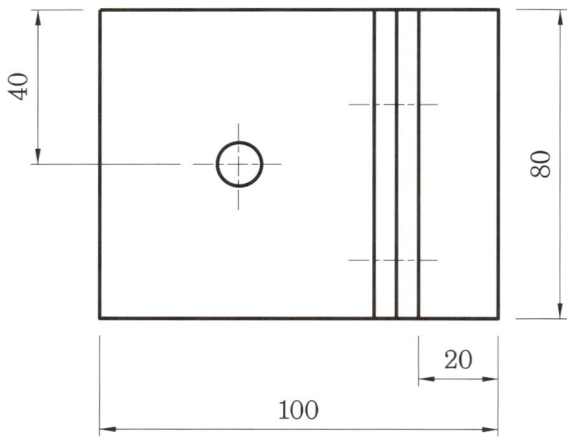

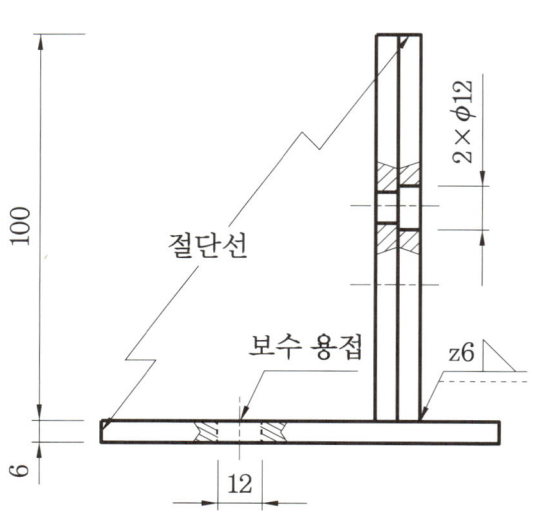

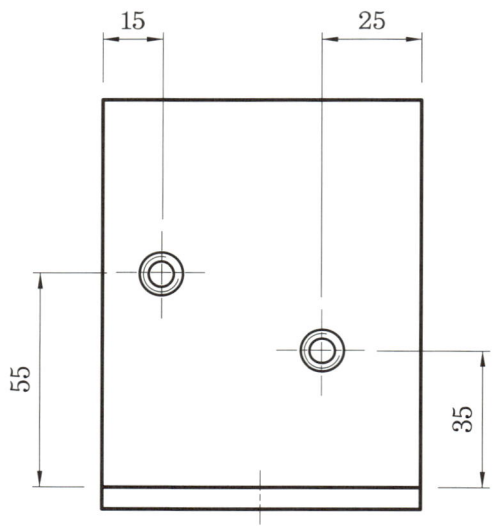

국가기술자격 실기시험문제 ③

| 자격종목 | 설비보전산업기사 | 과제명 | 가스 절단 및 용접 |

3 도면

구분	재료명	규격	수량	비고
1	연강판	200×80, 6t	1개	
2	연강판	100×80, 6t	1개	
3	절단 가스	LPG 또는 아세틸렌	–	
4	드릴	$\phi 8.5$, $\phi 12$	각 1개	
5	핸드탭	M10×1.5	1세트	
6	육각머리 볼트	M10×20	2개	
7	전기 용접봉	E4316, $\phi 3.2$	3개	
8	용접기	직류 또는 교류	–	개인 지참 불가

가. 절단 및 가공 도면

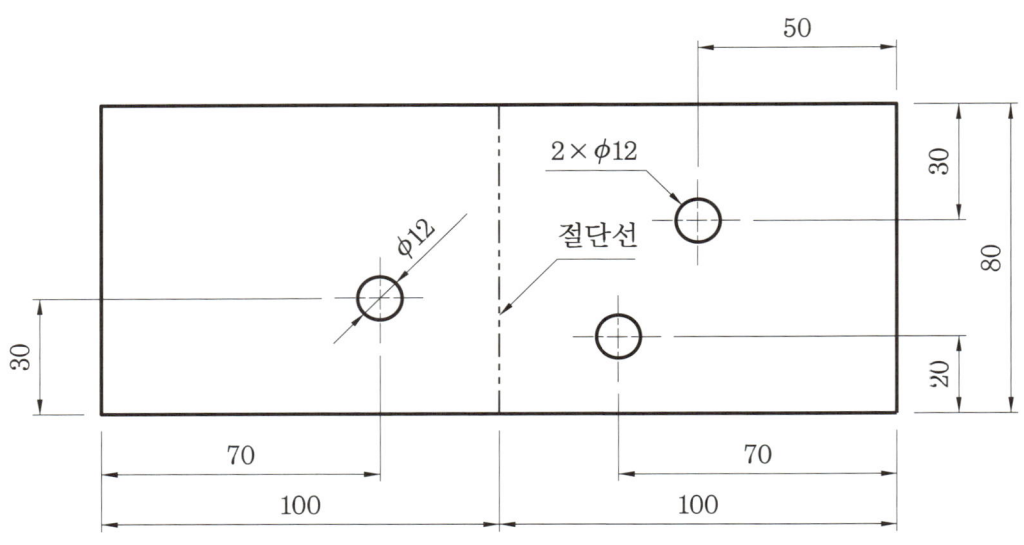

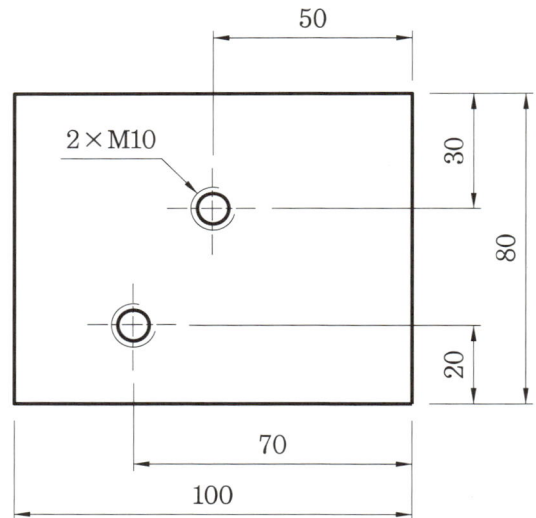

나. 용접 및 조립 도면

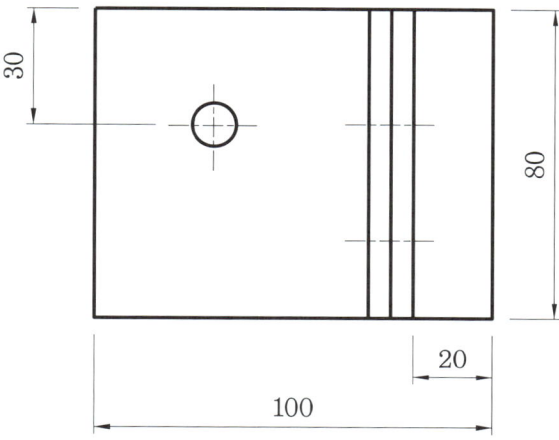

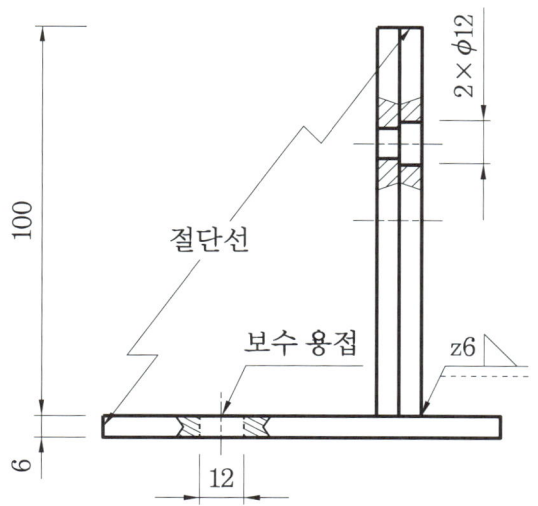

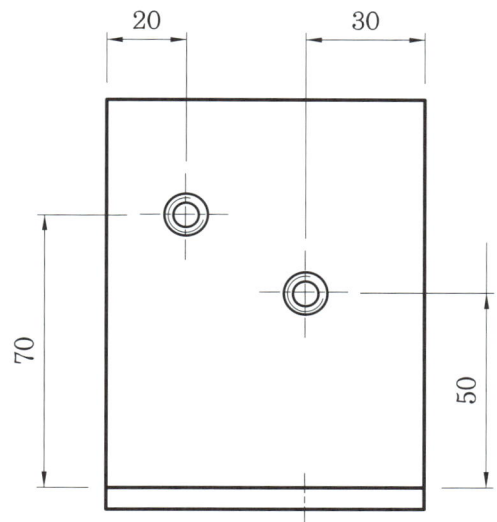

국가기술자격 실기시험문제 ④

| 자격종목 | 설비보전산업기사 | 과제명 | 가스 절단 및 용접 |

3 도면

구분	재료명	규격	수량	비고
1	연강판	200×80, 6t	1개	
2	연강판	100×80, 6t	1개	
3	절단 가스	LPG 또는 아세틸렌	–	
4	드릴	$\phi 8.5$, $\phi 12$	각 1개	
5	핸드탭	M10×1.5	1세트	
6	육각머리 볼트	M10×20	2개	
7	전기 용접봉	E4316, $\phi 3.2$	3개	
8	용접기	직류 또는 교류	–	개인 지참 불가

가. 절단 및 가공 도면

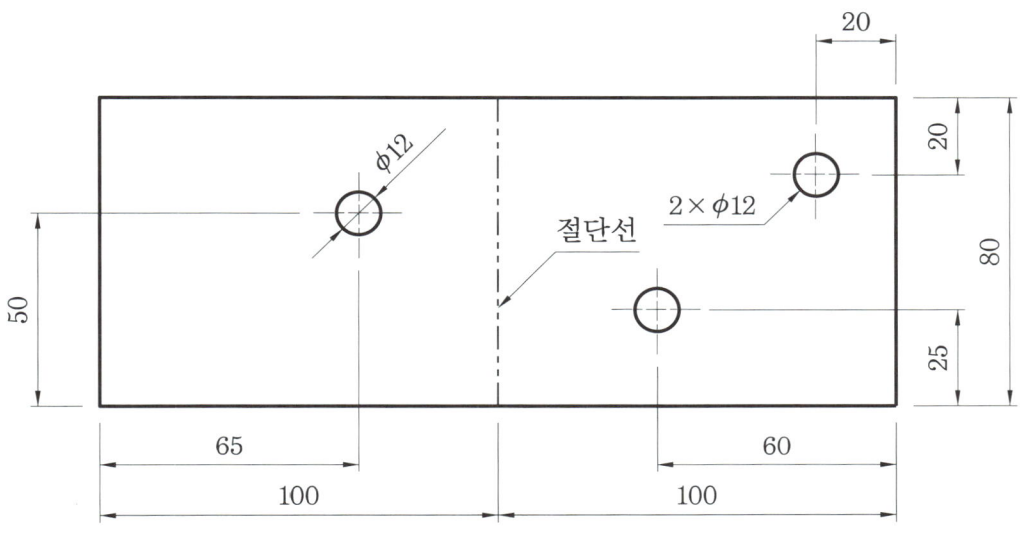

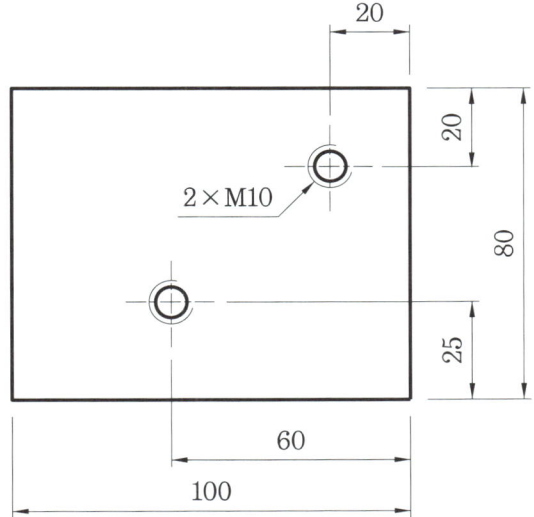

나. 용접 및 조립 도면

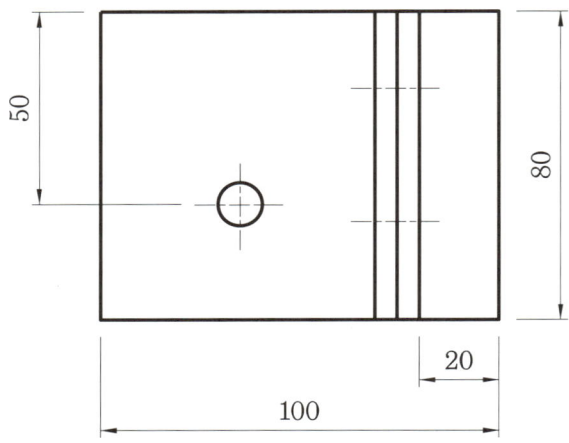

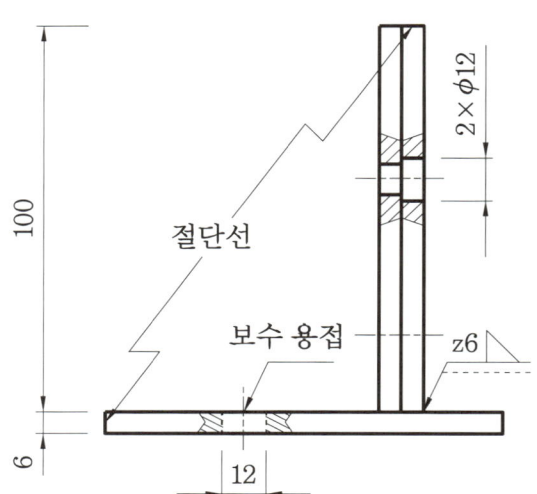

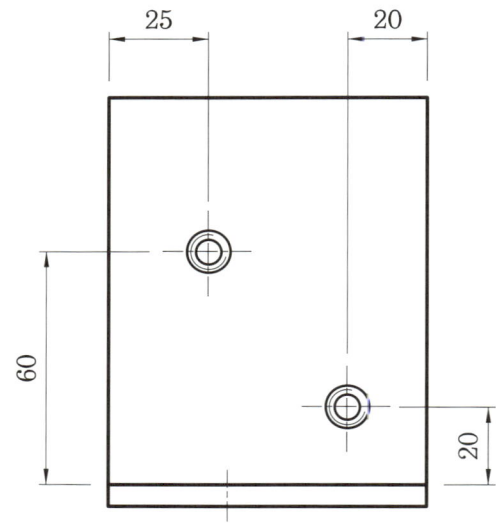

국가기술자격 실기시험문제 ⑤

| 자격종목 | 설비보전산업기사 | 과제명 | 가스 절단 및 용접 |

3 도면

구분	재료명	규격	수량	비고
1	연강판	200×80, 6t	1개	
2	연강판	100×80, 6t	1개	
3	절단 가스	LPG 또는 아세틸렌	–	
4	드릴	$\phi 8.5$, $\phi 12$	각 1개	
5	핸드탭	M10×1.5	1세트	
6	육각머리 볼트	M10×20	2개	
7	전기 용접봉	E4316, $\phi 3.2$	3개	
8	용접기	직류 또는 교류	–	개인 지참 불가

가. 절단 및 가공 도면

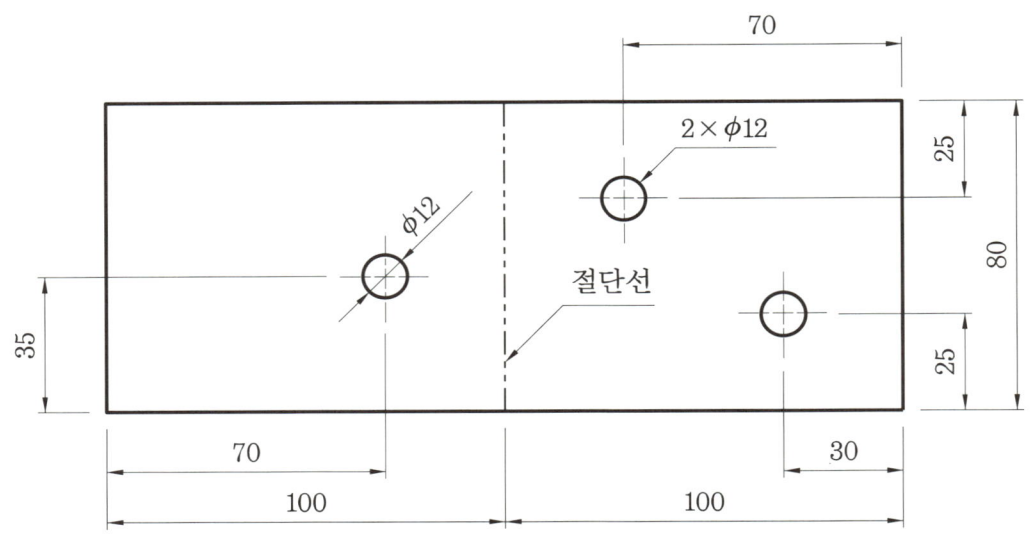

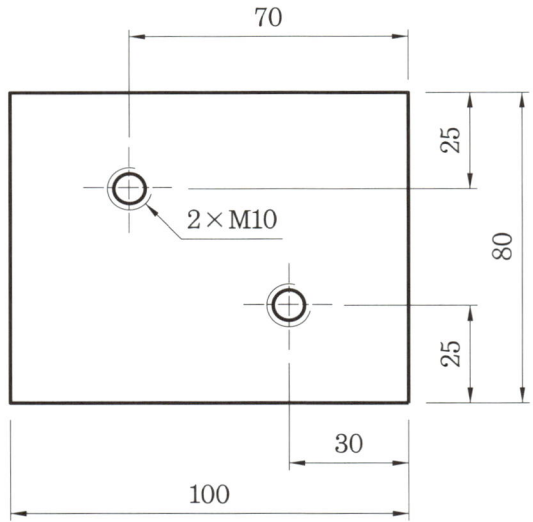

나. 용접 및 조립 도면

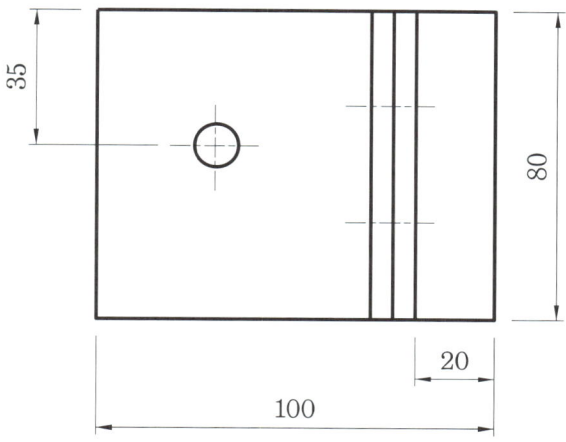

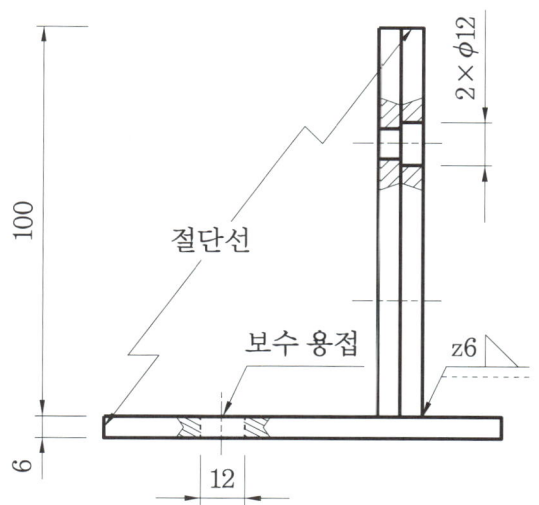

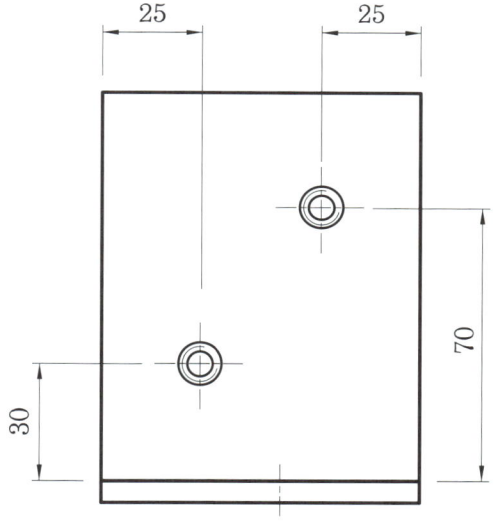

국가기술자격 실기시험문제 ⑥

| 자격종목 | 설비보전산업기사 | 과제명 | 가스 절단 및 용접 |

3 도면

구분	재료명	규격	수량	비고
1	연강판	200×80, 6t	1개	
2	연강판	100×80, 6t	1개	
3	절단 가스	LPG 또는 아세틸렌	–	
4	드릴	⌀8.5, ⌀12	각 1개	
5	핸드탭	M10×1.5	1세트	
6	육각머리 볼트	M10×20	2개	
7	전기 용접봉	E4316, ⌀3.2	3개	
8	용접기	직류 또는 교류	–	개인 지참 불가

가. 절단 및 가공 도면

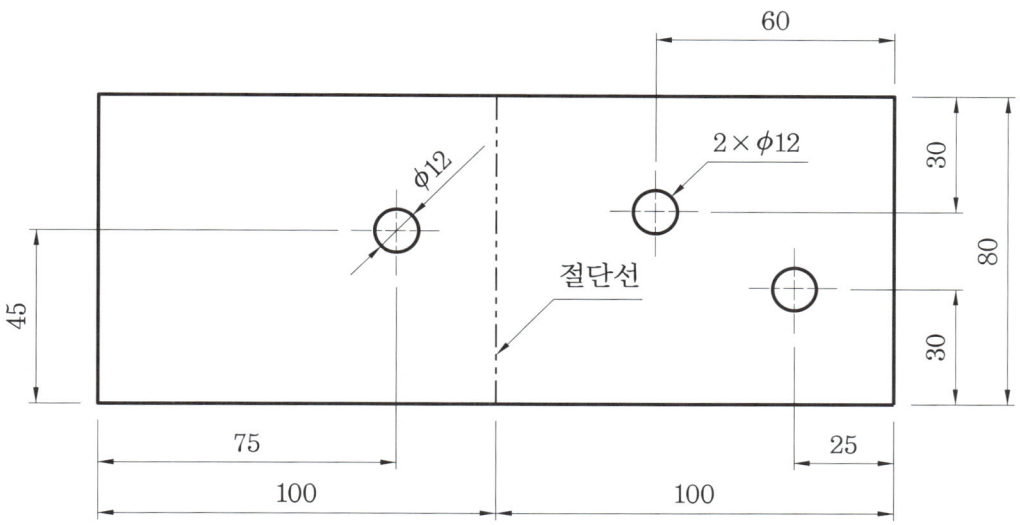

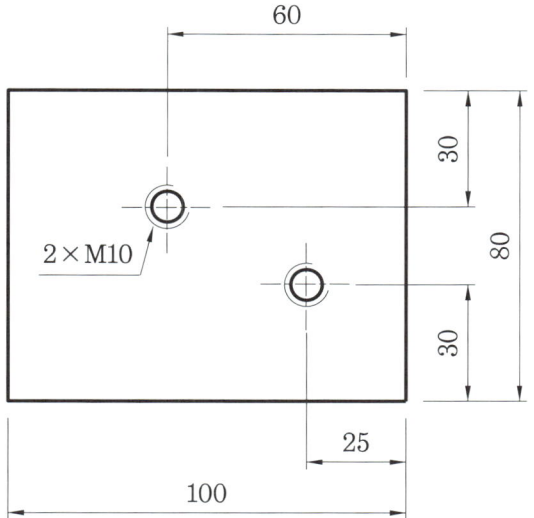

나. 용접 및 조립 도면

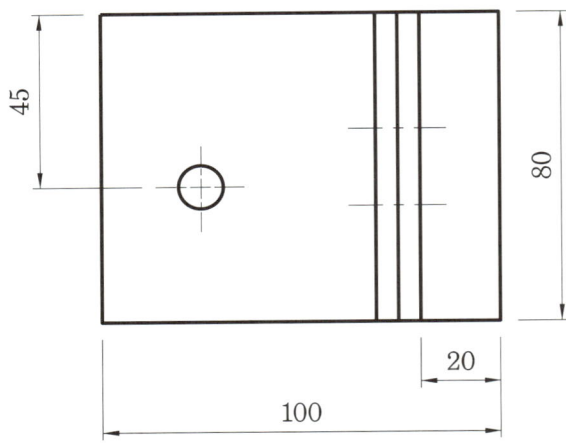

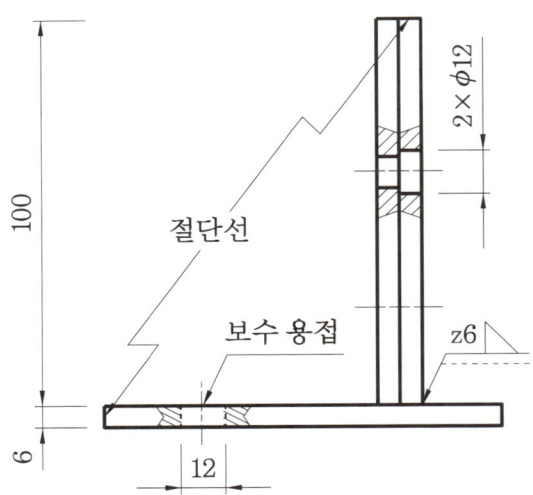

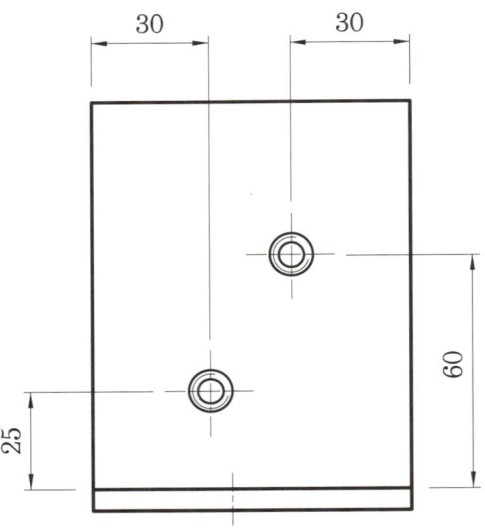

국가기술자격 실기시험문제 ⑦

자격종목	설비보전산업기사	과제명	가스 절단 및 용접

3 도면

구분	재료명	규격	수량	비고
1	연강판	200×80, 6t	1개	
2	연강판	100×80, 6t	1개	
3	절단 가스	LPG 또는 아세틸렌	-	
4	드릴	$\phi 8.5$, $\phi 12$	각 1개	
5	핸드탭	M10×1.5	1세트	
6	육각머리 볼트	M10×20	2개	
7	전기 용접봉	E4316, $\phi 3.2$	3개	
8	용접기	직류 또는 교류	-	개인 지참 불가

가. 절단 및 가공 도면

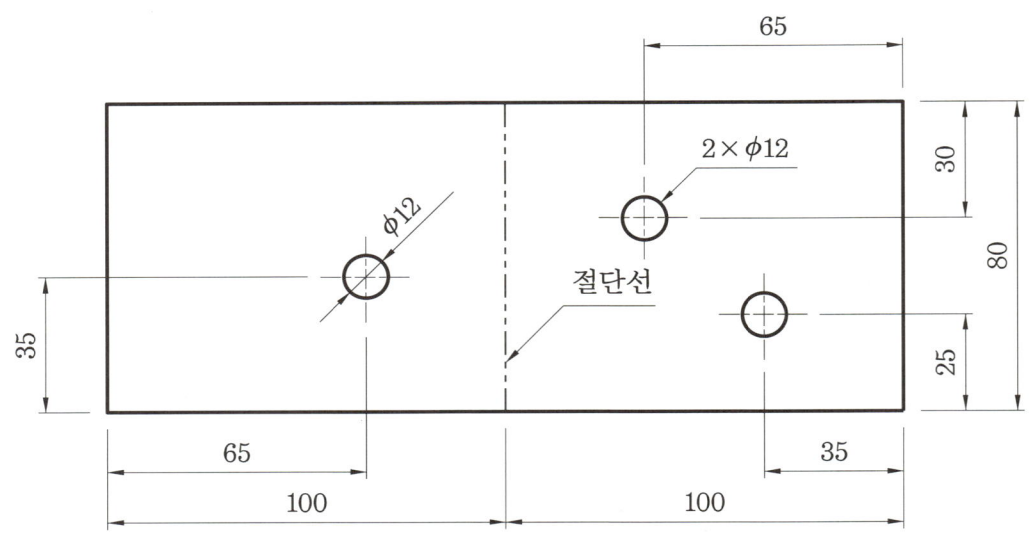

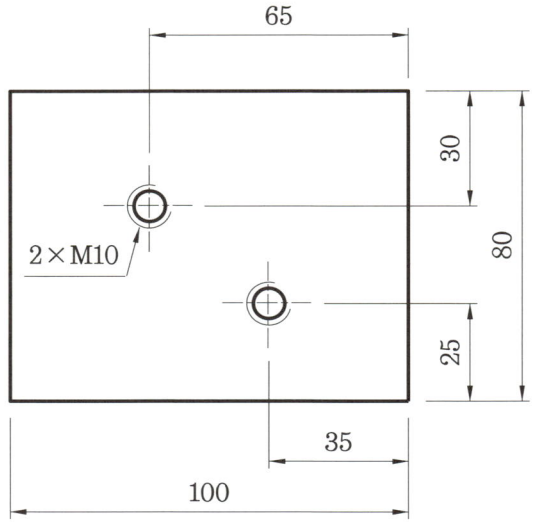

나. 용접 및 조립 도면

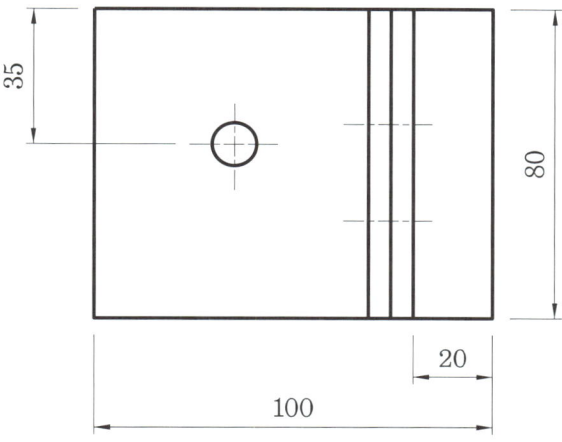

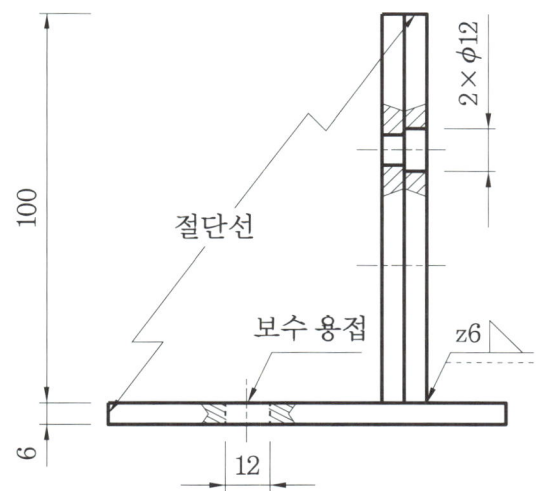

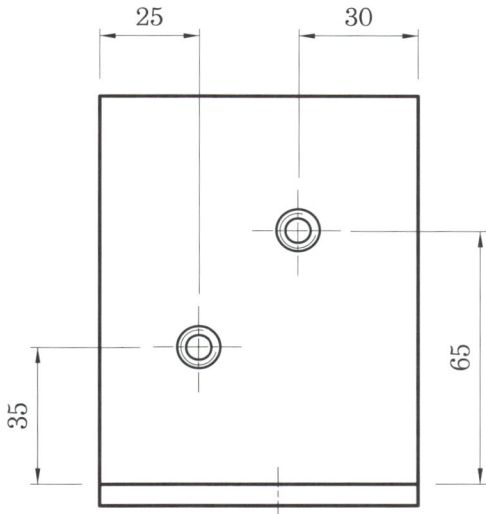

국가기술자격 실기시험문제 ⑧

| 자격종목 | 설비보전산업기사 | 과제명 | 가스 절단 및 용접 |

3 도면

구분	재료명	규격	수량	비고
1	연강판	200×80, 6t	1개	
2	연강판	100×80, 6t	1개	
3	절단 가스	LPG 또는 아세틸렌	–	
4	드릴	$\phi 8.5$, $\phi 12$	각 1개	
5	핸드탭	M10×1.5	1세트	
6	육각머리 볼트	M10×20	2개	
7	전기 용접봉	E4316, $\phi 3.2$	3개	
8	용접기	직류 또는 교류	–	개인 지참 불가

가. 절단 및 가공 도면

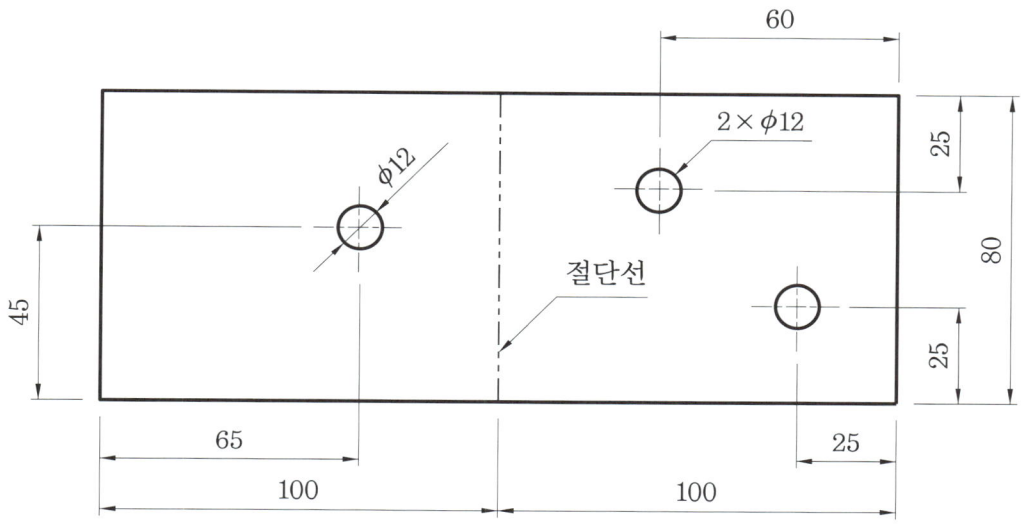

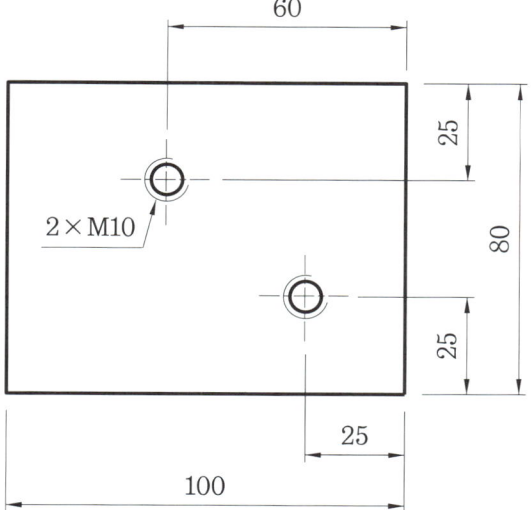

나. 용접 및 조립 도면

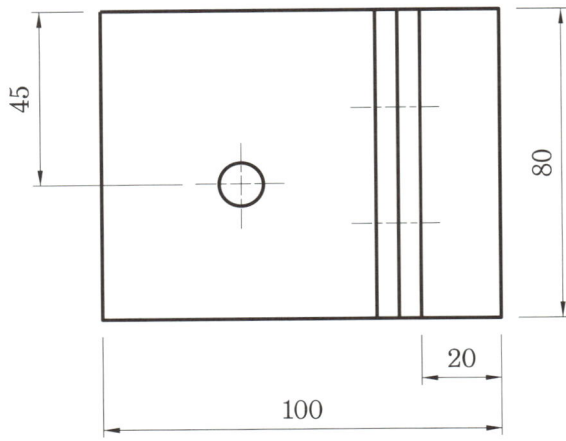

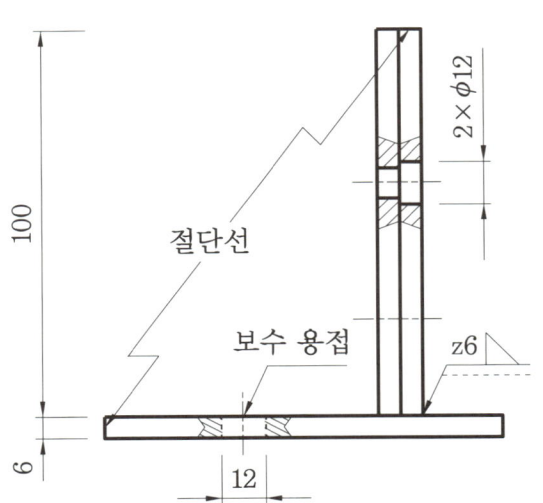

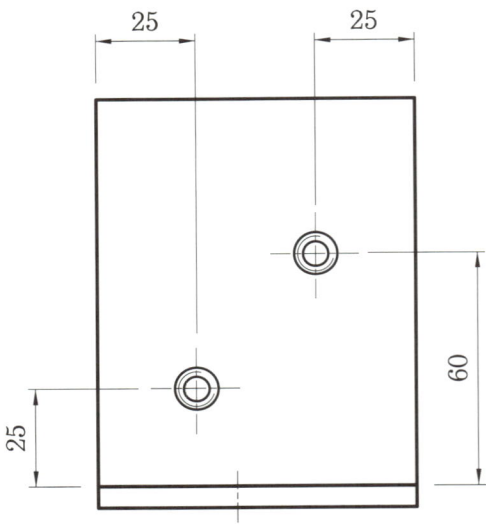

가스 절단 및 용접 작업 순서 및 Key point

① 안전 복장과 보호구를 착용하고 작업한다.

② 작업 순서는 다음과 같다.
절단 부위 표시(석필 등 사용) ➔ 산소, 아세틸렌 가스 절단(10분) ➔ 금긋기 ➔ 펀칭 ➔ 지름 8.5mm 드릴 가공 ➔ 지름 12mm 드릴 가공 ➔ M10 탭 작업 ➔ 조립 ➔ 필릿 용접 ➔ 보수 용접 ➔ 조립 ➔ 제출

③ 절단 작업이 끝나면 토치의 아세틸렌 밸브를 잠근 후 산소 밸브를 잠가 불을 끈다.

④ 가용접은 2곳 이하, 가용접 길이는 10mm 이내로 용접한다.

⑤ 도면에서 지시하는 본 용접 구간 모두를 필릿 용접한다. (단, 비드 폭과 높이가 각각 요구된 목 길이(각 장)의 -20 ~ +50% 범위에서 용접한다.)

⑥ 도면에서 지시하는 ϕ12 구멍을 보수 용접한다. (단, HOLE에 지급된 용접봉 외에 보충물을 임의로 추가하여 용접하지 않아야 하고, 보수 용접 판재 후면에 용락(처짐)이 없도록 용접한다.)

⑦ 전기 용접이 끝나면 전원 스위치를 차단하고 주변 정리 정돈을 한다.

⑧ 조립된 제품의 3D 외형도는 과제별로 다르다.

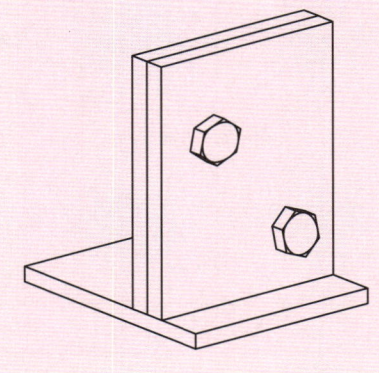
과제 번호 ①, ②, ③, ④

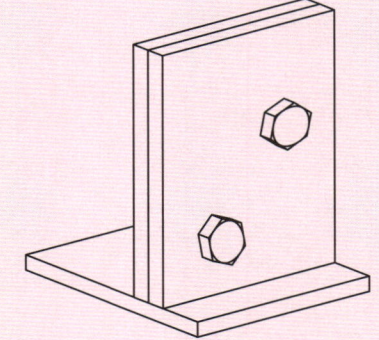
과제 번호 ⑤, ⑥, ⑦, ⑧

시험장 시설 목록

번호	재료명	규격	단위	수량	비고
1	전기 공기압 실험 세트	비고 참조	세트	1	2인당
2	전기 유압 실험 세트	비고 참조	세트	1	2인당
3	전원 공급기	110V/220V, DC 24V 5A 출력	대	1	1인당
4	공기 압축기	토출압력 $7kgf/cm^2$ 이상	대	1	1실당
5	드라이버	+, - / 100mm	개	1	2인당
6	멀티테스터	R, V, A 측정용	개	1	2인당
7	스패너	M10 육각볼트용	세트	1	1실당 / 채점용
8	작업대	가스 절단, 용접 작업 보조	대	1	2인당
9	가스 절단기	LPG 또는 아세틸렌 역화방지기 부착	대	1	3인당
10	가스	LPG 또는 아세틸렌	통	1	3인당
11	가스	산소	통	1	3인당
12	용접기	직류 또는 교류	대	1	2인당 / 수험자 지참 불가
13	용접 부스	-	개	1	2인당
14	환기 시설	-	개	1	2인당
15	산소 라이터	부싯돌형	개	1	2인당
16	용접 보조 공구	정, 해머, 브러시 등	세트	1	2인당
17	탁상 드릴 머신	입식용	대	1	2인당
18	탁상 바이스	100mm	개	1	2인당
19	센터 펀치	-	개	1	2인당
20	탭 핸들	M10	개	1	2인당
21	하이트 게이지	150mm	개	1	2인당
22	C 클램프	100mm	개	1	2인당
23	직각자	200×300	개	1	2인당
24	강철자	300mm	개	1	2인당
25	줄	평줄 300mm	개	1	2인당
26	용접봉 건조기	온도 조절	대	1	1실당

비고 시험장 시설 목록 중 전기 공유압 실험 세트 관련

1. 전기 공기압 실험 세트

- 공압 호스
- 서비스 유닛 1개
- 공기 분배기 1개
- 복동 실린더 2개
- 편측(single) 솔레노이드 밸브 (5/2 way) 2개
- 양측(double) 솔레노이드 밸브 (5/2 way) 2개
- 일방향 유량 조절 밸브 2개
- 급속 배기 밸브 1개
- 감압 밸브 (압력 게이지 부착) 1개
- 전기 푸시 버튼 스위치 (2쌍 2C형 이상 램프 포함) 4개 - 자동 복귀형
- 전기 푸시락 버튼 스위치 (1쌍 2C형 이상 램프 포함) 2개 - 유지형
- 비상 정지 스위치 1개
- 램프 모듈 1개
- 릴레이 (3쌍 4C형 이상) 3개 또는 4C형 9개 (독립형)
- 전기 리밋 스위치 4개
- 용량형 근접 센서 2개
- 유도형 근접 센서 2개
- 전기 카운터 1개
- 타이머 (여자 지연 혹은 소자 지연 2a-2b 이상) 1개
- 케이블 (바나나 잭 타입) 30cm ($\phi5$, 연심 케이블선) 청색, 적색 각 30개
- 케이블 (바나나 잭 타입) 50cm ($\phi5$, 연심 케이블선) 청색, 적색 각 30개
- 케이블 (바나나 잭 타입) 100cm ($\phi5$, 연심 케이블선) 청색, 적색 각 30개

2. 전기 유압 실험 세트

- 복동 실린더 2개
- 편측(single) 솔레노이드 밸브(4/2 way) 1개
- 양측(double) 솔레노이드 밸브(4/2 way) 1개
- 4/3 way 양측(double) 솔레노이드 밸브(올포트 블록형) 1개
- 4/3 way 양측(double) 솔레노이드 밸브(P-T 접속형 타입) 1개
- 4/3 way 양측(double) 솔레노이드 밸브(A-B-T 접속형 타입) 1개
- 편측(single) 솔레노이드 밸브(2/2 way NC형) 1개
- 편측(single) 솔레노이드 밸브(2/2 way NO형) 1개
- 편측(single) 솔레노이드 밸브(3/2 way NC형) 1개
- 전기 푸시 버튼 스위치(2쌍 2C형 이상 램프 포함) 4개 – 자동 복귀형
- 전기 푸시락 버튼 스위치(1쌍 2C형 이상 램프 포함) 2개 – 유지형
- 비상 정지 스위치 1개
- 릴레이(3쌍 4C형 이상) 3개 또는 4C형 9개 (독립형)
- 전기 리밋 스위치 4개
- 압력 스위치(1C 1~4MPa) 1개
- 압력 릴리프 밸브 2개
- 감압 밸브 1개
- 체크 밸브 2개
- 카운터 밸런스 밸브 1개
- 파일럿 조작 체크 밸브 1개
- 압력 보상형 유량 조절 밸브 1개
- 일방향 유량 조절 밸브 2개
- 양방향 유량 조절 밸브 1개
- 압력 게이지 및 분배기 4개
- T형 커넥터 4개
- 압력 제거기 1개
- 유압 호스 세트 1조 (20개 이상)
- 케이블(바나나 잭 타입) 30cm(ϕ5, 연심 케이블선) 청색, 적색 각 30개
- 케이블(바나나 잭 타입) 50cm(ϕ5, 연심 케이블선) 청색, 적색 각 30개
- 케이블(바나나 잭 타입) 100cm(ϕ5, 연심 케이블선) 청색, 적색 각 30개

2025 설비보전산업기사 실기

2025년 2월 10일 인쇄
2025년 2월 15일 발행

저자 : 설비보전시험연구회
펴낸이 : 이정일

펴낸곳 : 도서출판 **일진사**
www.iljinsa.com

(우) 04317 서울시 용산구 효창원로 64길 6
대표전화 : 704-1616, 팩스 : 715-3536
이메일 : webmaster@iljinsa.com
등록번호 : 제1979-000009호(1979.4.2)

값 26,000원

ISBN : 978-89-429-1993-2

* 이 책에 실린 글이나 사진은 문서에 의한 출판사의
동의 없이 무단 전재 · 복제를 금합니다.